实用电子技术

数字电子技术

秦 斌 编

科 学 出 版 社
北 京

内 容 简 介

本书是"实用电子技术"丛书之一，作为数字电路的入门书，本书首先介绍数字电路的基础知识，如逻辑代数基础、逻辑电路、组合逻辑电路，然后进一步介绍触发器及其应用、时序逻辑电路、脉冲的产生与整形电路、存储器、可编程逻辑电路及其应用、数-模和模-数转换，最后介绍数字电路与计算机、数字电路的可靠性、数字电路的应用及制作等。

为了便于读者理解消化所学知识，本书尽量把理论图解化，并结合适当的举例来阐述相关的内容。

本书适合电子工程、通信工程、电子技术等领域技术人员，以及工科院校相关专业的学生参考学习。

图书在版编目(CIP)数据

数字电子技术/秦斌编. —北京：科学出版社，2009

(实用电子技术)

ISBN 978-7-03-024536-6

Ⅰ. 数… Ⅱ. ①秦… Ⅲ. 数字电路-电子技术 Ⅳ. TN79

中国版本图书馆 CIP 数据核字(2009)第 068285 号

责任编辑：孙力维 杨 凯 / 责任制作：董立颖 魏 谨

责任印制：赵德静 / 封面设计：李 力

北京东方科龙图文有限公司 制作

http://www.okbook.com.cn

科学出版社 出版

北京东黄城根北街 16 号

邮政编码：100717

http://www.sciencep.com

双青印刷厂 印刷

科学出版社发行 各地新华书店经销

*

2009 年 6 月第 一 版 开本：B5(720×1000)

2009 年 6 月第一次印刷 印张：17 1/2

印数：1—5 000 字数：335 000

定 价：27.00 元

(如有印装质量问题，我社负责调换)

前　言

现代人把古代人的梦想一个一个地变成了现实，时间也好，距离也好，作用力也好，正在被人们随心所欲地利用，而为实现这一“随心所欲”，必不可少的工具就是信息处理。

如何处理信息是现代人最重要的课题。在量、速度、可靠性等方面，电子电路技术是实现信息处理的基础技术。与历史悠久的模拟技术相比，数字量的处理技术对今天的信息时代的影响更大。

在数字化的今天，以计算机为代表，从自动控制、测量仪表到音响装置等，数字电路几乎遍及电子设备的各个领域。

那么，为什么数字电路的应用会如此广泛呢？与处理模拟信号的电路相比，它有哪些优点呢？考虑到明确这一点是使初学者明确学习目标，进而深刻理解数字电路的捷径，因而本书首先考虑的是如何通俗易懂地阐明这一点。

本书正是为那些想从现在学习数字电路的人而编写的。全书共分 12 章，辅以大量图表详细介绍数字电路的各种知识，内容包括：逻辑代数基础、逻辑电路、组合逻辑电路、触发器及其应用、时序逻辑电路、脉冲的产生与整形电路、存储器、可编程逻辑电路及其应用、数-模和模-数转换、数字电路与计算机、数字电路的可靠性、数字电路的应用及制作等。读者在了解数字电路的同时，可以理论联系实际，将所学知识应用到实际当中。

在编写本书时，我们力图使本书具有下述特点：

(1) 通过例题与解答的形式，使读者易于理解所述内容，并达到举一反三之功效。

(2) 着眼于方法的介绍，而不是简单地阐述原理，结合实际应用，使读者能够学以致用。

(3) 大量使用在数字电路设计和时序控制电路分析中经常使用的图和表，

目的是加强本书内容的深度和广度。

(4) 为适应教学和实际应用的需求，也为了使初学者易于理解，本书配有常用逻辑符号对照表。

由于书中利用了大量图表，因而叙述比较简练。但书中给出了读者学习数字电路的重要基础知识，故编者相信，本书对于电子工程、通信工程、电子技术等领域的初级技术人员，以及相关专业职业学校的学生、非电子类大学本科生具有较强的参考价值。

由于编者水平有限，书中难免有不当之处，敬请读者批评指正。最后，在本书出版之际，谨向在编写过程中给予帮助的同仁及科学出版社的编辑表示感谢。

目　录

第1章 逻辑代数基础

1.1 概　述

1.1.1 数字量与模拟量

1. 数字量和模拟量

① 数字量。数字一词的语源是指 digit(手指,从阿拉伯数字的 0 到 9),如同用手指数 1,2,3,…那样,是不连续的、等级的数值和符号。另外,数字计算机的数字,以计数形式被使用,如图1.1(a)所示。

② 模拟量。用英文 analog(相似,类似)表示,是指用连续变化的物理量来表示。例如,钟表和电流表,当根据时间表和电流表上指针的角度来表示时间和电流时,称为连续物理量(角度),如图1.1(b)所示。

2. 数字信号和模拟信号

① 数字信号。用与数字和符号相对应的(例如,用“1”表示电压“有”或“高”,用“0”表示电压“无”或“低”)离散状态表示的信号称为数字信号。数字信号用这两种状态就能处理全部信息。

② 模拟信号。用连续量的大小(电压、电流等)表示的信号称为模拟信号。模拟信号的瞬时大小包含有信息。

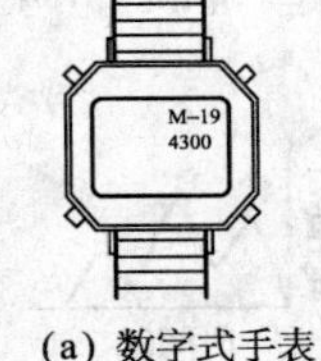

(a) 数字式手表

(b) 模拟式手表

图 1.1

【例题 1.1】　图 1.2 所示的电压波形是数字信号还是模拟信号？

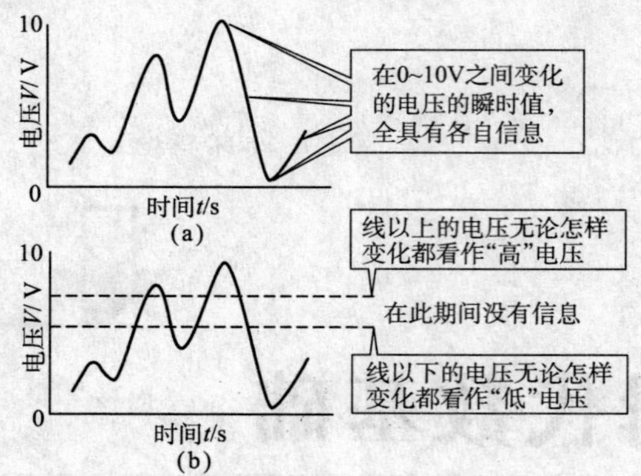

图 1.2

【解答】　图 1.2(a)中，电压的大小随时间连续变化。图 1.2(b)中，“高”电压用“1”表示，“低”电压用“0”表示，如图 1.3 所示。因此，图 1.2(a)是模拟信号，图 1.2(b)是数字信号。

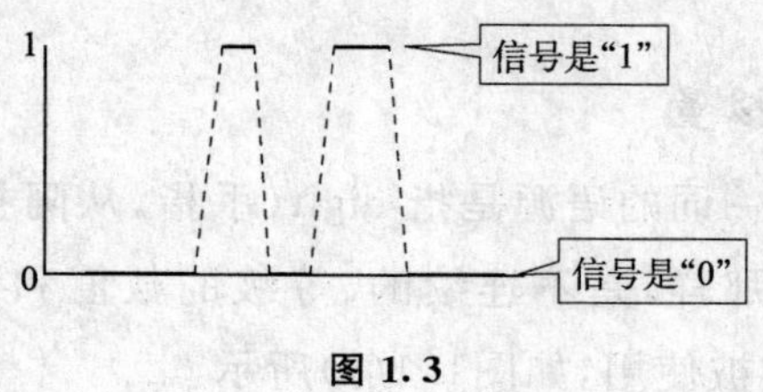

图 1.3

【例题 1.2】　图 1.4 所示的电路是数字电路还是模拟电路？

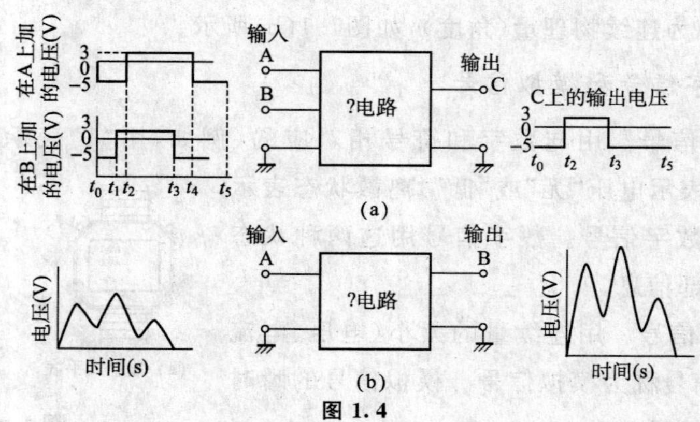

图 1.4

【解答】 图 1.4(a)中,在 A,B 端输入运算电压,转换成输出 C 的电压波形。图 1.4(b)中,输出 B 与输入 A 有比例关系,振幅被放大。故图 1.4(a)是数字电路,图 1.4(b)是模拟电路。

【例题 1.3】 图 1.5 的电路是数字电路还是模拟电路?

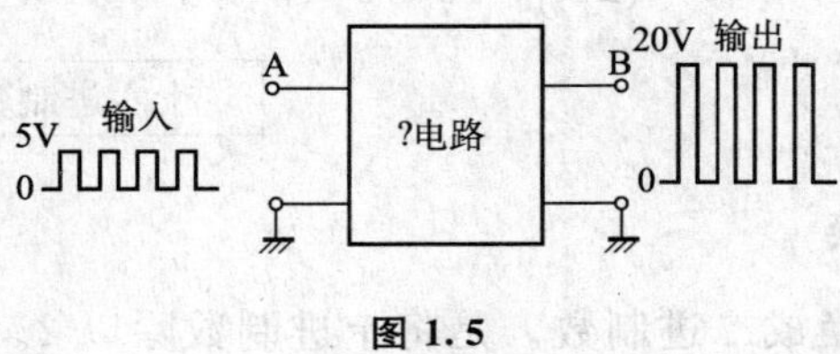

图 1.5

【误解】 是数字电路。

为何解答错误?输入即使是像数字信号那样的矩形波(脉冲波),但因为输出与输入有比例关系,振幅被放大。

【正解】 是模拟电路。

1.1.2 数制和码制

1. 数 制

① 十进制数。是我们日常使用的数,每一位有 0,1,2,…,9 十个数码,计数的基数是 10。超过 9 的数必须用多位数表示,其中低位和相邻高位之间的关系是“逢十进一”,故称为十进制。

② 二进制数。每一位仅有“0”或“1”两个数码,计数的基数是 2。低位和相邻高位间的进位关系是“逢二进一”,故称为二进制。

$$1101=1\times2^3+1\times2^2+0\times2^1+1\times2^0$$

二进制数的权

另外,将二进制数一位数的“0”或“1”称为 1 位(bit),表示处理数据的最小单位。又将 8 个二进制数(8 位)称为 1 字节(byte)。

③ 八进制数。把基数以“8”表示的数称为八进制数,用 8 个数码 0～7 表示。

十进制数的 26, $26_{10}=24+2=3\times8^1+2\times8^0=(32)8$

八进制数的权

④ 十六进制数。把基数以"16"表示的数称为十六进制数，用 10 个数码和 6 个字母表示，使用与十进制数相同的标记表示 0～9 的数码，用 A,B,C,D,E,F 表示与十进制数的 10～15 相对应的数。

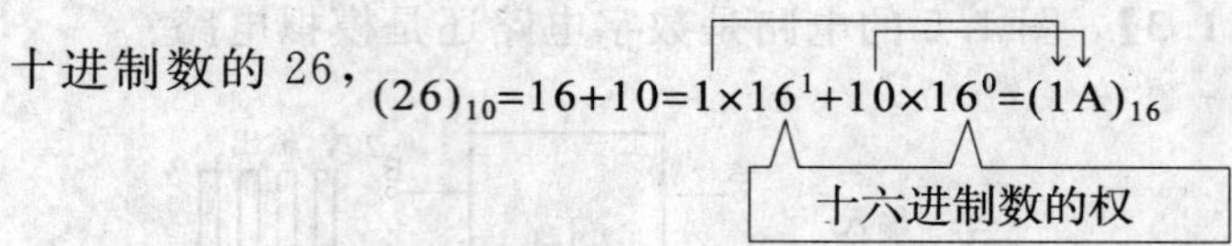

2. 数制的转换

① 十进制数转换成二进制数。是将十进制数除以 2。

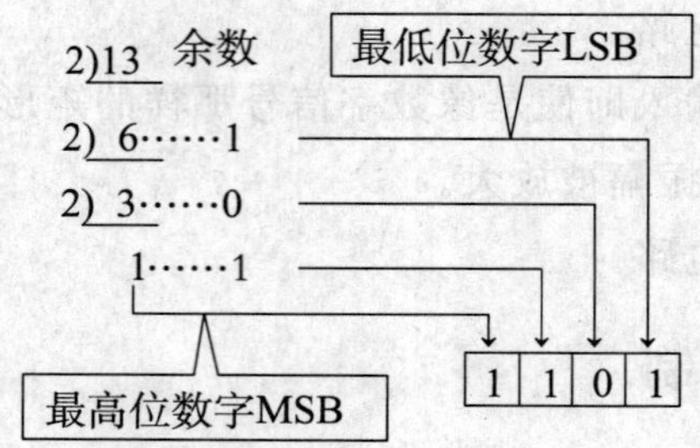

② 二进制数转换成十进制数。在二进制数的每位上加权。

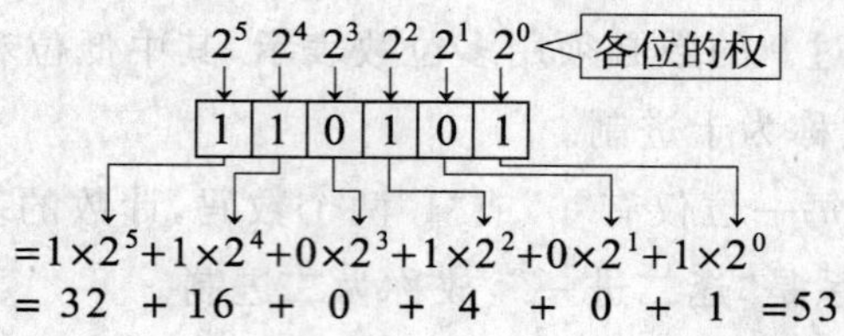

③ 十进制数转换成八进制数、十六进制数。与十进制数⇆二进制数转换相同，十进制数转换成八进制数、十六进制数，将十进制数除以各自的基数 8、16，取余数即可。而八进制数、十六进制数→十进数的转换，只要分别在每位上加权即可(参照上面的例子)。

④ 二进制数转换成八进制数、十六进制数。二进制数转换成八进制数、十六进制数，从二进制数低位的位数开始，每 3 位或每 4 位分成一组，将每组分别转换成八进制数或十六进制数即可。另外，八进制数、十六进制数到二进制数的转换，分别将八进制数的每一位转换成 3 位的二进制数，将十六进制数的每一位转换成 4 位的二进制数，然后并列写出即可(参照例子)。

$\underbrace{10}_{2}\ \underbrace{110}_{6}\ \underbrace{100}_{4} = \underbrace{1011}_{B}\ \underbrace{0100}_{4}$ $(10110100)_2=(264)_8=(B4)_{16}$

【例题 1.4】 请将十进制数 23 转换成二进制数。

【解答】

将十进制数 23 表示为$(23)_{10}$。这时$(\ \ )_{10}$中的 10 称为基数。

同样,二进制数 10111 用$(10111)_2$表示,二进制数的基数是 2。

$$(23)_{10}=(10111)_2$$

```
2) 23    余数    最低位数字
2) 11……1
2)  5……1
2)  2……1
    1……0
         最高位数字
```

```
2) 87    余数
2) 43……1
2) 21……1
2) 10……1
2)  5……1
2)  2……1
    1……0
```

【例题 1.5】 请将十进制数 87 转换成二进制数。

【误解】 1110101。

为何解答错误?十进制数除以 2 时,因为最初的余数成为二进制数的最低位数字,而最后的余数成为二进制数的最高位数字,解答反向,所以错误。

【正解】 1010111。

【例题 1.6】 请将二进制数 10101010 转换成十进制数。

【解答】

$$1\times2^7+0\times2^6+1\times2^5+0\times2^4+1\times2^3+0\times2^2+1\times2^1+0\times2^0$$
$$=128+0+32+0+8+0+2+0$$
$$=170$$

$$(10101010)_2=(170)_{10}$$

【例题 1.7】 请将数$(11111001)_2$转换成十进制数。

【误解】 498 或者 248。

为何解答错误?各位的加权错误。又$2^0=0$计算错误。

【正解】

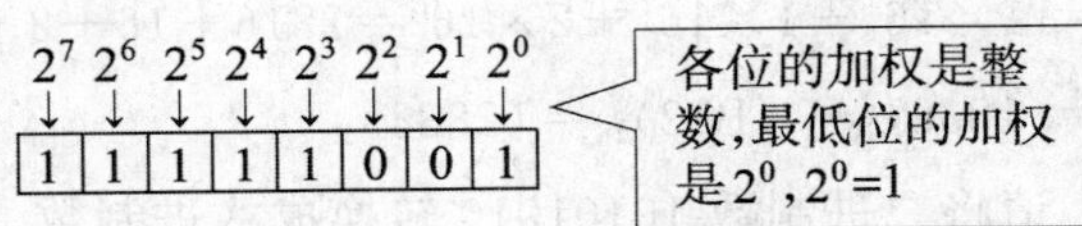

$$1\times2^7+1\times2^6+1\times2^5+1\times2^4+1\times2^3+0\times2^2+0\times2^1+1\times2^0$$

$$=128+64+32+16+8+0+0+1=249$$

$(11111001)_2=(249)_{10}$

【例题 1.8】 在□中填入合适的数字。二进制数 1001 是①位,1010101 是②位,11001010 是③字节。

【解答】 将二进制数的 1 位数称为 1 位,而 8 位称为 1 个字节。

① 4; ② 7; ③ 1。

【例题 1.9】 请将十进制数 98 转换成八进制数和十六进制数。

【解答】

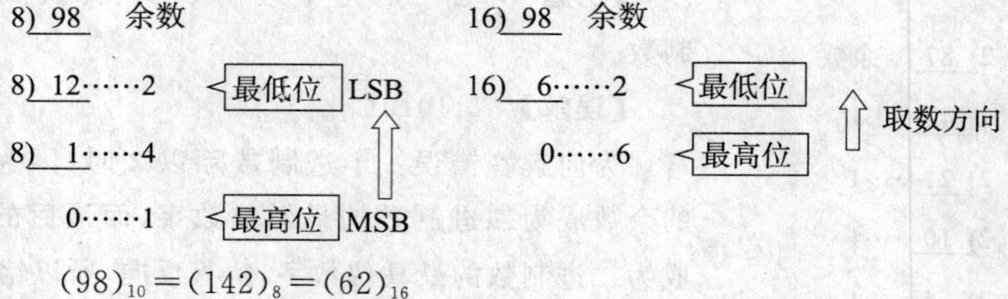

$(98)_{10}=(142)_8=(62)_{16}$

【例题 1.10】 请将十进制数 165 转换成十六进制数。

【误解】 $(105)_{16}$。

为何解答错误?当出现余数是 10 时,没有用与 10 对应的数字符号 A 表示。

【正解】 16)165

16)10……5

0……10＝A

$(165)_{10}=(A5)_{15}$

【例题 1.11】 请将八进制数 3456 和十六进制数 B12,分别用十进制数表示。

【解答】

$$(3456)_8=3\times8^3+4\times8^2+5\times8^1+6\times8^0=1536+256+40+6$$

$$(B12)_{16}=11\times16^2+1\times16^1+2\times16^0=2816+16+2$$

$(3456)_8=(1838)_{10}$ $(B12)_{16}=(2834)_{10}$

【例题 1.12】 请将二进制数 10101010 转换成八进制数。

【解答】 从二进制数的低位位数开始，每 3 位分成一组，然后将每组分别转换成八进制数。

1 0 | 1 0 1 | 0 1 0

$1\times2^1+0\times2^0=2$ $1\times2^2+0\times2^1+1\times2^0=5$ $0\times2^2+1\times2^1+0\times2^0=2$

$(10101010)_2=(252)_8$

【例题 1.13】 请将二进制数 10010110 转换成十六进制数。

【解答】 从二进制数的低位位数开始，每 4 位分成一组，然后将每组分别转换成十六进制数。

1 0 0 1 | 0 1 1 0

$1\times2^3+1\times2^0=9$ $1\times2^2+1\times2^1=6$

因为 0×2^x 是 0，根据计算的习惯，0×2^x 项的计算省略。

$(10010110)_2=(96)_{16}$

【例题 1.14】 请将八进制数 3456 和十六进制数 B12，分别用二进制数表示。

【解答】 分别将八进制数的每一位转换成 3 位的二进制数，十六进制数的每一位转换成 4 位的二进制数。

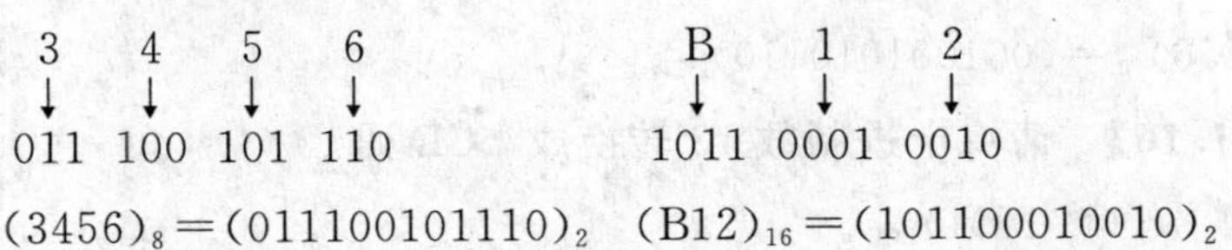

$(3456)_8=(011100101110)_2$ $(B12)_{16}=(101100010010)_2$

3. 码 制

① BCD 码。将十进制数一位的数码 0～9，用 4 位二进制数 0000～1001 分别置换，此种表示十进制数的方法称为二进制化的十进制码(BCD 码：二-十进制码)。

· 十进制数⇆BCD 码的转换。

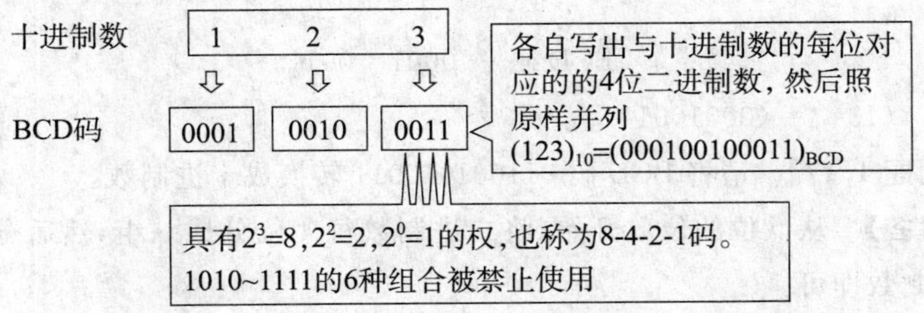

· 二进制数⇆BCD 码的转换。

$$\boxed{1001011} \Rightarrow \boxed{7\ 5} \Rightarrow \boxed{0111\quad 0101}$$

十进制数　BCD 码

② 奇偶校验码。是能检测出错误信息的符号，有奇数奇偶校验和偶数奇偶校验。

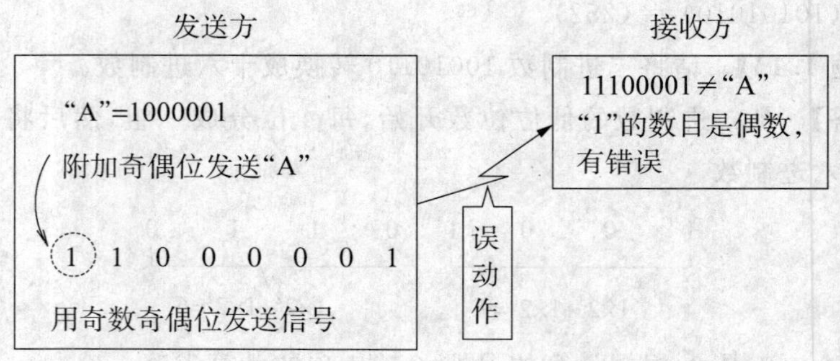

【例题 1.15】 请将十进制数 256 转换成 BCD 码。

【解答】 将十进制数的每一位分别置换成 4 位的二进制数，然后照原样并列写即可。

十进制数	2	5	6
	↓	↓	↓
BCD 码	0010	0101	0110

$(256)_{10} = (001001010110)_{BCD}$

【例题 1.16】 请将十进制数 13 转换成 BCD 码。

【误解】 $(00001101)_{BCD}$。

为何解答错误？将十进制数 13 直接转换成二进制数 1101，但在 BCD 码中，因为 1010～1111 的组合是被禁止使用的，所以是错误的。

【正解】

十进制数	1	3
⋮	↓	↓
BCD 码	0001	0011

$(13)_{10} = (00010011)_{BCD}$

【例题 1.17】 请将 BCD 码 011001010011 转换成十进制数。

【解答】 从低位的位数开始，将二进制数每 4 位分成一组，然后分别转换成十进制数即可。

BCD码　0110　0101　0011

　　　　↓　　↓　　↓

十进制数　6　　5　　3

$(011001010011)_{BCD}=(653)_{10}$

【例题 1.18】 请将二进制数 101011001 转换成 BCD 码。

【解答】 先将二进制数转换成十进制数，然后再将十进制数转换成 BCD 码即可。

$(101011001)_2 \rightarrow (345)_{10} \rightarrow$ 转换成 BCD 码

$(101011001)_2=(001101000101)_{BCD}$

【例题 1.19】 请将 BCD 码 1100110000010 转换成二进制数。

【解答】 先将 BCD 码转换成十进制数，然后再将十进制数转换成二进制数即可。

$(1100110000010)_{BCD} \rightarrow (1982)_{10} \rightarrow$ 转换成二进制数

$(1100110000010)_{BCD}=(11110111110)_2$

【例题 1.20】 写出能检测出十进制数 0～9 的 BCD 码错误的符号系列。

【解答】 在 4 位的 BCD 码中再附加一位检测符号错误的奇偶位，写出奇数奇偶位或偶数奇偶位。

① 奇数奇偶校验。例如，十进制数 1 的 BCD 码是 0001，因为其中 1 的数目是 1 个，即奇数，所以附加的奇偶校验位是 0。并且，3 的 BCD 码是 0011，因为其中有 2 个 1，即 1 的数目是偶数，所以附加的奇偶校验位是 1，这样，将所有 1 的数目都做成奇数。

② 偶数奇偶校验。与奇数奇偶校验相反，假如 1 的数目是奇数，则附加的奇偶校验位是 1，假如 1 的数目是偶数，则附加的奇偶校验位是 0，这样，将所有 1 的数目都做成偶数。

LH0084 的数字输入、输出端子连线和放大倍数见表 1.1。

表 1.1　LH0084 的数字输入、输出端子连线和放大倍数

十进制数	BCD 码	奇数奇偶位	偶数奇偶位
		带有奇偶位的 BCD 码	带有奇偶位的 BCD 码
0	0000	00001	00000
1	0001	00010	00011
2	0010	00100	00101

续表 1.1

十进制数	BCD 码	奇数奇偶位	偶数奇偶位
		带有奇偶位的 BCD 码	带有奇偶位的 BCD 码
3	0011	00111	00110
4	0100	01000	01001
5	0101	01011	01010
6	0110	01101	01100
7	0111	01110	01111
8	1000	10000	10001
9	1001	10011	10010
		↑ 奇偶位	↑ 奇偶位

1.2　算术运算和逻辑运算

1.2.1　算术运算

1. 二进制数的四则运算

二进制数的四则运算，如果注意了"逢二进一"，本质上与十进制数的情况相同。

① 加法运算法则。

0＋0＝0
0＋1＝1
1＋0＝1
* 1＋1＝10
* 产生进位

② 减法运算法则。

0－0＝0
* 0－1＝11
1－0＝1
1－1＝0
* 产生借位，上一位看作 2

$$\begin{array}{r}0\\+0\\\hline 0\end{array}\quad\begin{array}{r}0\\+1\\\hline 1\end{array}\quad\begin{array}{r}1\\+0\\\hline 1\end{array}\quad\begin{array}{r}1\\+1\\\hline 10\end{array}\qquad\begin{array}{r}0\\-0\\\hline 0\end{array}\quad\begin{array}{r}0\\-1\\\hline 11\end{array}\quad\begin{array}{r}1\\-0\\\hline 1\end{array}\quad\begin{array}{r}1\\-1\\\hline 0\end{array}$$

（10 中的 1：进位；11 中的第一个 1：借位）

③ 乘法运算法则。

0×0=0
0×1=0
1×0=0
1×1=1

$$\begin{array}{r}0\\ \times 0\\ \hline 0\end{array}\quad\begin{array}{r}0\\ \times 1\\ \hline 0\end{array}\quad\begin{array}{r}1\\ \times 0\\ \hline 0\end{array}\quad\begin{array}{r}1\\ \times 1\\ \hline 1\end{array}$$

④ 除法运算法则。

*0÷0=不能　* 不能运算
0÷1=0
*1÷0=不能
1÷1=1

与十进制法的情况相同，用反复的减法运算进行。

【例题 1.21】 对以下二进制数进行加法运算。

101011+110001

【解答】 对每位做加法运算，而只在 1+1 时，和是 0，并向上进一位。

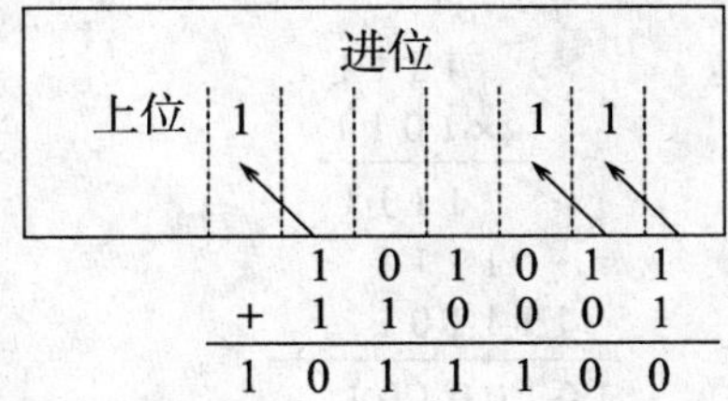

101011+110001=1011100

【例题 1.22】 对以下二进制数进行减法运算。

1101010−0010101

【解答】 与十进制数减法相同，从最低位开始进行减，不能减时，则将上位看作 2(1+1)进行借位。如果上位是 0，则从更上一位借。

1101010−0010101=1010101

【例题 1.23】 对如下二进制数进行乘法运算。

1011×101

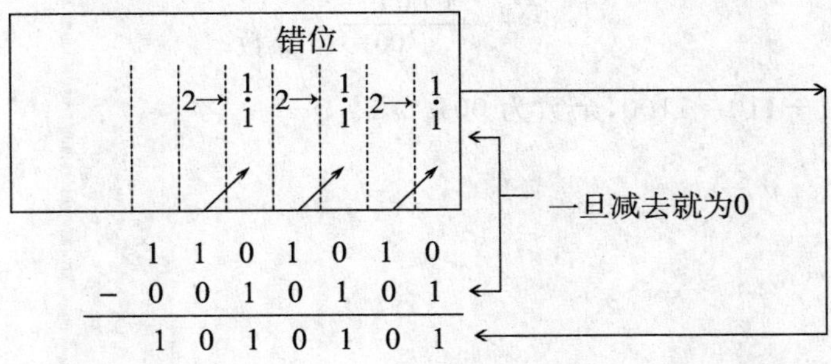

【解答】　与十进制数的乘法运算相同，当被乘数乘以 0 时，结果全部是 0，当被乘数乘以 1 时，结果是照抄被乘数，然后将全部数相加。

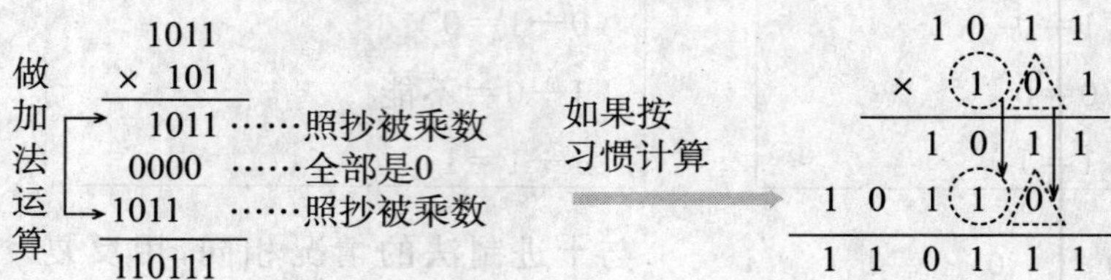

1011×101＝110111

【例题 1.24】　对以下二进制数进行乘法与除法运算。

① 1111×1011。

② 1001001÷110。

【解答】

```
        1111
      ×1011
     --------
        1111
       1111
     11110
   ----------
   10100101
        ⋮从下位有进位，
        ⋮此位的和是
      100
```

1111×1011＝10100101

如果被除数能减去除数，则商为 1，否则商为 0，不能除尽时就产生余数。

```
           1100……商
     ___________
  110)1001001
       110
      -----
        110
        110
       -----
          001……余数
```

1001001÷110＝1100，余数为 001。

2. 补数的运算

① 补数。负数的表示和进行减法运算等都用补数。在二进制数中所使用的补数,有 1 的补数和 2 的补数两种类型。

· 二进制数的 1 的补数。将二进制数中的“1”变成“0”,“0”变成“1”。例:101101 的“1 的补数”是 010010。

· 二进制数的 2 的补数。在二进制数的“1 的补数”上加 1。

例如,001100 的“2 的补数”是 110011+1=110100。

② 用补数来表示负数。负数是用“2 的补数”表示。在二进制数的表示中,一般最高位是表示正、负的符号位(正是 0,负是 1)。

例如,将$(-13)_{10}$用 6 位的带有符号位的二进制数表示时

表示正(+)的符号位　　表示负(-)的符号位

因为$(13)_{10}=(001101)_2$,所以$(-13)_{10}=(110011)_2$。

③ 用补数进行的减法运算。运算顺序见表 1.2。

表 1.2

	应用 1 的补数的情况	应用 2 的补数的情况
a	将减数变换成 1 的补数,再进行加法运算	将减数变换成 2 的补数,再进行加法运算
b 有进位时	将最高位产生的进位 1 加回到最低位上 答案是正(+)	舍去进位 答案是正(+)
c 无进位时	将 a 的加法运算结果,再取 1 的补数 答案是负(-)	将 a 的加法运算结果,再取 2 的补数 答案是负(-)
例:无符号位 0101 -0010 ?	0101 +1101 ……1的补数 [1]0010 →+1 0011 答:0011	0101 +1110 ……2的补数 [1]0011 →舍去 答:0011

【例题 1.25】 将二进制数 11101 用 1 的补数和 2 的补数表示。

【解答】 1 的补数是将二进制数中的 1 变换成 0,0 变换成 1。2 的补数是用(1 的补数)+1 来表示。

1 的补数=100010　2 的补数=100011

【例题 1.26】 将十进制数-53 用 8 位二进制数值表示。

【解答】　十进制数的 53 用 8 位(bit)二进制数表示是 00110101,因此将此用“2 的补数”表示即可。另外,假如最高位是 0,表示是正(+);是 1,表示是负(−)。用 n 位能表示的负的数值是到 -2^{n-1} 为止。

$(-53)_{10}=(11001011)_2$

【例题 1.27】　用 1 的补数进行下面二进制数的减法运算。

00110−10101

【解答】　因为减数比被减数大,无进位,答案是负(−)。

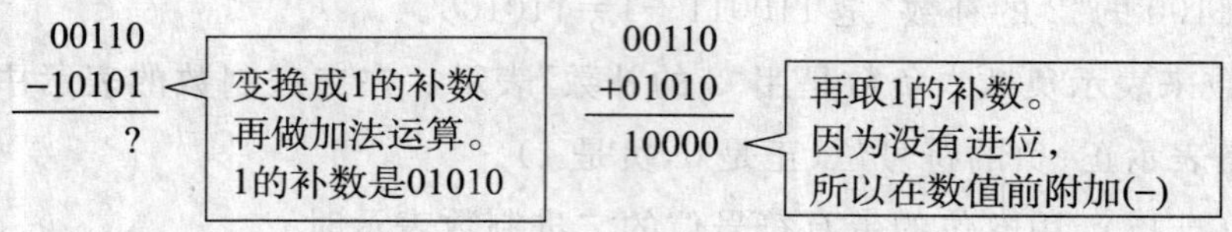

00110−10101=−01111

【例题 1.28】　用 2 的补数进行下面二进制数的减法运算。

01101−10111

【解答】　减数和加法运算的结果取 2 的补数。

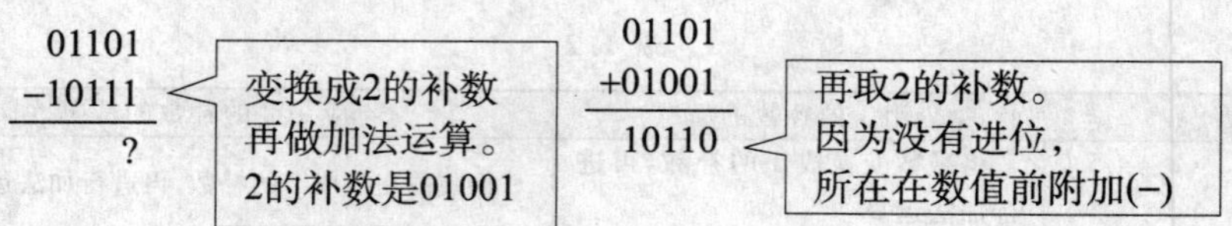

01101−10111=−01010

【例题 1.29】　用 2 的补数进行下面有符号位的二进制数的减法运算。

① 011001−010010;　　② 001010−010101。

【解答】　因为二进制数的最高位表示符号位,所以注意有效的二进制数值是 5 位。

①

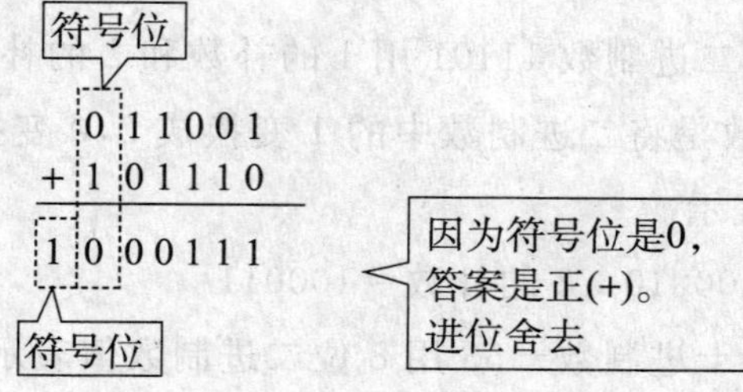

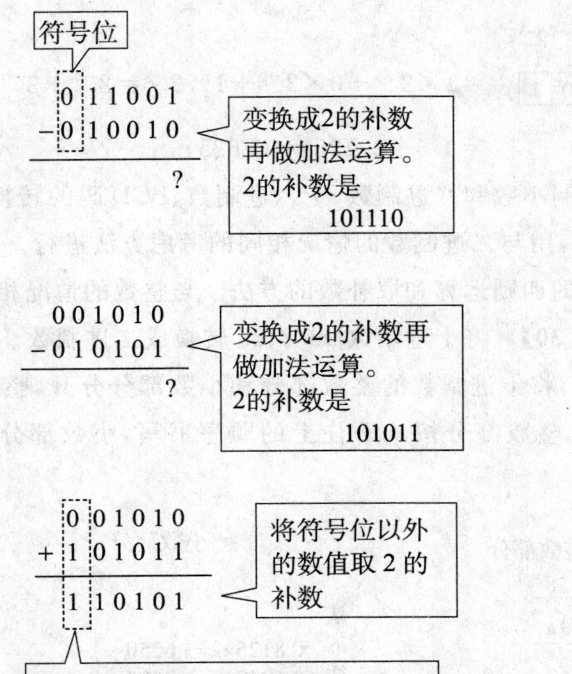

011001－010010＝00111　　001010－010101＝－01011

3．小数的运算

① 小数的十进制数和二进制数的转换。

· 十进制小数转换成二进制小数。将给出的小数乘以2，有进位时作为1，无进位时作为0，将剩余的小数部分再乘以2。这样，作相同的运算直至小数部分变成0为止，但需注意也存在无限位的情况。

例如，$(0.625)_{10}=(?)_2$，所以，$(0.625)_{10}=(0.101)_2$。

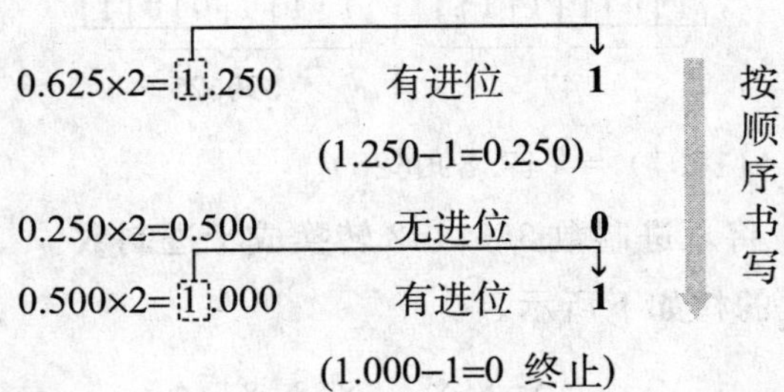

· 二进制小数转换成十进制小数。小数点右边的各位的权，是从 2^{-1} 开始，按 2^{-2}，2^{-3}，…，2^{-n} 的顺序。

$$\begin{array}{l}(\overset{\quad 2^{-1}\,2^{-2}\,2^{-3}}{\boxed{0.}\boxed{1}\boxed{0}\boxed{1}})_2=1\times2^{-1}+0\times2^{-2}+1\times2^{-3}=2^{-1}+2^{-3}\\ \qquad\qquad\qquad =0.5+0.125=(0.625)_{10}\end{array}$$

② 十进制小数和八进制数、十六进制数、BCD 码的转换。只要转换其基数是 8,16 即可,用与二进制数的情况相同的考虑方法进行。

③ 小数的四则运算和取补数的方法。与整数的情况相同进行。

【例题 1.30】 将十进制数 28.8125 转换成二进制数。

【解答】 将十进制数的整数部分和小数部分分开,整数部分除以 2,小数部分乘以 2。整数部分按从下往上的顺序书写,小数部分按从上往下的顺序书写。

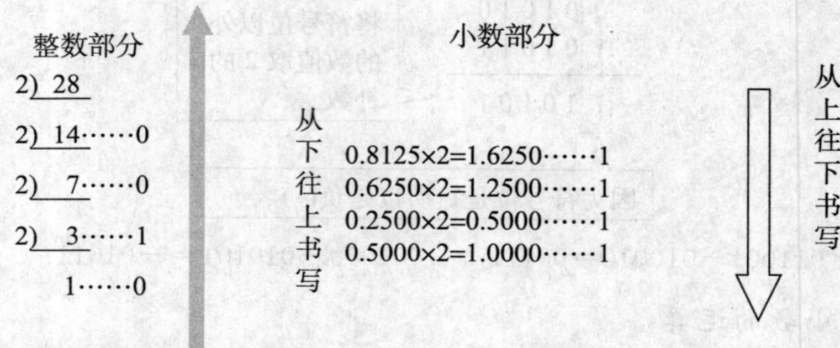

$(28.8125)_{10}=(11100.1101)_2$

【例题 1.31】 将二进制数 101111.111001 转换成十进制数。

【解答】 各位的权如下所示。

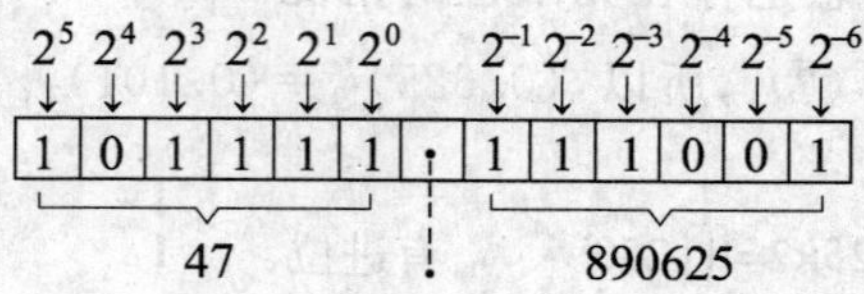

$(101111.111001)_2=(47.890625)_{10}$

【例题 1.32】 将八进制数 356.142 转换成十进制数。

【解答】 各位的权如下所示。

$$\begin{array}{ccccccc} 8^2 & 8^1 & 8^0 & & 8^{-1} & 8^{-2} & 8^{-3}\\ \downarrow&\downarrow&\downarrow&&\downarrow&\downarrow&\downarrow\\ \boxed{3}&\boxed{5}&\boxed{6}&\cdot&\boxed{1}&\boxed{4}&\boxed{2}\end{array}$$

所以，$3\times8^2+5\times8^1+6\times1+8^{-1}+4\times8^{-2}+2\times8^{-3}$。

$(356.142)_8=(238.19140625)_{10}$

【例题 1.33】 将十进制数 123.34375 转换成十六进制数。

【解答】 整数部分除以 16，小数部分乘以 16。

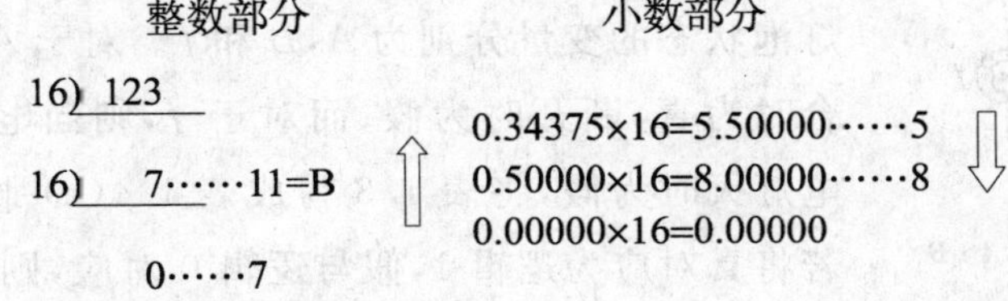

$(123.34375)_{10}=(7B.58)_{16}$

【例题 1.34】 将十进制数 52.78 转换成 BCD 码。

【解答】 将十进制数的每位数都转换成四位的二进制数，十进制数的小数点原封不动地转成二进制数的小数。

5	2	·	7	8
0101	0010	.	0111	1000

$(52.78)_{10}=(01010010.01111000)_{BCD}$

【例题 1.35】 将下列的二进制数进行加法和减法运算。

① 10.110+11.101； ② 11.11011−10.01101。

【解答】 与整数的运算情况相同。

$$
① \begin{array}{r} 10.110 \\ +11.101 \\ \hline 110.011 \end{array} \qquad ② \begin{array}{r} 11.11011 \\ -10.01101 \\ \hline 1.01110 \end{array}
$$

10.110+11.101=110.011，11.11011−10.01101=1.01110

1.2.2 逻辑运算

将结合 n 个逻辑变量形成新的逻辑变量的运算称为逻辑运算，所得出的结果称为逻辑函数。逻辑运算有逻辑乘、逻辑加和逻辑非等，不包含通常的四则运算，即不能进行减法和除法运算。

1. 逻辑乘

如图 1.6 所示，两个开关都闭合，灯才亮，即使有一个开关断开，灯就灭了。将这些状态归纳为表 1.3，其中用于表示开关 1，2，以及灯泡状态的变量分别为 A，B 和 f。对于 A，B，当开关闭合时为真，断开时为假；而对于 f，则当电灯亮时为真，电灯灭时为假，将表 1.3 写成表 1.4(a)那样的真值表。若将真对应为逻辑 1，假与逻辑 0 对应，则可得到表 1.4(b)，仅当 A 和 B 皆为逻辑 1 时 f 才为 1；只要 A，B 有一个为 0，f 即为 0，这与算术运算的乘法类似，故称为逻辑乘(logic product 或 conjunction)或者逻辑与(AND logic)。将逻辑乘用代数式表示为

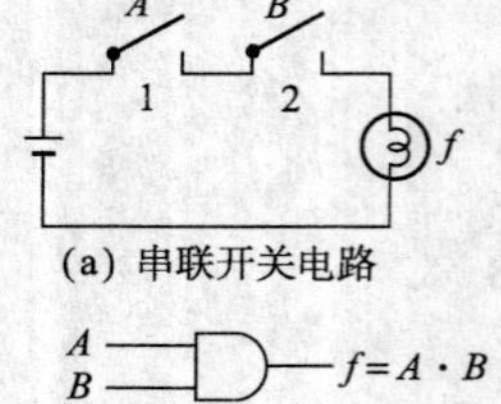

(a) 串联开关电路

(b) 逻辑乘的电路图表示

图 1.6

$$f=A\cdot B \tag{1.1}$$

该式读作“A 与 B(A and B)”。

表 1.3 串联开关电路

开关 1	开关 2	电灯
开	开	灭
开	关	灭
关	开	灭
关	关	亮

表 1.4 逻辑乘的真值表

(a)			(b)		
A	B	f	A	B	f
假	假	假	0	0	0
假	真	假	0	1	0
真	假	假	1	0	0
真	真	真	1	1	1

2. 逻辑加

如图 1.7 所示，二个开关中只要有一个闭合，电灯就点亮，可得到表 1.5。将该表变为与表 1.4 相似的真值表就可得到表 1.6。仅当 A 和 B 皆为逻辑 0 时，f 才为 0；只要有一个为 1，f 就为 1，其与算术运算的加法相类似，故称为逻辑加(logical sum 或 disjunction)或者叫做逻辑或(OR logic)。将逻辑加用代数式可以表示为

$$f=A+B \tag{1.2}$$

该式读作“A 或 B(A or B)”。和加法不一样的是

$1+1=1$　　成立

对逻辑变量和逻辑变量进行乘法和加法运算的结果取值只能是 0 或 1，而

不能取 0 或 1 以外的值。

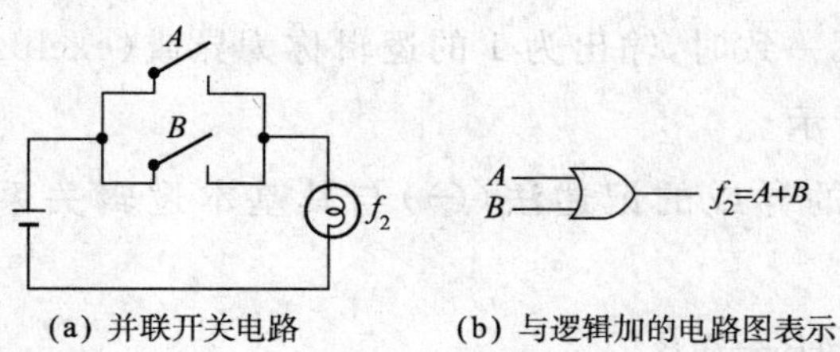

图 1.7

表 1.5　并联开关电路

开关 A	开关 B	电灯
开	开	灭
开	关	亮
关	开	亮
关	关	亮

表 1.6　逻辑和的真值表

(a)			(b)		
A	*B*	*f*	*A*	*B*	*f*
假	假	假	0	0	0
假	真	真	0	1	1
真	假	真	1	0	1
真	真	真	1	1	1

3. 逻辑非

如图 1.8 所示，开关断开时灯被点亮，开关闭合时灯就熄灭，因此而得到表 1.6，A 为 1 则 f_3 为 0，A 为 0 则 f_3 变为 1。将其称为逻辑非(NOT logic)，记为

$$f_3 = \overline{A} \tag{1.3}$$

将该式读作“非 A”(not A)。

逻辑非的真值表见表 1.7。非的逻辑电路图如图 1.8(b)所示，是一个小圆圈。但它不能单独使用，总是和 AND 电路以及 OR 电路等结合使用，如图 1.9 所示。图 1.9(a)是单个放大器，不进行任何逻辑运算，由于实际的逻辑电路总是会有信号衰减，所以是很有用的电路。将这种放大器和非的逻辑符号相结合称为反相器(inverter)，如图 1.9(b)或者图 1.9(c)所示。这两种反相器是完全一样的，根据情况分别使用是很方便的。

表 1.7　逻辑非

A	$\overline{A}$
0	1
1	0

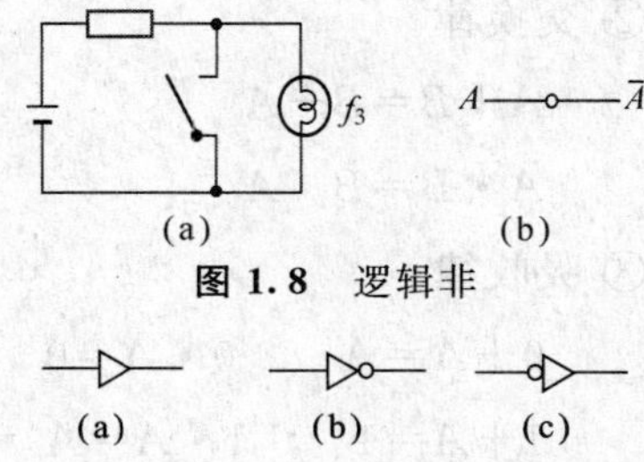

图 1.8　逻辑非

图 1.9　放大器与反相器

4. 异或逻辑

将 2 个输入不一致时,输出为 1 的逻辑称为异或(exclusive OR,EOR),其真值表如表 1.8 所示。

变量 A 与 B 的异或的记述法(⊕)与其基本逻辑关系的等价公式如下所示:

$$A \oplus B=\overline{A}B+A\overline{B}$$

5. 同或逻辑

同或逻辑是与异或逻辑输出相反的逻辑。即仅当输入一致时,输出才为 1。其真值表如表 1.9 所示。

同或逻辑的运算符为(⊙),其等价式如下:

$$A \odot B=AB+\overline{AB}$$

表 1.8　异或逻辑的真值表

输　入		输出 F
A	B	$F=A\oplus B$
0	0	0
0	1	1
1	0	1
1	1	0

表 1.9　同或逻辑的真值表

输　入		输出 F
A	B	$F=A\odot B$
0	0	1
0	1	0
1	0	0
1	1	1

1.3　逻辑代数的基本公式

逻辑代数的基本公式如下。

① 同一律。

$$A+A=A \qquad A\cdot A=A$$

② 交换律。

$$A+B=B+A$$

$$A\cdot B=B\cdot A$$

③ 吸收律。

$$0+A=A \qquad 0\cdot A=0$$

$$1+A=1 \qquad 1\cdot A=A$$

$A+A\cdot B=A$

$A(A+B)=A$

④ 结合律。

$A+(B+C)=(A+B)+C$

$A(B\cdot C)=(A\cdot B)\cdot C$

⑤ 分配律。

$A(B+C)=A\cdot B+A\cdot C$

$(A+B)(A+C)=A+B\cdot C$

⑥ 反演律。

$\overline{\overline{A}}=A \qquad A+\overline{A}=1 \qquad A\cdot\overline{A}=0$

【例题 1.36】 化简 $F=A\cdot B+A\cdot\overline{B}$。

【解答】 用分配律，从基本的定理得 $B+\overline{B}=1$。

$$\begin{aligned}F&=A\cdot B+A\cdot\overline{B}\\&=A(B+\overline{B})\\&=A\cdot 1=A\end{aligned}$$

【例题 1.37】 证明 $(A+B)(\overline{A}+\overline{B})=A\cdot\overline{B}+\overline{A}\cdot B$。

【解答】 将式的左边展开，由反演律得 $A\cdot\overline{A}=0$，$B\cdot\overline{B}=0$。

因此，

$$\begin{aligned}(A+B)(\overline{A}+\overline{B})&=A\cdot\overline{A}+A\cdot\overline{B}+\overline{A}\cdot B+B\cdot\overline{B}\\&=0+A\cdot\overline{B}+\overline{A}\cdot B+0\\&=A\cdot\overline{B}+\overline{A}\cdot B\end{aligned}$$

因此，$(A+B)(\overline{A}+\overline{B})=A\cdot\overline{B}+\overline{A}\cdot B$ 成立。

【例题 1.38】 化简 $F=(A+B)(A+\overline{B})(\overline{A}+B)$。

【解答】 用分配律 $(A+B)(A+C)=A+B\cdot C$ 得

$(A+B)(A+\overline{B})=A+B\cdot\overline{B}$

因此，

$$\begin{aligned}F&=(A+B)(A+\overline{B})(\overline{A}+B)\\&=(A+B\cdot\overline{B})(\overline{A}+B)\\&=(A+0)(\overline{A}+B)\\&=A(\overline{A}+B)\end{aligned}$$

$$=A\cdot\overline{A}+A\cdot B$$
$$=0+A\cdot B$$
$$=A\cdot B$$

【例题 1.39】 化简 $F=A(A+B+C)+B(A+B+C)$。

【解答】 由吸收定律 $A(A+B)=A$ 可知，在 $A(A+\cdots)$ 时，被 A 吸收，另外，$B(A+B+C)=B(B+A+C)$ 作相同考虑。

因此，

$$\begin{aligned}F&=A(A+B+C)+B(A+B+C)\\&=A(A+B+C)+B(B+A+C)\\&=A+B\end{aligned}$$

1.4 逻辑代数的基本定理

1.4.1 德·摩根定理

当对某个逻辑式整个取非时，它可以变换为对其中的每个变量取非，同时将其中的运算符也互换，即把逻辑或换为逻辑与，把逻辑与换为逻辑或，从而成为等价的变形，这就称为德·摩根(de Morgan)定理。用一般形式可表示如下：

$$\overline{X_1+X_2+X_3+\cdots+X_n}=\overline{X_1}\,\overline{X_2}\,\overline{X_3}\cdots\overline{X_n}$$
$$\overline{X_1X_2X_3\cdots X_n}=\overline{X_1}+\overline{X_2}+\overline{X_3}+\cdots+\overline{X_n}$$

对于两个变量 A、B 的德·摩根定理验证结果如表 1.10 所示，也可确认上式成立，即

$$\begin{aligned}\overline{B(\overline{A}+C)+\overline{B}C}&=\overline{B(\overline{A}+C)}\cdot\overline{\overline{B}C}\\&=[\overline{B}+\overline{(\overline{A}+C)}](B+\overline{C})\\&=(\overline{B}+A\overline{C})(B+\overline{C})\end{aligned}$$

【例题 1.40】 请证明 $\overline{\overline{A}\cdot\overline{B}}=A+B$。

【解答】 用德·摩根定理 $\overline{A\cdot B}=\overline{A}+\overline{B}$ 得

$$\begin{aligned}\overline{\overline{A}\cdot\overline{B}}&=\overline{\overline{A}}+\overline{\overline{B}}\\&=A+B\end{aligned}$$

因此，$\overline{\overline{A}\cdot\overline{B}}=A+B$ 成立。

表 1.10

(a) $\overline{A+B}=\overline{A}\,\overline{B}$							(b) $\overline{AB}=\overline{A}+\overline{B}$						
A	B	$\overline{A}$	$\overline{B}$	$A+B$	$\overline{A+B}$	$\overline{A}\,\overline{B}$	A	B	$\overline{A}$	$\overline{B}$	AB	$\overline{AB}$	$\overline{A}+\overline{B}$
0	0	1	1	0	1	1	0	0	1	1	0	1	1
0	1	1	0	1	0	0	0	1	1	0	0	1	1
1	0	0	1	1	0	0	1	0	0	1	0	1	1
1	1	0	0	1	0	0	1	1	0	0	1	0	0

【例题 1.41】 证明$\overline{A\cdot\overline{B}+\overline{C}\cdot D}=(\overline{A}+B)(C+\overline{D})$。

【解答】 用德·摩根定理$\overline{A+B}=\overline{A}\cdot\overline{B}$和$\overline{A\cdot B}=\overline{A}+\overline{B}$。

$$\overline{A\cdot\overline{B}+\overline{C}\cdot D}=(\overline{A\cdot\overline{B}})(\overline{\overline{C}\cdot D})$$
$$=(\overline{A}+\overline{\overline{B}})(\overline{\overline{C}}+\overline{D})$$
$$=(\overline{A}+B)(C+\overline{D})$$

因此，$\overline{A\cdot\overline{B}+\overline{C}\cdot D}=(\overline{A}+B)(C+\overline{D})$成立。

1.4.2 对偶定理

由德·摩根定理可以进一步推导得到，若在逻辑等式的两边把运算符互换，即把逻辑或(+)→逻辑与(·)，逻辑与(·)→逻辑或(+)，把常数 0→1，1→0，经这样变换所得的新等式也成立，将此称为对偶定理。用一般形式可表示如下：

若， $F(+,\cdot,0,1,X_1,X_2,\cdots,X_n)=G(+,\cdot,0,1,X_1,X_2,\cdots,X_n)$

则， $F(\cdot,+,1,0,X_1,X_2,\cdots,X_n)=G(\cdot,+,1,0,X_1,X_2,\cdots,X_n)$

例如， $A\cdot(B+C)=A\cdot B+A\cdot C$

则，

$$A+(B\cdot C)=(A+B)\cdot(A+C)$$

对两者应用分配律可证。

例如，要证明$(A+B)(A+\overline{B})(\overline{A}+B)=AB$，根据对偶定理，只需证明 $AB+A\overline{B}+\overline{A}B=A+B$ 就可以了，即

左边$=A(B+\overline{B})+\overline{A}B=A+\overline{A}B=(A+\overline{A})(A+B)=A+B=$右边

1.5 逻辑函数的化简

1.5.1 最小项和最大项

用真值表作为推导逻辑式的方法，有最小项和最大项二种。两者表面看不相

同，但逻辑式的输出结果全部相同。

① 最小项。也称为乘积项的或形式，是取真值表的输出为 1 时的输入变量的逻辑与(最小项)，然后求这些最小项全部的逻辑或。

② 最大项。也称为和项的与形式，是取真值表的输出为 0 时的输入变量的“非”的逻辑或(最大项)，然后求这些最大项全部的逻辑与。

③ 用真值表求逻辑式如图 1.10 所示。

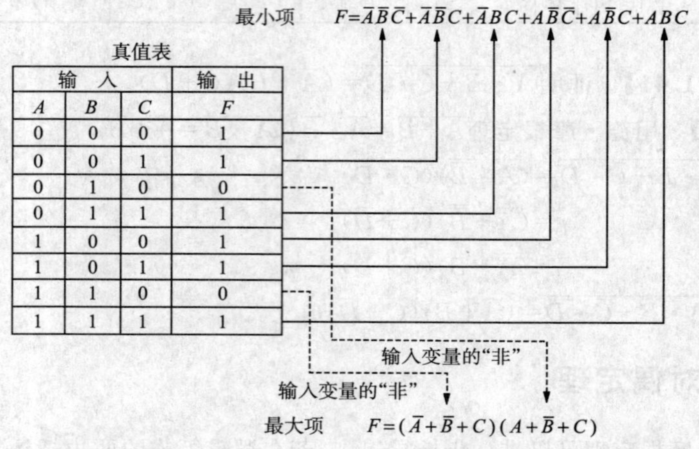

图 1.10

【例题 1.42】　利用表 1.11 的真值表，求最小项的逻辑式。

【解答】　先求出输出为 1 的输入变量的逻辑与(最小项)。即，如果输入变量 A 为 0 则取 $\overline{A}$，输入变量 B 若为 1 则取 B，因此最小项就为 $\overline{A}B$。求出全部最小项，然后将这些最小项用逻辑或连接就求得最小项的逻辑式。

因此，如图 1.11 所示逻辑式为 $F=\overline{A}B+A\overline{B}+AB$。

表 1.11　真值表

输　入		输　出
A	B	F
0	0	0
0	1	1
1	0	1
1	1	1

真值表

输入		输出
A	B	F
0	0	0
0	1	1
1	0	1
1	1	1

$F=\overline{A}B+A\overline{B}+AB$

图 1.11

【例题 1.43】　利用表 1.12 的真值表，求最小项的逻辑式和最大项的逻辑式。并用布尔代数的定理证明两者相等。

表 1.12　真值表

输　入			输　出
A	B	C	F
0	0	0	1
0	0	1	0
0	1	0	1
0	1	1	1
1	0	0	0
1	0	1	1
1	1	0	1
1	1	1	1

【解答】　先求出输出为 0 的输入变量的“非”，求逻辑或（最大项）。即，如果输入变量 $A=0,B=0,C=1$，则最大项就为 $A+B+\overline{C}$。求出全部的最大项，然后，将这些最大项用逻辑与连接，就求得最大项的逻辑式。另外，最小项的逻辑式用例题 1.42 的解法求得。

从真值表求出最小项和最大项的逻辑式。最小项的逻辑式为

$$F=\overline{A}\,\overline{B}\,\overline{C}+\overline{A}B\overline{C}+\overline{A}BC+A\overline{B}C+AB\overline{C}+ABC \tag{1.4}$$

最大项的逻辑式为

$$F=(A+B+\overline{C})(\overline{A}+B+C) \tag{1.5}$$

从式(1.4)可知，

$$F=\overline{A}B\overline{C}+\overline{A}\,\overline{B}\,\overline{C}+ABC+A\overline{B}C+\overline{A}BC+\underbrace{\overline{A}BC+ABC}+AB\overline{C}$$

即使将式中相同的逻辑函数相加也可以

$$=\overline{A}\,\overline{C}(B+\overline{B})+AC(B+\overline{B})+\overline{A}B(C+\overline{C})+AB(C+\overline{C})$$

$$=\overline{A}\,\overline{C}+AC+\overline{A}B+AB=\overline{A}\,\overline{C}+AC+B(\overline{A}+A)=\overline{A}\,\overline{C}+AC+B$$

从式(1.5)可知，

$$F=(A+B+\overline{C})(\overline{A}+B+C)$$

$$=A\overline{A}+AB+AC+\overline{A}B+BB+BC+\overline{A}\,\overline{C}+B\overline{C}+C\overline{C}$$

$$=0+AB+AC+\overline{A}B+B+BC+\overline{A}\,\overline{C}+B\overline{C}+0$$

$$=AB+\overline{A}B+BC+B\overline{C}+AC+\overline{A}\,\overline{C}+B$$

$$=B(A+\overline{A})+B(C+\overline{C})+AC+\overline{A}\,\overline{C}+B$$

$$=B+B+AC+\overline{A}\,\overline{C}+B=\overline{A}\,\overline{C}+AC+B$$

因为式(1.4)和式(1.5)相等，所以证明了最小项和最大项的逻辑式相同。

1.5.2　卡诺图化简法

1.　卡诺图

卡诺图是简化逻辑式的方法之一。它不同于直观地应用许多公式和定理来简化逻辑式，任何人都能机械地简化逻辑式。

2.　二个变量的卡诺图

图 1.12 所示是用卡诺图简化二个变量的逻辑式的例子。

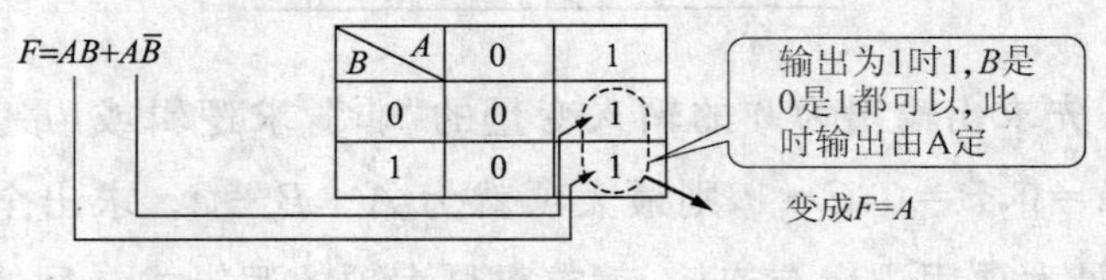

图 1.12

3.　三个变量的卡诺图

图 3.13 所示是用卡诺图简化三个变量的逻辑式的例子。两个变量 A，B 相互以每变化 1 位(bit)的顺序排列，其中，10 和 00 间也邻接，所以能形成环状，这里，环中的数是偶数。

$$F=ABC+A\overline{B}\,\overline{C}+\overline{A}BC+\overline{A}\,\overline{B}\,\overline{C}$$

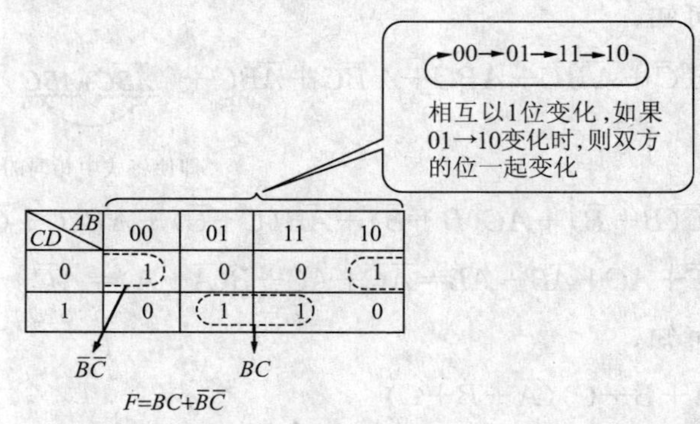

图 1.13

4.　四个变量的卡诺图

在四个变量的卡诺图中，方格数为 16 个，考虑方法与三个变量的卡诺图相同。将简化的顺序汇总如下。

① 在与逻辑式的各项相对应的方格中填入 1。

② 将相邻的都是 1 的方格，以偶数个最大限度地用圈围住。

③ 一个方格即使重复圈也可以，方格的上下、左右之间相互邻接。

④ 从各个围线中推导出逻辑函数，然后将它们用和连接。

图 1.14 所示是用卡诺图化简四个变量的逻辑式的例子。

$$F=ABC\overline{D}+AB\overline{C}D+AB\overline{C}\,\overline{D}+A\overline{B}\,\overline{C}D+A\overline{B}\,\overline{C}\,\overline{D}+\overline{A}\,\overline{B}\,\overline{C}D$$

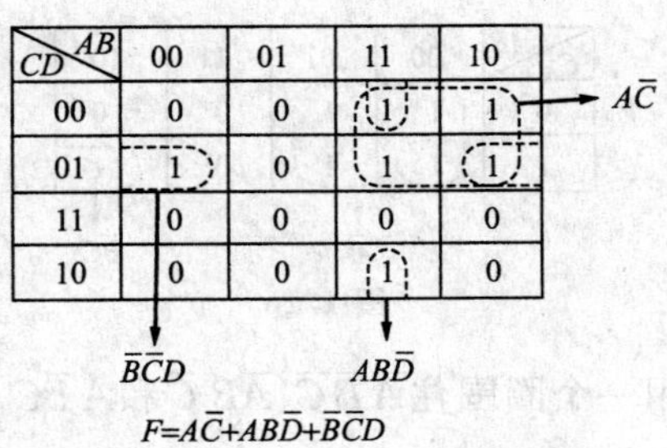

图 1.14

【例题 1.44】 用卡诺图化简 $F=AB+A\overline{B}+\overline{A}B$。

【解答】 作两个变量的卡诺图，与逻辑式的各项对应的方格中填入 1，其他余留的方格中填入 0。例如，$A\overline{B}$，在 A 为 1，B 为 0 的方格中填入 1。接着，将相邻的都是 1 的方格用圈围住。这时即使用一方格重复圈也可以。如果一个圈含有 A 的 0 和 1 两个数，则因为 A 是 0 是 1 都可以，所以能从这项中消去 A。

因此，用卡诺图表示的 $F=AB+A\overline{B}+\overline{A}B$，如图 1.15 所示，即逻辑式能化简成 $F=A+B$。

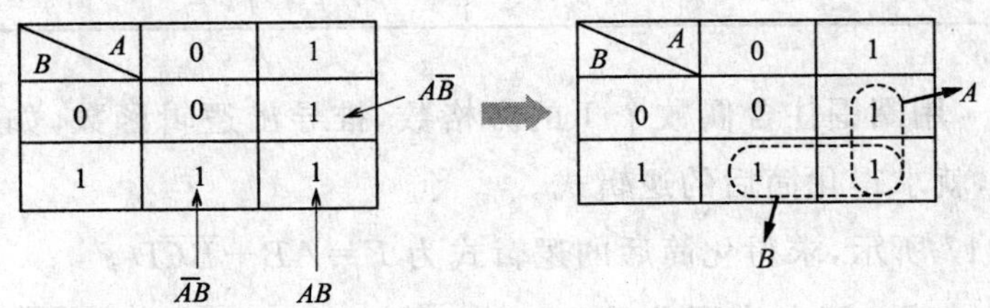

图 1.15

【例题 1.45】 用卡诺图化简 $F=A\overline{B}C+\overline{A}BC+\overline{A}B\overline{C}+\overline{A}\,\overline{B}C+\overline{A}\,\overline{B}\,\overline{C}$。

【解答】 三个变量的卡诺图是用两个变量和一个变量的组合来表示的，两个变量相互必须只变化一位(bit)，即将两个变量按 00→01→11→10 的顺序排列。另外，在卡诺图上虽然 10 和 00 之间分开，但实际是邻接的，可以用环线连接。在三个变量的卡诺图中，除两个方格能用圈围住外，四个方格也能用圈围住。围的圈子越大，就越易化简。

所以，用卡诺图表示的 $F=A\overline{B}C+\overline{A}BC+\overline{A}B\overline{C}+\overline{AB}C+\overline{A}\,\overline{B}\,\overline{C}$，如图 1.16 所示。

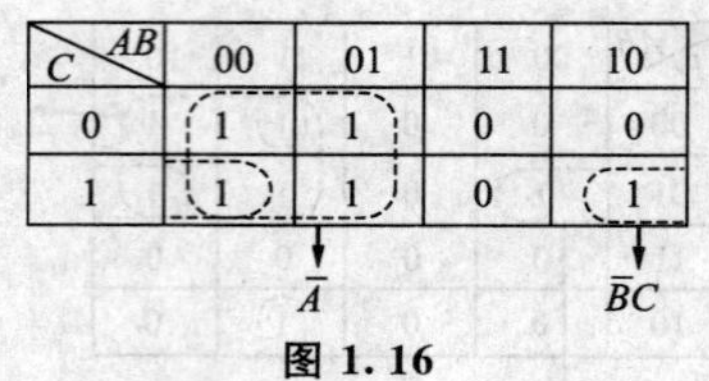

图 1.16

在这个卡诺图中，用一个圈围住$\overline{A}\,\overline{B}\,\overline{C}$、$\overline{A}B\,\overline{C}$和$A\overline{B}C$、$\overline{A}BC$ 四个方格，用一个圈围住$\overline{A}\overline{B}C$ 和 $A\overline{B}C$ 两个方格。在四个方格的围线中，因为 B 和 C 都含有 0 和 1 两个数，所以能消去，可以简化成$\overline{A}$。另外，在两个方格的围线中，因为 A 含有 0 和 1 两个数，能消去，所以可以化简成$\overline{B}C$。因此逻辑式化简成 $F=\overline{A}+\overline{B}C$。

【例题 1.46】 根据表 1.13 的卡诺图，求化简后的逻辑式。

表 1.13

CD \ AB	00	01	11	10
00	0	0	1	0
01	1	0	1	1
11	0	0	1	0
10	0	0	1	0

【解答】 用圈围住含偶数个 1 的方格数，推导出逻辑函数，如果将这些函数用和连接，就求得化简后的逻辑式。

如图 1.17 所示，求得化简后的逻辑式为 $F=AB+\overline{B}\overline{C}D$。

【例题 1.47】 用卡诺图化简 $F=AB\,\overline{C}D+A\,\overline{B}C\,\overline{D}+A\,\overline{B}\,\overline{C}\,\overline{D}+\overline{A}B\,\overline{C}D+\overline{A}\,\overline{B}C\,\overline{D}$。

【解答】 在与逻辑式的各项相对应的方格中填入 1。将含 1 的方格数以偶数个最大限度地用圈围住（即使重复圈也可以）。因为方格数的上下、左右的边端相互邻接，所以边端和边端也可以圈。从围圈推导出逻辑函数，如果将它们用和连接，就求得化简的逻辑式。

所以，用卡诺图表示 $F=AB\overline{C}D+A\overline{B}C\overline{D}+A\overline{B}\,\overline{C}\,\overline{D}+\overline{A}B\overline{C}D+\overline{A}\,\overline{B}C\overline{D}$，如图 1.18 所示。

$A\overline{B}C\overline{D}$的 1，与 $A\overline{B}\,\overline{C}\,\overline{D}$和$\overline{A}\,\overline{B}C\overline{D}$的 1 能重复圈。因此，化简的逻辑式为 $F=A\overline{B}\,\overline{D}+B\overline{C}D+\overline{B}C\overline{D}$。

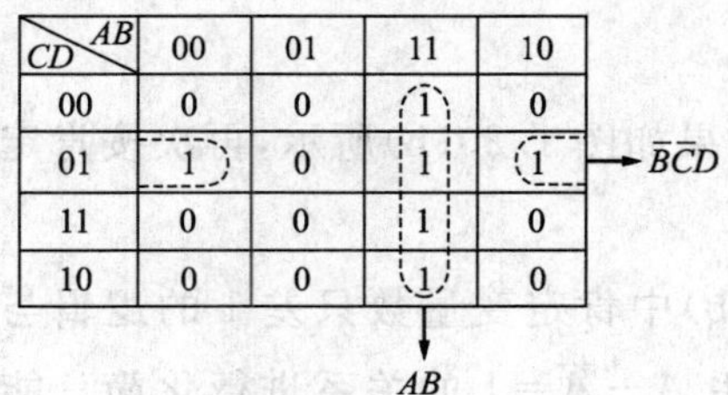

CD \ AB	00	01	11	10
00	0	0	1	0
01	1	0	1	1
11	0	0	1	0
10	0	0	1	0

图 1.17

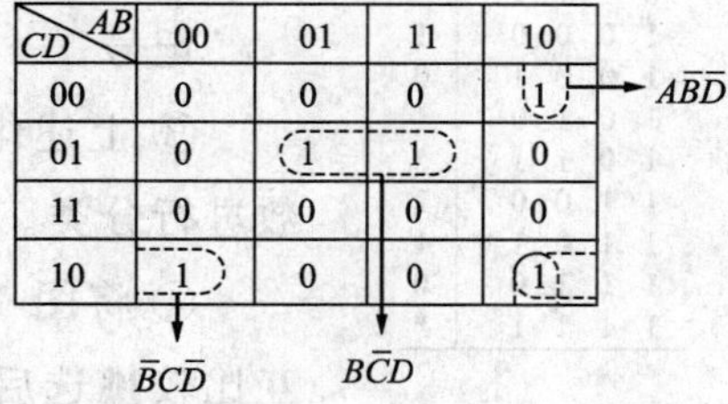

CD \ AB	00	01	11	10
00	0	0	0	1
01	0	1	1	0
11	0	0	0	0
10	1	0	0	1

图 1.18

1.5.3 奎因·麦克拉斯基化简法

奎因·麦克拉斯基法（以下简称奎·麦法）就是反复利用 $A+\overline{A}=1$ 的关系，将逻辑函数进行化简的方法。

化简时积极利用中间项（dyadic），即可以是 0 也可以是 1 的项，化简后，就将只由中间项组合推出的化简项除去。用卡诺图法化简，当变量较少的情况下（变量数 5 个左右）比较容易，稍微多一些时，要完全看见全部能化简的项都是困难的，化简更是极其困难。与此相比，当变量数较少时，用奎·麦法比卡诺图法复杂，变量较多时，可通过简单的反复运算来进行化简，故它常用于使用电子计算机进行化简处理的情况。

1. 化简方法之一（主项的导出）

将图 1.19 中真值表所表示的逻辑函数用奎·麦法进行化简。化简前的逻辑函数式为

$$y=\overline{A}B\overline{C}\,\overline{D}+\overline{A}B\overline{C}D+\overline{A}BC\overline{D}+A\overline{B}\,\overline{C}\,\overline{D}+A\overline{B}C\overline{D}+AB\overline{C}\,\overline{D}+AB\overline{C}D \tag{1.6}$$

其化简过程如下。

① 从真值表中将逻辑函数值为 1 和 *（中间项）的变量全部挑出，按其中肯定变量的数量分类，就排成如图 1.20(a)左边那样。

② 将肯定变量的数目只差 1 的最小项彼此相互比较后，挑选出下面那样

$A\ B\ C\ D$	y
0 0 0 0	*
0 0 0 1	0
0 0 1 0	0
0 0 1 1	*
0 1 0 0	1
0 1 0 1	1
0 1 1 0	1
0 1 1 1	*
1 0 0 0	1
1 0 0 1	0
1 0 1 0	1
1 0 1 1	*
1 1 0 0	1
1 1 0 1	1
1 1 1 0	0
1 1 1 1	*

图 1.19　4 个变量的真值表

的项进行化简：

$$??? A+??? \overline{A}=??? (A+\overline{A})$$
$$=??? 1$$
$$=???$$

其中，“?”代表 A 或 B 等变量。能化简的最小项前加有“√”记号。

③ 上述化简结果如图 1.20(b)所示，再次按肯定变量数进行分类。

④ 将图 1.20(b)中肯定变量数只差 1 的逻辑与项相互比较挑选后，使用 $A+\overline{A}=1$ 的关系进行化简。能化简的逻辑与项前加有“√”记号。

⑤ 重复③、④步骤直到不能再化简为止。本例中到第 3 次就化简完了，如图 1.20(c)所示。

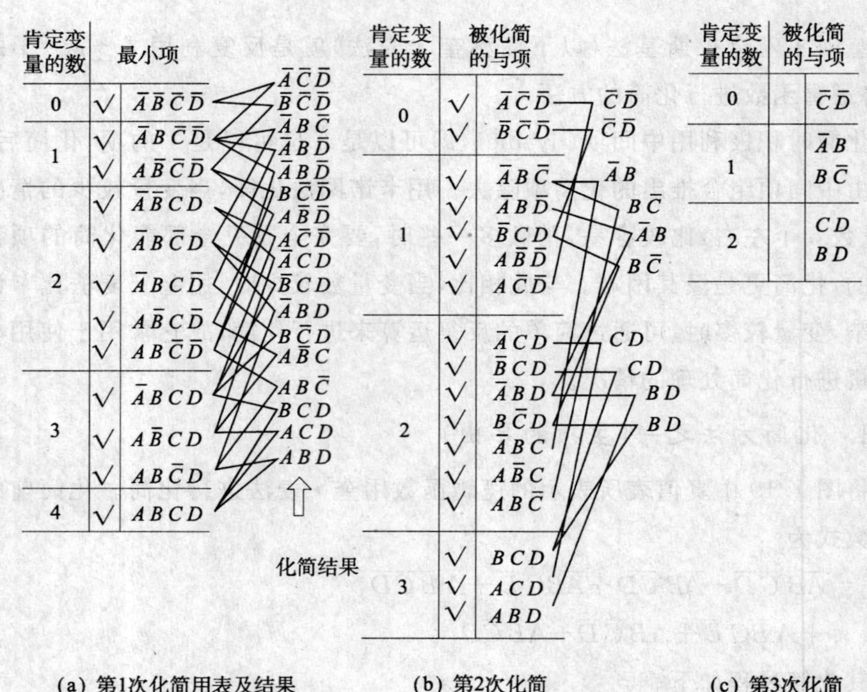

图 1.20　奎・麦法

⑥ 没有加上“√”记号的项，就是到最后也没有简化掉的项，称为主项。将

这些主项全部用 OR 运算连接起来成为下式：

$$y=\overline{C}\,\overline{D}+\overline{A}B+B\overline{C}+CD+BD+A\overline{B}\,\overline{D}+A\overline{B}C$$

2. 化简方法之二(由主项表推导出最小逻辑或形式)

在上面的化简过程中积极地利用了中间项。而对其结果，此中间项有很大影响，也许只从中间项就能得出简化结果。除此之外，也为了检查是否已不能再简化。

首先，制作图 1.21 所示的主项表。

主项表中，表头横行是真值表中所有为 1 的最小项，纵列是化简后的所有主项。因此其横向排列的最小项不包含中间项。接着将最小项与化简结果的主项进行比较，假如像 BD 的主项被包含在$\overline{A}B\,\overline{C}D$的最小项中，就在其交叉处写出“○”记号。这个“○”就表明该简化项是从此列的最小项中出来的。例如，BD 是由图 1.22 所示过程来化简的，$\overline{A}B\,\overline{C}D$，$AB\,\overline{C}D$，$\overline{A}BCD$，$ABCD$ 之中，除去加有“○”记号的$\overline{A}B\,\overline{C}D$，$AB\overline{C}D$的中间项。与此相反，若用简化的结果 BD，就表示可以在式(1.4)的最小项内，用 BD 代表$\overline{A}B\,\overline{C}D$ 和 $AB\,\overline{C}D$。因此，在主项表的各列中，选择至少有 1 个“○”记号的主项，并将这些主项都用 OR 运算连接起来，就能得到式(1.4)的化简结果。对主项表行中一个“○”记号也没有的主项行(主项表的斜线行)是表示只会推出中间项的主项，故不要这样的主项。

由图 1.19 所示的主项表求出化简结果。该表的第 3 列只有一个“○”记号。因此，对于表示此列的最小项$\overline{A}BC\,\overline{D}$，必须采用此“○”记号所在行(网眼)的主项$\overline{A}B$。这个主项就叫做必须主项。若采用$\overline{A}B$，因该行的 1,2 列也加有“○”记号，即同时也可代表$\overline{A}B\,\overline{C}\,\overline{D}$、$\overline{A}B\,\overline{C}D$。后面的 4,5,6,7 列的最小项也可选为主项。又因例如选择 $B\overline{C}$代表 6,7 列的最小项($AB\,\overline{C}\,\overline{D}$,$AB\overline{C}D$)，而选择 $A\,\overline{B}\,\overline{D}$代表 4,5 列的最小项($A\,\overline{B}\,\overline{C}\,\overline{D}$,$A\,\overline{B}C\,\overline{D}$)，将它们用 OR 连接起来就能代表所有的最小项。从而化简的结果就能表示如下。

$$y=\overline{A}B+B\overline{C}+A\,\overline{B}\,\overline{C} \tag{1.7}$$

若选择$\overline{C}\,\overline{D}$，$BD$ 和 $A\,\overline{B}\,\overline{D}$，则

$$y=\overline{A}B+\overline{C}\,\overline{D}+BD+A\,\overline{B}\,\overline{D} \tag{1.8}$$

若选择$\overline{C}\,\overline{D}$，$BD$ 和 $A\overline{B}C$，则

$$y=\overline{A}B+\overline{C}\,\overline{D}+BD+A\,\overline{B}C \tag{1.9}$$

其中，式(1.7)是最简单的，故将其作为化简结果为好，这样的化简结果叫做最小逻辑或。

综上所述，可对从主项表得到化简结果的过程系统地描述如下。

① 首先，选用只有一个“○”记号的列中“○”记号所在行的主项为必须主项，因它又能代表该行所有“○”记号所在列的最小项，故将这些列除去。例如，图 1.21 中的 1,2 列。

	1	2	3	4	5	6	7	
主项＼最小项	$\bar{A}B\bar{C}\bar{D}$	$\bar{A}B\bar{C}D$	$\bar{A}BC\bar{D}$	$A\bar{B}\bar{C}\bar{D}$	$A\bar{B}C\bar{D}$	$AB\bar{C}\bar{D}$	$AB\bar{C}D$	
$\bar{C}\bar{D}$	○			○		○		← *1
$\bar{A}B$	○	○	○					
$B\bar{C}$	○	○				○	○	
CD								← *2
BD		○					○	
$A\bar{B}\bar{D}$				○	○			
$A\bar{B}C$					○			

*1表示$\bar{A}BC\bar{D}$的只有这些必须主项。

*2只有由中间项推出的项。

图 1.21　主项表

② 二个列 l_k，l_j 中，l_k 有“○”记号的所有行中 l_j 上也有“○”记号时，则可将 l_j 列消去。例如，图 1.21 中($l_k=3$，$l_j=1$)，($l_k=3$，$l_j=2$)，($l_k=6$，$l_j=1$)，($l_k=7$，$l_j=2$)，这种关系成立，故将 1,2 列消去。但在此例中，这些在⑦中已经被消灭干净了。

③ 就二个行 r_k，r_j 而言，r_k 上印有“○”记号的所有列上，r_j 也有“○”记号时，就将 r_k 行消去。例如，图 1.21 中($r_k=5$，$r_j=3$)，($r_k=7$，$r_j=6$)，故将 5,7 行消去。

④ 消去一个“○”记号也没有的行(将用中间项就能化简掉的主项消去)。

⑤ 余下的主项表中，表示了所有的最小项，选择尽可能简单的主项，并将它们用 OR 运算边起来。

【例题 1.48】 用奎·麦法将 $y=\overline{ABC}+\overline{A}B\,\overline{C}+\overline{BCD}+\overline{B}CD$ 化简。

【解答】 因此函数已进行了某种程度的化简，故使用本方法前务必将其变

回为主加法标准形，即如图 1.22 所示的形状。

$$\overline{A}\,\overline{B}\,\overline{C}=\overline{A}\,\overline{B}\,\overline{C}(D+\overline{D})=\overline{A}\,\overline{B}\,\overline{C}D+\overline{A}\,\overline{B}\,\overline{C}\,\overline{D}$$

同样对其他各项也进行类似变形后即有下式：

$$\begin{aligned}y=&\overline{A}\,\overline{B}\,\overline{C}D+\overline{A}\,\overline{B}\,\overline{C}\,\overline{D}+\overline{A}B\,\overline{C}D+\overline{A}B\,\overline{C}\,\overline{D}\\&+A\,\overline{B}\,\overline{C}D+\overline{A}\,\overline{B}\,\overline{C}D+A\,\overline{B}CD+\overline{A}\,\overline{B}CD\end{aligned}$$

将此式用奎・麦法进行化简就得到结果为

$$y=\overline{A}\,\overline{C}+\overline{B}D$$

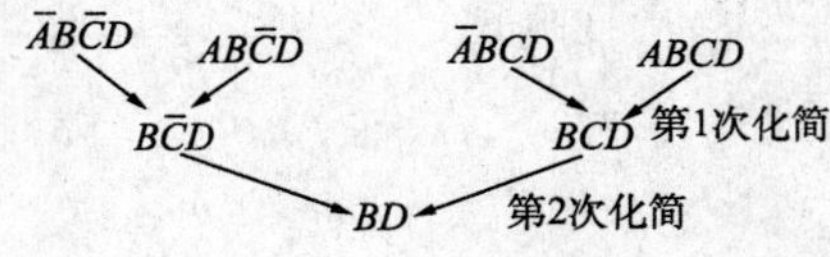

图 1.22

第2章

逻辑电路

2.1 电路符号与电路图

可以进行逻辑运算的最小电路，称为逻辑元件。逻辑元件的逻辑式与电路符号如下所示。

① 逻辑与(AND，与门)。

$AB=F$

② 逻辑或(OR，或门)。

$A+B=F$

③ 逻辑非(NOT，非门)。

$\overline{A}=F$

④ NAND，与非门。

$\overline{AB}=F$ 或者 $\overline{AB}=F$

⑤ NOR，或非门。

$\overline{A+B}=F$ 或者 $\overline{AB}=F$

⑥ 异或逻辑，异或门。

$A\oplus B=F$

NAND 与 NOR 的真值表如表 2.1 所示。与下式完全对应的逻辑电路例子如图 2.1 所示。

$$F=AB+B\overline{C}(\overline{A}+D)$$

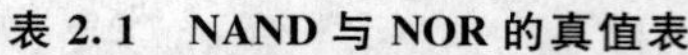

表 2.1　NAND 与 NOR 的真值表

输　入		输　出 F	
A	B	NAND	NOR
0	0	1	1
0	1	1	0
1	0	1	0
1	1	0	0

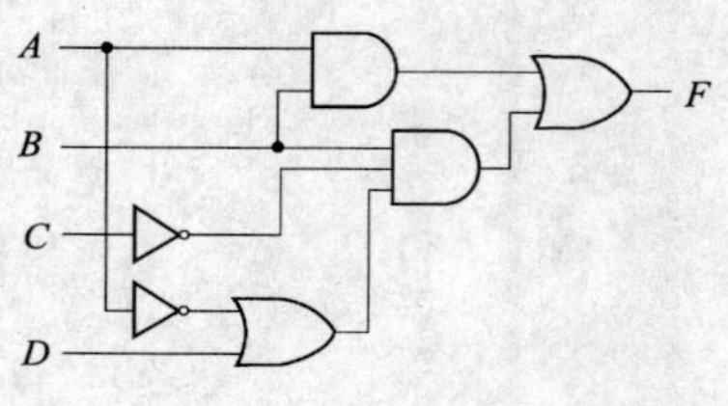

图 2.1　逻辑电路图例

2.2　二极管逻辑电路

将只由二极管与电阻构成的逻辑电路称为二极管逻辑电路。现在原封不动地使用它们的情况已经很少，只是作为逻辑电路基础应当知道。

2.2.1　二极管 AND(与门)

图 2.2 所示是 2 输入端的二极管 AND 电路(与门)。图 2.2(a)是输入 A 为 +5V，B 为 0V 时，因二极管 D_B 上有正向偏压，故为 ON(导通)状态，有电流 i 流过。若二极管的正向压降保持 0.7V，输出 f 也为 0.7V。因此二极管 D_A 为反向偏压，处于 OFF(关断)状态。另一方面，在图 2.2(b)中，输入 A 和 B 皆为 +5V，D_A 和 D_B 都处于 OFF 状态，故输出 f 为 +5V，以上的动作可归纳为表 2.2。

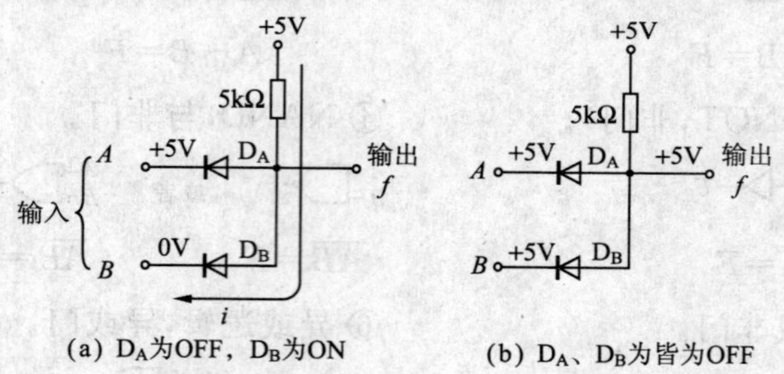

图 2.2　二极管与门电路

通常，在逻辑电路中，将某电平以下的信号作为 L(低)电平(low level)，将某电平以上的信号当作 H(高)电平(high level)来表示。这个作为标准的电平称为门限值或阈值(threshold)。例如，阈值为 2V 时，0V 和 0.7V 为 L 电平，+5V是 H 电平。用这样的 H 与 L 表示，可以将表 2.2 改写为表 2.3(a)。还可以将 H 电平与逻辑 1 对应，L 电平与逻辑 0 对应，从而得到表 2.3(b)。从该表中可以看出，只有当输入 A 与 B 皆为逻辑 1 时，输出 f 才为逻辑 1，即有

$$f=A\cdot B$$

其逻辑符号见图 2.3(a)。此外也可以将 AND 电路叫做 AND gate(与门)。

(a) 正逻辑 (b) 负逻辑

图 2.3 二极管与门的逻辑图符号

表 2.2 二输入与门的输入输出电压(V)

输入		输出
A	B	f
0	0	0.7
0	5	0.7
5	0	0.7
5	5	5

表 2.3 二输入与门的真值表

(a) H、L表示			(b) 正逻辑表示		
输入		输出	输入		输出
A	B	f	A	B	f
L	L	L	0	0	0
L	H	L	0	1	0
H	L	L	1	0	0
H	H	H	1	1	1

2.2.2 二极管 OR(或门)

图 2.4 所示为二输入端的二极管 OR 电路(或门)。图 2.4(a)是输入 A 为 +5V,B 为 +0V 时,因二极管 D_A 为正向偏压,故为 ON 状态,电流 i 流过。输出 f 为 5V,减去 D_A 的正向压降 0.7V,即 f 为 4.3V。因此,二极管 D_B 为反向(负)偏压。在图 2.4(b)中,输入 A 和 B 皆为 0V,D_A 和 D_B 都处于 OFF 状态,输出 f 为 0V。

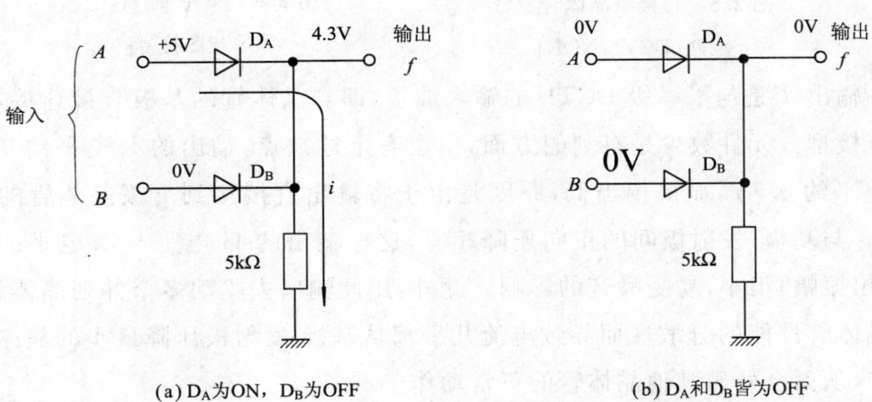

(a) D_A为ON，D_B为OFF　　(b) D_A和D_B皆为OFF

图 2.4 二极管或门

2.3　晶体管逻辑电路

单由晶体管组成的逻辑电路种类是非常多的，大致可分为以下五种。

① 直接型晶体管逻辑电路（Direct Coupled Transistor Logic circuit，DCTL）。

② 电阻-晶体管逻辑电路（Resistor Transistor Logic Circuit，RTL）。

③ 二极管-晶体管逻辑电路（Diode Transistor Logic Circuit，DTL）。

④ 晶体管-晶体管逻辑电路（Transistor-Transistor Logic Circuit，TTL）。

⑤ 电流切换型逻辑电路（Current Mode Logic Circuit，CML）。

2.3.1　直接型晶体管逻辑电路（DCTL）

NOR 电路的电路图如图 2.5 所示。两个输入 A，B 中，只要有一个为 H 电平就会使晶体管饱和，输出 f 为 L 电平。要使输出 f 为 H 电平，则仅当 2 个输入皆为 L 电平时，于是就得到了用 H，L 表示的图 2.6（a），这就是正逻辑下的 NOR。

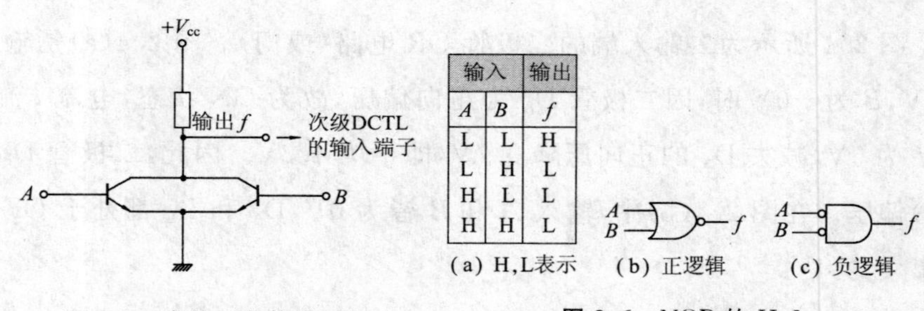

输入		输出
A	B	f
L	L	H
L	H	L
H	L	L
H	H	L

图 2.5　直接型晶体管逻辑电路（DCTL-NOR）

图 2.6　NOR 的 H，L 表示与图符号

输出 f 是与下一级 DCTL 的输入端子，即与晶体管的基极直接连接，故叫做直接型。元件数少是有利的方面，但也有下述缺点，输出的 L 电平约 0.2V，H 电平约 0.7V，显得相当低，原因是由于将输出直接接到下级晶体管的基极上，它与基极-发射极间的正向压降相等，这样输出的 H 电平与 L 电平的差别（输出振幅）很小，易受噪音的影响。此外，用此输出去驱动多个并列晶体管时，因晶体管性能的分散性而导致电流几乎都从基极-发射极压降最小的晶体管上流走，从而会妨碍其他晶体管的正常动作。

2.3.2 电阻-晶体管逻辑电路(RTL)

如图 2.7 所示,NOR 电路是为了解决上述 DCTL 的缺欠,而在输入端与晶体管基极间插入一个电阻 R 的电路。但由于这个电阻 R 的插入,使晶体管的开关速度变慢了。

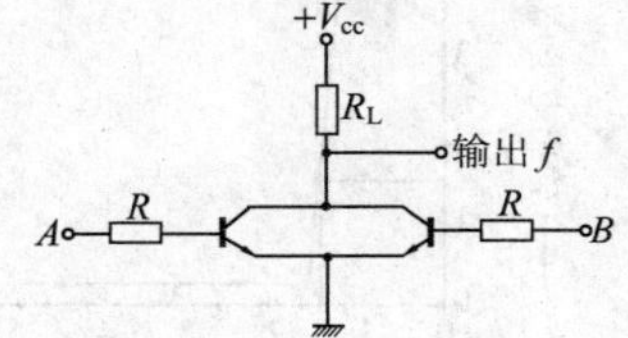

图 2.7 电阻-晶体管逻辑电路(RTL-NOR)

2.3.3 二极管-晶体管逻辑电路(DTL)

DTL-NAND 基本电路如图 2.8 所示。由 D_A、D_B、R_g 组成的电路是二极管 AND 电路,由 Tr 及 R_c 组成的电路是 NOT 电路。由此得到以 H,L 表示的图 2.9(a),可知是在正逻辑下的 NAND(与非门),如图 2.9(b)所示。并且将二极管 D_1、D_2 称为电平移动二极管(level shift diode)。如果没有这两个二极管,例如输入 A 为 L 电平时,则在 D_A 正向压降作用下,晶体管 Tr 也有可能误动作。

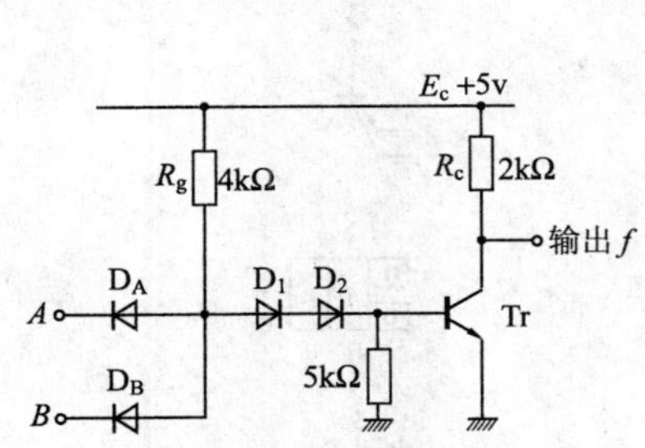

图 2.8 2 输入 DTL-NAND

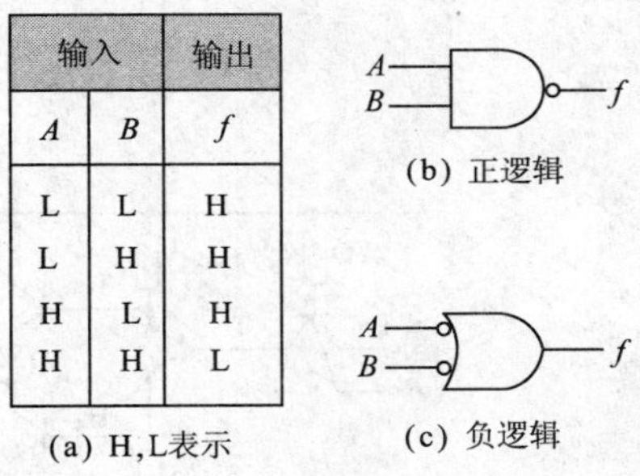

输入		输出
A	B	f
L	L	H
L	H	H
H	L	H
H	H	L

图 2.9 二输入 NAND 的 H,L 表示与图符号

输入 B 定为 5V,当变化输入 A 时,其输出电压的变化如图 2.10 所示。将输入电压和输出电压相等时的电压叫做阈值或门限值,大约有 1.5V 左右。超过此阈值电压 V_{th}后,输出电压就急速变化。

将 NAND 的输出端子与其他 NAND 的输入端子连接的电路如图 2.11 所示。NAND#1 的输出为 L 电平时,通过#2 的 R_g,D_A 电流流入#1 的晶体管,将此称为电流陷落(current sinking)。信号从#1 传送到#2,电流却从#2 流入#1,这是很有意思的现象,也正是 DTL 和下节所述 TTL 的特征之一。

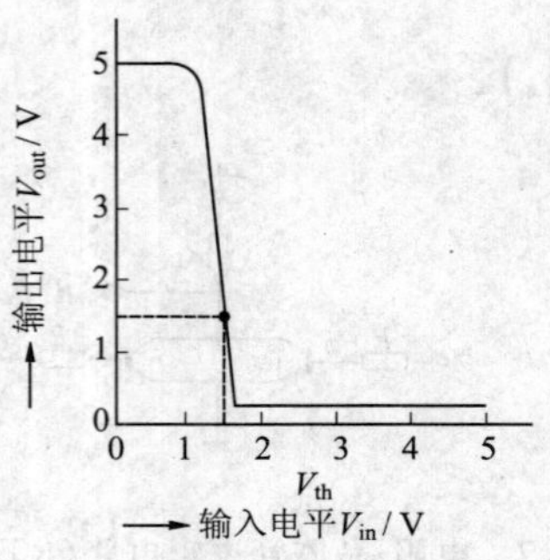

图 2.10 DTL-NAND 的输入输出特性

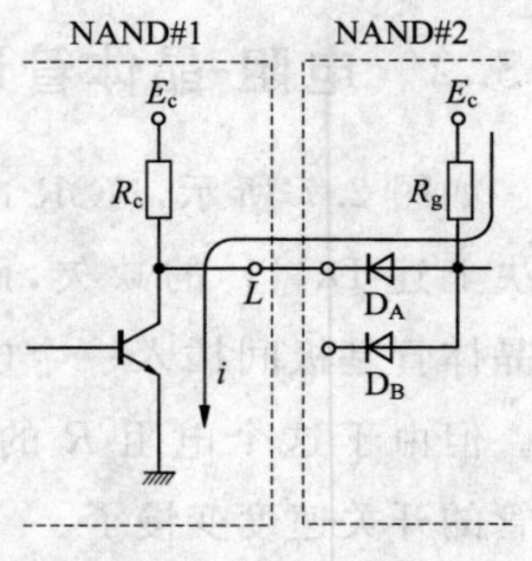

图 2.11 电流陷落

2.3.4 晶体管-晶体管逻辑电路(TTL)

TTL 是现在最常用的逻辑电路(门电路)之一,它的一大特征是将 DTL 输入端的二极管置换为多发射极的晶体管。

TTL-NAND 的基本形如图 2.12 所示。而多发射极晶体管 Tr_1 的二极管等价电路如图 2.12(b)所示。由此可知,Tr_1 兼具二极管 AND 电路和电平移动二极管的功能。

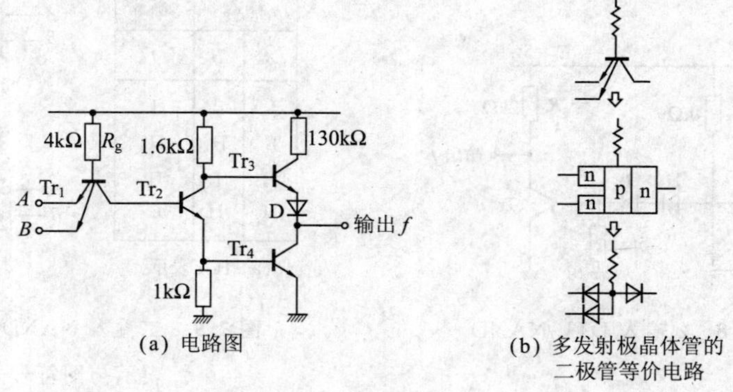

图 2.12 TTL-NAND 的基本形

输入 A、B 皆为高电平时,从 R_g 向 Tr_2 的基极有电流流过,Tr_2 变为 ON,结果使 Tr_4 为 ON,Tr_3 为 OFF,输出 L 电平。此外,即使有一个输入为 L,Tr_2 即为 OFF,结果使 Tr_4 为 OFF,Tr_3 为 ON,从而输出 H 电平。因此,该电路的 H、L 表示与图 2.9(a)相同,可见它是 NAND 电路。

将这样由 Tr_3,Tr_4 组成的输出形式称为图腾柱(totem-pole 或 active pull-up output)。因输出为高电平时，Tr_3 与 D 为 ON，故其输出阻抗约为130Ω。与 DTL-NAND 的 2kΩ 相比非常小，TTL 的开关速度很快。

输入 B 为＋5V 定压，改变加于 A 上的输入电压 V_{in}时，输出电压的变化如图 2.13 所示。图 2.13 中将 V_{in}从 0V 逐渐升高，到 a 点进入 Tr_2 的活动区域，到 b 点进入 Tr_4 的活动区域。因此在 b 点与 c 点间，是 Tr_4 与 Tr_3 的共同活动区域。

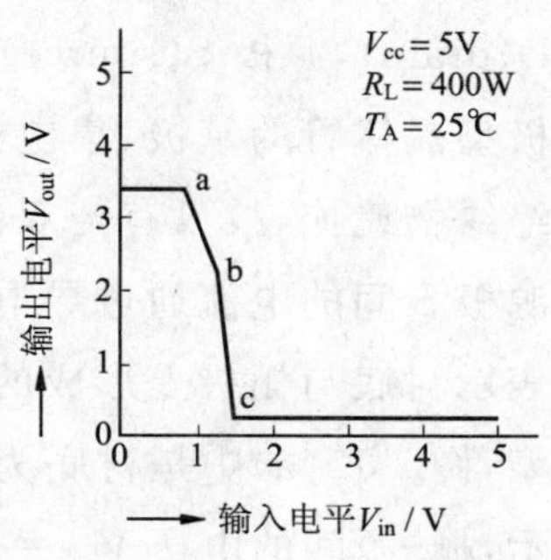

图 2.13 TTL-NAND 的输入输出特性

2.3.5 电流切换型逻辑电路(CML)

CML 也可以称为发射极耦合逻辑电路(Emitter Coupled Logic Circuit，ECL)。基本电路如图 2.14 所示。由于各晶体管工作于活动放大区域和关断区域而没有使用饱和区，从而避免了在基极有过剩的多余电荷蓄集。因此可高速动作，常作为高速逻辑电路的标准形式。但也有功率消耗大的缺点。

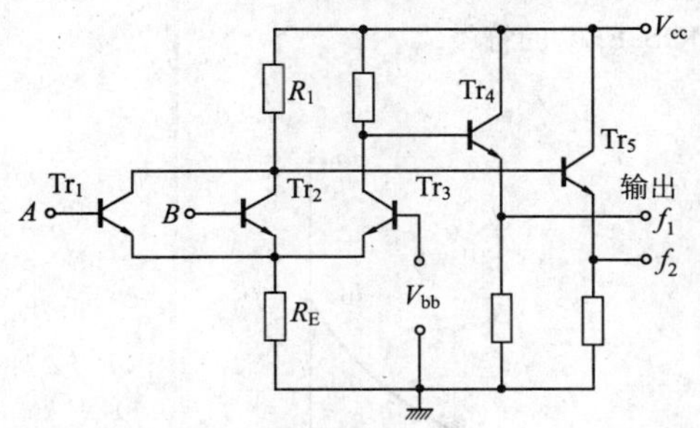

图 2.14 基本 CML-NOR/OR 电路

图 2.14 中电阻 R_E 作为电流源工作着，有较大的值。将两个输入端子 A，B 的电压与基准电压 V_{bb} 比较，加有比 V_{bb} 大的电压的那个晶体管有电流流过。因此 V_{bb} 为门槛电压。当前输入的 A，B 任何一方只要越过此阈值，在电阻 R_1 上就有电流流过，Tr_5 的基极电压下降，输出 f_2 为 L 电平，即 f_2 为正逻辑 NOR。而输出 f_1 是作为 f_2 的“非”工作的，为 OR(或)。

2.4 MOS 逻辑电路

使用 MOS-FET(Metal Oxide Semiconductor-field Effect Transistor，金属氧化物-半导体场效应晶体管)的逻辑电路称为 MOS 逻辑电路。由于 MOS 逻辑电路构造简单、元件体积小等，很适用于制造大规模集成电路(LSI)。

2.4.1 MOS 晶体管

如图 2.15 所示，MOS 晶体管通常有四个端子分别称为栅极 G(gate)，漏极

D(drain)，源极 S(source)以及衬底 B(substrate)。其中，G，D，S 分别相当于双极型晶体管的基极、集电极与发射极。但由于在栅极 G 与其他端子间有一层绝缘物遮掩，故没有与双极型晶体管基极电流相当的电流流过 G。在漏极 D 与源极 S 间的电流通过导电沟道流动。衬底 B 表示半导体衬底，而 B 上的箭头则表示衬底与栅极上形成的有方向性的传导沟道之间的关系，总是从 p 型指向 n 型，图2.15(a)中是衬底为 p 型，传导沟道为 n 型的场合。传导沟道用虚线表示，栅-源间的电压 $V_{GS}=0$ 时，传导沟道没有形成，没有电流流过。V_{GS} 为正时，即在栅极上加有能将电子吸引过来的电压，电子作为运送电荷的载流子就构成了 n 沟道。将这种 MOS 晶体管称为增强型(enhancement)，其静态特性如图2.16(a)所示。

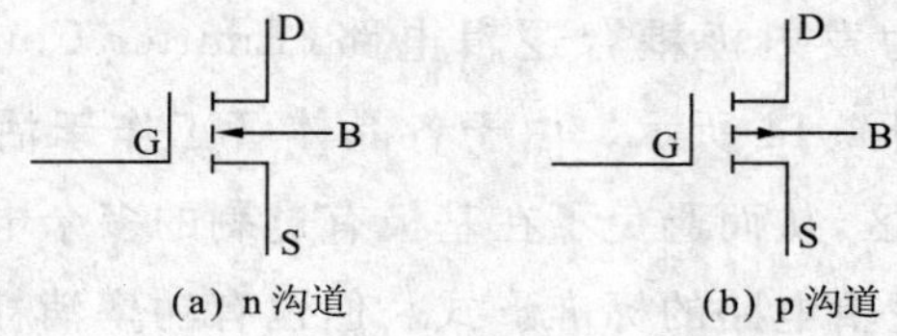

(a) n 沟道　　(b) p 沟道

图 2.15　增强 MOS-FET 的符号

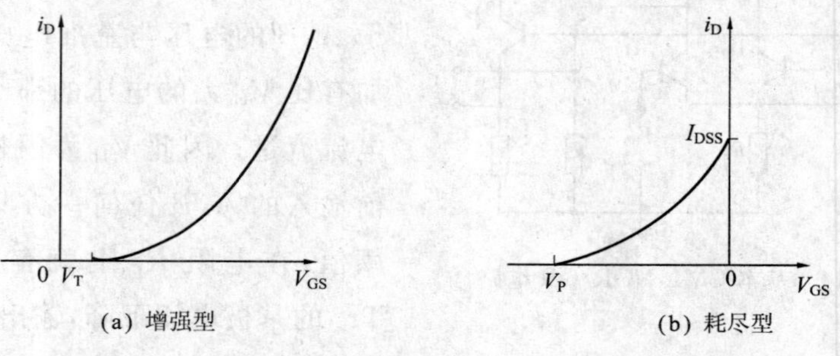

(a) 增强型　　(b) 耗尽型

图 2.16　MOS 晶体管的特性

漏极 D 和源极 S 本质上是对称制造出来的，将哪一个当作源极都没有差别，在有必要加以方向性时，通常可将 S 与 B 连接上。

n 沟道增强型 MOS 晶体管的阈值电压 $V_T=1\sim2V$，p 沟道 $V_T=-4V$，与 TTL 势不两立。原因是 TTL 的输出电压 L 电平为 0.2V，H 电平为 3.5V。

其他还有当 $V_{GS}=0$ 时也可构成导电沟道的耗尽型(depletion)MOS，这时传导沟道用实线表示，其静态特性如图 2.16(b)所示。

2.4.2 MOS 逻辑电路

图 2.17 表示使用增强型 PMOS 晶体管的反相器。

将其中的电阻置换为增强型 PMOS 晶体管的电路如图 2.18 所示。将作为负荷阻抗使用的晶体管叫做有功负载(active load)。在集成电路中,与电阻相比,制作晶体管更容易,所占面积更少,很常用。PMOS 晶体管的制造比较容易,受动作速度低的限制而价格也较低,很早以来就用于集成电路。小规模的集成电路中,电源为－27V,H 电平为－2V,L 电平为－9V。图 2.19 所示电路,当将 H 电平作为逻辑 0,L 电平作为逻辑 1 时,即作为负逻辑时为 NOR 电路。

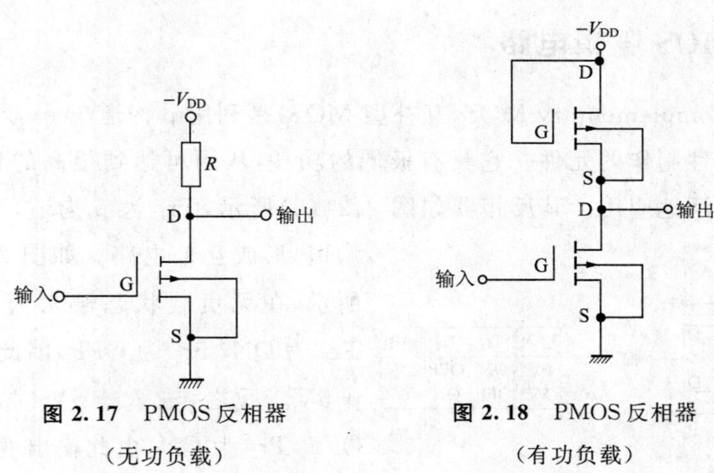

图 2.17 PMOS 反相器（无功负载）

图 2.18 PMOS 反相器（有功负载）

图 2.20 所示为利用 NMOS 晶体管的正逻辑 NAND 电路。NMOS 晶体管必须使用与 PMOS 晶体管极性相反的电源,制造价格高,可进行高速动作,且功耗低。因此,大规模集成电路中使用 NMOS 晶体管很普遍。另外,在使用 NMOS 晶体管的电路中,主动负荷多采用耗尽型 NMOS 晶体管,叫做 D 负荷,将栅-源连接起来。MOS 逻辑电路的动作速度由电路中寄生电容的充放电时间所决定。D 负载与增强型的场合不同,是非线性阻抗,不取决于电压,而是流过一定的电流,阻抗就变化,从而寄生电容的充放电可以高速进行,因此整个电路就有可能高速动作。

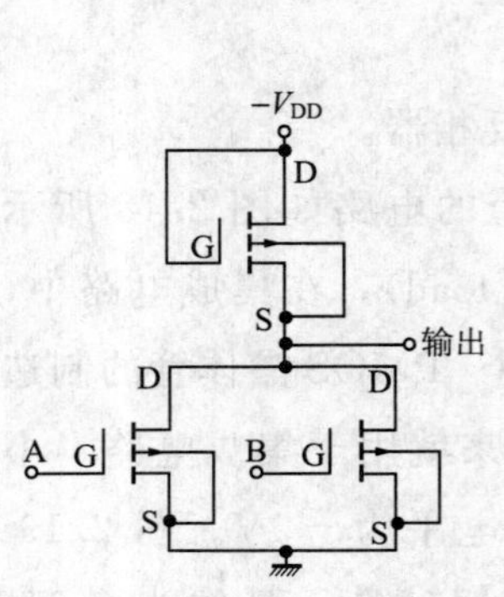

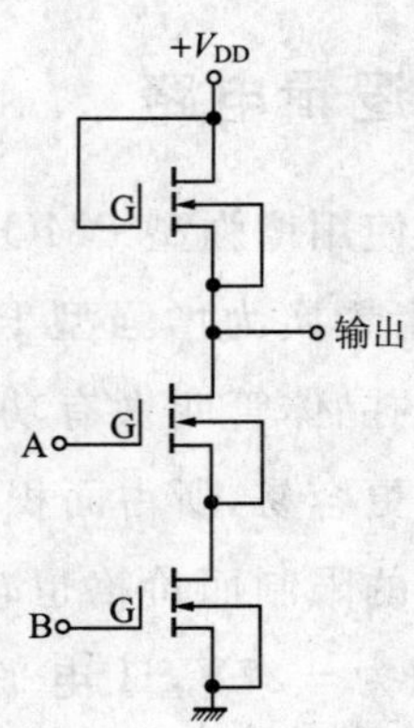

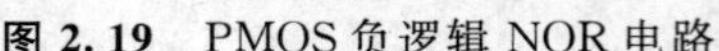
图 2.19　PMOS 负逻辑 NOR 电路　　图 2.20　NMOS 正逻辑 NAND

2.4.3　CMOS 逻辑电路

CMOS(Complementary MOS,互补型 MOS)是利用 p 沟道与 n 沟道 MOS 晶体管的互补性制作的元件。它具有极低的功耗,从而可达到很高的集成度,正在越来越广泛地应用。其反相器如图 2.21(a)所示,Tr_1 为 p 沟道,Tr_2 为 n 沟道,形成互补电路。如图 2.21(b)所示,在无负载状态输入为 0V 时,Tr_1 为 ON,Tr_2 为 OFF,因此输出为 +5V。反之,输入 +5V 时,Tr_1 为 OFF,Tr_2 为 ON,由此输出变为 0V,可见是作为反相器工作的。

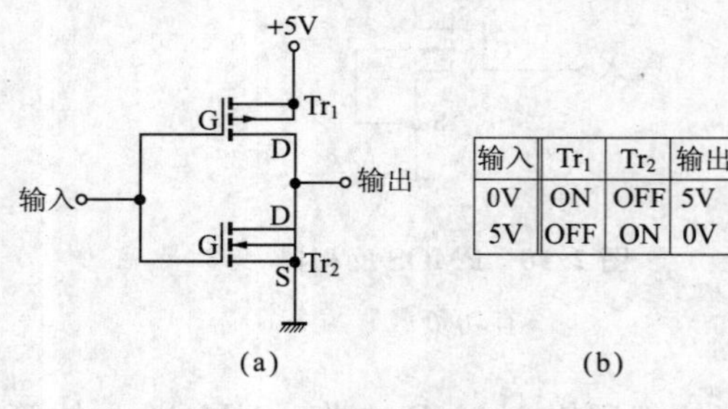

输入	Tr_1	Tr_2	输出
0V	ON	OFF	5V
5V	OFF	ON	0V

图 2.21　CMOS 反相器

晶体管 Tr_1,Tr_2 交替地在 ON,OFF 间反复,不会同时为 ON,在无负载状态电路中,只有漏电流(leakage current)流动。因此为准静态动作,功耗为 10^{-8} W 左右。

2.4.4　MOS 逻辑电路使用上的注意事项

在 MOS 逻辑电路中,负电源用的较多。这时,H 电平和 L 电平的定义会因人而异,有以下两种。

① 电位高的一方为 H 电平,低的一方为 L 电平。

② 无论正负,绝对值最大的电压为 H 电平,最接近地线电平的电压为 L

电平。

图 2.19 所示的电路说明由于使用的是定义 1,因此为负逻辑 NOR 电路,若用定义 2,即为正逻辑的 NOR 电路。

由于 MOS 逻辑电路尚未标准化,输出电压也随电路而异。另外,因 TTL 使用＋5V 和 0V,为将 TTL 和 MOS 逻辑电路连接就必须进行电压电平的变换。为避免类似的不便,已经推出了能与 TTL 直接结合的电路(TTL-compatible)。例如,使用的电源为＋5V 与－12V,输入、输出的逻辑电平为 0V 和＋5V 的电路就是这样的。

此外,由于静电或过渡的大电压而使 MOS 逻辑电路易于损坏。理想的电路是在导电性的金属板上作业并且人也不能带电。实际上,最近的 CMOS 电路已设计了保护电路,从而不易损坏了,用完保存时,应当让所有的管脚相互保持等电位,最好将其放入有导电性能的基座上。

2.5 逻辑电路使用上的注意事项

2.5.1 逻辑电压电平与噪声容限

有关 TTL 等的逻辑门电路的输入电压与输出电压由下述符号定义。

- V_{OH}:H 电平的输出电压[1]。
- V_{OL}:L 电平的输出电压。
- V_{IH}:H 电平的输入电压。
- V_{IL}:L 电平的输入电压。

这些电压可以随着门电路的使用状态在某个允许范围内变动。例如,一个代表性的 TTL 的数值为

$$V_{OH} \geqslant 2.4\text{V}$$
$$V_{OL} \leqslant 0.4\text{V}$$
$$V_{IH} \geqslant 2.0\text{V}$$
$$V_{IL} \leqslant 0.8\text{V}$$

如图2.22所示,输入电压为2V以上,就被认为是H电平,输出电压仅在给定的范围内使用,2.4V以上才有保障。因输出V_{OH}是另外门电路的输入电

1) 加 O 表示输出(output);I 表示输入(input)。

压，将此输出即使与 0.4V 的噪声电平重叠，门电路也应正确动作，因此将 $V_{OH} \sim V_{IH}$ 作为 H 电平的噪声容限（noise margin）。同样，L 电平的噪声容限为 $V_{IL} \sim V_{OL}$。

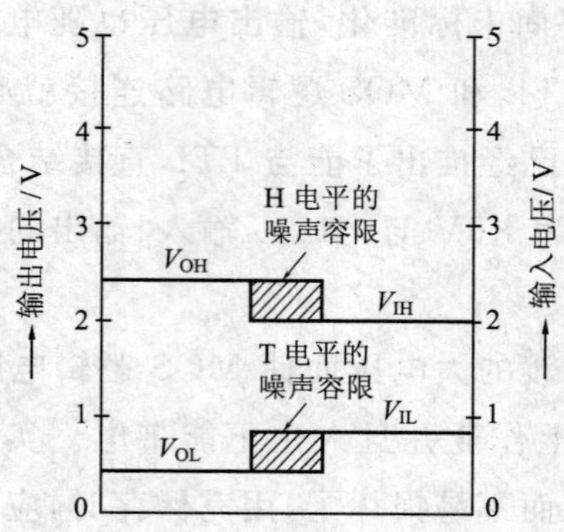

图 2.22 逻辑电压电平与噪声容限

（例：$V_{OH}=2.4\text{V}$，$V_{IH}=2.0\text{V}$，$V_{IL}=0.8\text{V}$，$V_{OL}=0.4\text{V}$）

2.5.2 扇入与扇出

如图 2.23 所示，对于逻辑门电路有 n 个输入信号到达，或将其输出分配给 n 个其他的逻辑门作为输入的情况，逻辑门像扇子的扇轴。因此也将输入的端子数称为扇入（fan-in），输出的分支数称为扇出（fan-out）。扇入与扇出的最大数分别叫做最大扇入、最大扇出。

一般的逻辑电路中，最常用的门电路的扇入以 2 为最多，3 和 4 个也较多。因此市场上的门电路的扇入几乎都是 2，3，4。增加扇入有各种各样的方法，其中一例如图 2.24 所示。图中使用扇入为 2 的与非门（NAND），实现了扇入 4 的 NAND 功能。

扇出根据连接在输出上的次级门电路的种类不同而有差异。因此，在产品目录上记载的扇出是能够接在输出端的单位负载的个数。这个单位负载，在 TTL 的场合是指输入的多发射极晶体管中的一个发射极。此外，在元件产品目录中，也有只记载着如下述定义的输入电流及输出电流的最大值的情况。

· I_{IH}：输入 H 电平时，流入输入端子的电流。

· I_{IL}：输入 L 电平时，流入输入端子的电流。

· I_{OH}：输出 H 电平时，流入输出端子的电流。

· I_{OL}：输出 L 电平时，流入输出端子的电流。

这里，无论输入电流还是输出电流，凡是流入所关注的门电路方向即为正向。反之从所关注的门电路向其他门流出的电流方向均为负值。

图 2.23　扇入和扇出

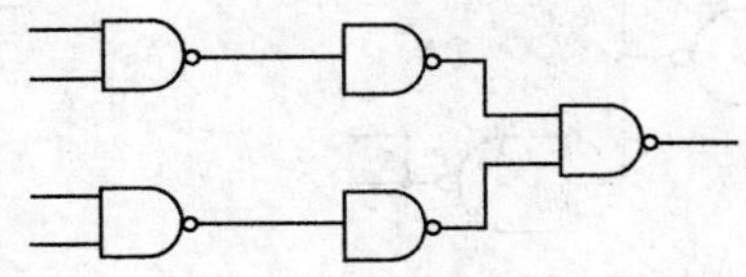

图 2.24　扇入的增加法举例

【例题 2.1】　若只使用同一种 TTL 门电路。其 I_{IH}，I_{IL}，I_{OH}，I_{OL} 的最大值如下式所给出时，求其扇出是多少？

$$I_{IH\,max}=30\mu A, I_{IL\,max}=-1.8mA, I_{OH\,max}=-360\mu A, I_{OL\,max}=18mA$$

【解答】　将输出 H 电平时与 L 电平时分开考虑。

① 输出 H 电平时，如图 2.25(a)所示，电流向次级门电路的方向流去，这时的扇出为

$$\frac{|I_{OH}|}{I_{IH}}=\frac{360\times10^{-6}}{36\times10^{-6}}=10$$

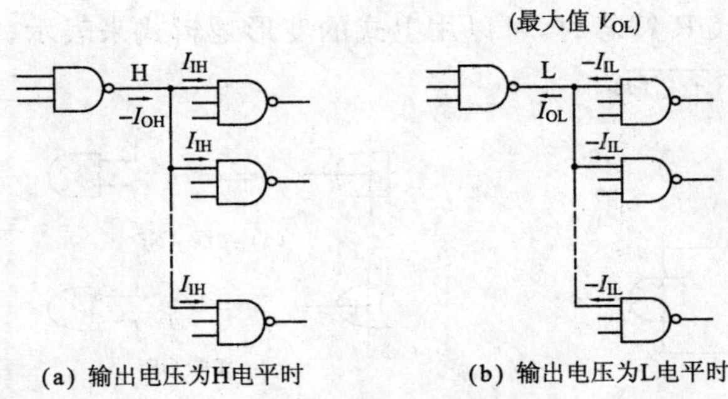

图 2.25　扇出的计算

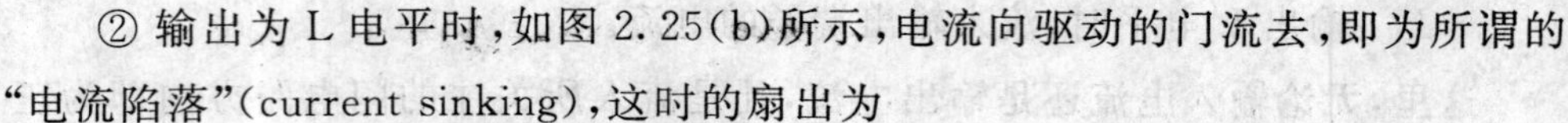
② 输出为L电平时，如图2.25(b)所示，电流向驱动的门流去，即为所谓的“电流陷落”(current sinking)，这时的扇出为

$$\frac{I_{OL}}{|I_{IL}|}=\frac{18\times10^{-3}}{1.8\times10^{-3}}=10$$

由于扇出必须按最坏条件时考虑，所以从上述两个值中取较小的，为10。

增加扇出的方法可以有各种考虑，如图2.26所示。图中用扇出为2的与非门(NAND)实现了扇出4。

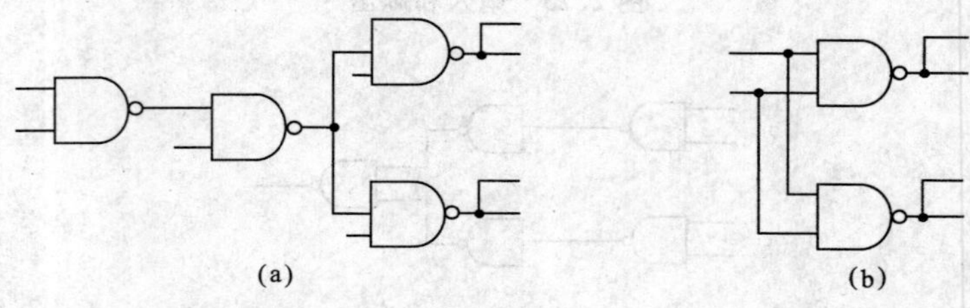

图2.26 扇出的增加法举例

2.5.3 结线与门

如图2.27所示，是将单个门电路的输出端彼此间用线连接起来的方式。图中，输出 f 仅当两方与非门的输出为H电平时，才为H电平，此结线如图2.28所示为正逻辑的AND(结线AND，wired AND)，负逻辑的OR(结线OR，wired OR)。因此，图2.27所示的电路中，在结线上画有AND符号时，可以用下面的逻辑式表示。

$$f=(\overline{AB})\cdot(\overline{CD})$$

结线上画有OR符号时，可以用上式的变形逻辑式来表示。

$$f=(\overline{AB+CD})$$

A
B
A
B
f

图2.27 结线AND举例

(a) 结线AND

(b) 结线OR

图2.28 等价电路

作为结线 AND 的元件，以不被破坏为条件，有 DTL 和集电极开路(open collector)的 TTL，以及 3 态 TTL 等。

集电极开路的门电路的基本电路是将图 2.12 所示的 TTL-NAND 的输出侧的晶体管 Tr_3、二极管 D 以及 130Ω 电阻都取走后留下的部分。因可以将输出晶体管 Tr_4 当作电流容量较大的元件来使用，如图 4.29 所示，故可作为结线 AND(与门)来用。外加的电阻 R 也叫上拉电阻(pull-up resistor)。

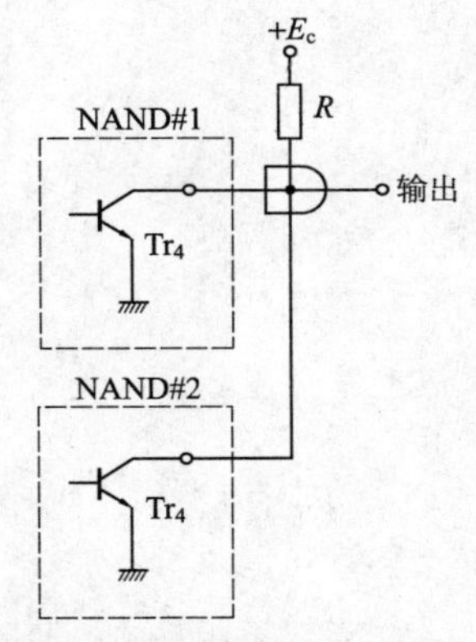

图 2.29　用集电极开路器的结线 AND

2.5.4　对未使用输入端子的处理

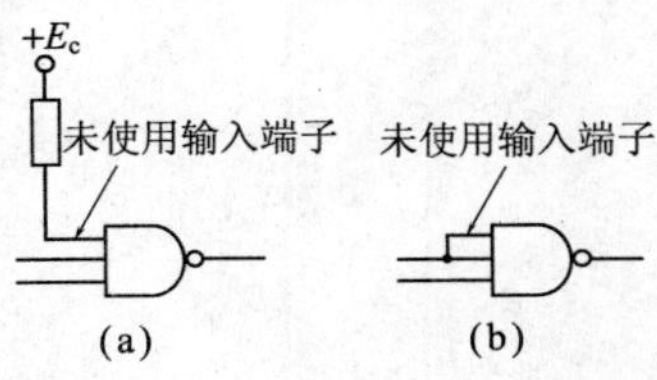

图 2.30　未使用输入端子

若将逻辑门的未使用输入端子原样空置，就会受到噪声影响或由于漂移容量而对开关时间有恶劣影响。因此，如图 2.30(a)所示，采用带有牵引电阻的电源或如图 2.30(b)所示，与其他有信号的输入端子连接在一起输入信号。但在图 2.30(b)中，要注意对前级门的扇出数的影响。

此外，在未使用的输入端子中，也有通常应为 L 电平的，这种情况下，最好将该端子直接接地。

2.5.5　传输延迟

对一般与非门等逻辑门而言，从加以输入电压 v_{in}，到输出端输出电压 v_{out} 总需一段时间。如图 2.31 所示。从输入的 50% 点到输出的 50% 点之间的时间分别定义为上升延迟时间 t_{rd} 和下降延迟时间 t_{fd}。将这两者的平均值

$$t_{pd}=\frac{t_{rd}+t_{fd}}{2}$$

称为传输延迟时间(propagation delay time)。传输延迟时间因测定电路不同而各异，一般在元件手册上都标有测定电路的值。

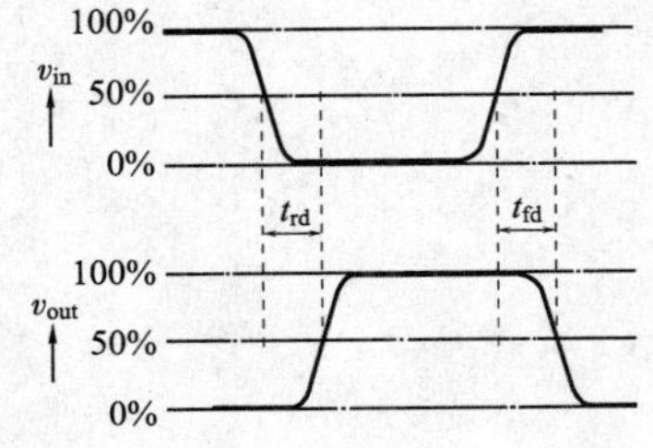

图 2.31　传输延迟时间

第3章

组合逻辑电路

3.1 概 述

将 AND 门、OR 门、NOT 门等门单元组合成的电路称为组合逻辑电路，也可以简称为逻辑电路。无论怎样复杂的逻辑电路，都能用这些组合逻辑电路组成。

3.1.1 与非门及或非门电路

与非门(NAND)是在与门的输出端上又接了个非门，二者是等价的。与非门如图 3.1(a)所示，可以用正逻辑输入（H 电平为 1)，负逻辑输出(L 电平信号为 1 的输出)的与门来解释。将与非函数 $f=\overline{ABCD}$用德・摩根定理可以展开为

$$f=\overline{ABCD}=\overline{A}+\overline{B}+\overline{C}+\overline{D}$$

如图 3.1(b)所示，与非门和负逻辑输入(L 电平为 1)、正逻辑输出(H 电平为 1)的或门是等价的。因此，图 3.1(a)、(b)表示完全相同的动作。即仅当输入 A, B,C,D 皆为 H 时输出才为 L，即图 3.1(a)的与门，而在输入 A,B,C,D 中只要有一个或一个以上为 L 时，输出即为 H，即图 3.1(b)的或门，二者是等价的。

同样，将德・摩根定理用于或非函数 $f=\overline{A+B+C+D}$，则

$$f=\overline{A+B+C+D}=\overline{A}\cdot\overline{B}\cdot\overline{C}\cdot\overline{D}$$

如图 3.2(a)、(b)所示，对或非门(NOR)也有两种等价表示法，即为正逻辑输入、负逻辑输出的或门，或者为负逻辑输入、正逻辑输出的与门。当输入中有

一个以上 H 电平时，输出为 L，即图 3.2(a)所示的或门以及仅当所有输入都是 L 时，输出才会是 H，即图 3.2(b)所示的与门，且二者等价。

图 3.1　NAND 函数的 AND 表示和 OR 表示

图 3.2　NOR 电路的 OR 表示和 AND 表示

下面讨论一个仅用与非门实现布尔函数的例子，即加法标准形 $f=AB+BC+CA$。使用德·摩根定理可将该式变形为

$$f=AB+BC+CA=\overline{\overline{\overline{AB}\cdot\overline{BC}}}+CA=\overline{\overline{AB}\cdot\overline{BC}\cdot\overline{CA}}$$

将 AB，BC，CA 当作与非门的输入，再将其输出当作下一级与非门的输入，就实现了二级与非门的连接，其电路如图 3.3(a)所示。

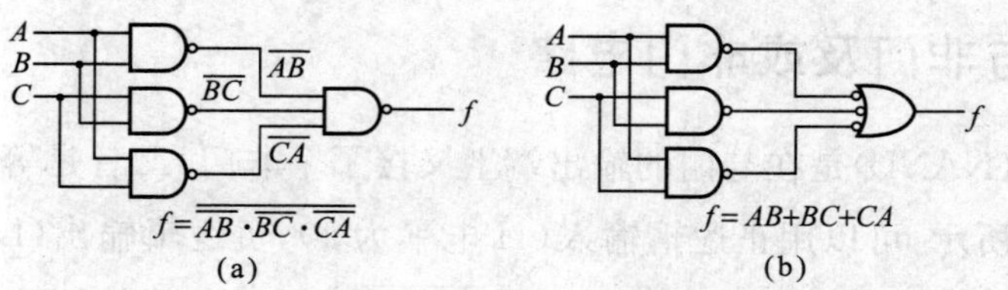

图 3.3　只用与非门实现的逻辑函数

为了使图 3.3(a)电路的意义更容易明白，可以将输出端的与非门用负逻辑输入、正逻辑输出的或门来替换，如图 3.3(b)所示。这时就可以用 MIL 符号的主动概念来讨论了，就是所谓输入侧的与门变为主动时，在其输出端主动输出 L，在输出侧的或门上再将其作为主动输入时，输出侧的或门就变为主动并主动输出 H。也就是说，这个电路是表示加法标准形的，并由 AND(与)和 OR(或)门二级电路组成。

若将与非门如图 3.4(a)所示使用，它就和非门(NOT)等价了(用或非门的情况，如图 3.4(b)所示)。所有的组合逻辑电路都可以由与、或、非门组成并用加法标准形来表示，因此可知所有的组合逻辑电路仅用与非门就能实现。对或非门也可作同样讨论，用或非门也能实现所有的逻辑组合电路。

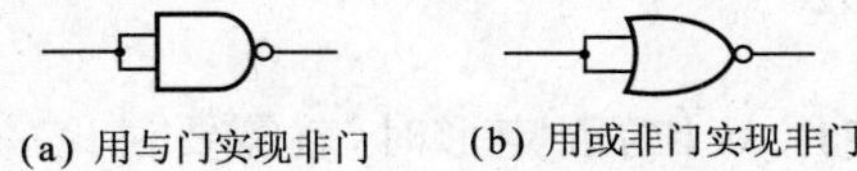
(a) 用与门实现非门 (b) 用或非门实现非门

图 3.4 实现非门

【例题 3.1】 请仅用或非门来实现下式所示的乘法标准形。

$$f=(A+B)(B+C)(C+A)$$

【解答】 将所给的代数式变形为

$$\begin{aligned} f &= (A+B)(B+C)(C+A) \\ &= \overline{\overline{(A+B)}+\overline{(B+C)}+\overline{(C+A)}} \end{aligned}$$

将上式仅用或非门来表示即如图 3.5(a)所示。而将输出级的或非门变为与门则如图 3.5(b)所示，这就是表示乘法标准形的逻辑电路。

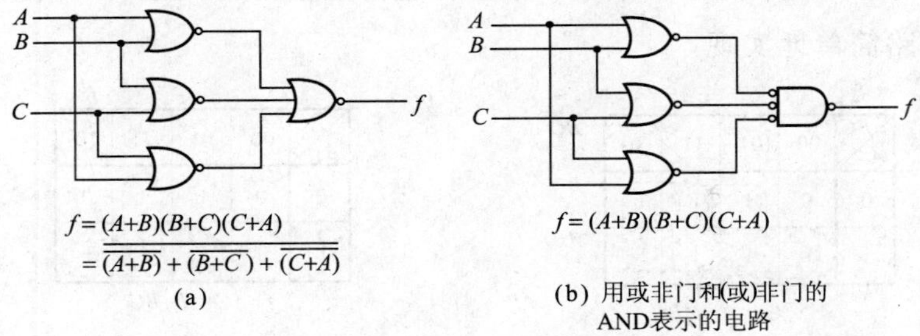

图 3.5 只用或非门的逻辑电路

图 3.6 中卡诺图所表示的逻辑函数可由或非门的 OR 表示和 AND 表示二级电路构成。其乘法标准形的逻辑函数可表示为 0 输入函数否定的逻辑或的积。因此，输入函数否定的或是图中的循环项Ⅰ的$(A+B)$、循环项Ⅱ的$(B+C)$、循环项Ⅲ的$(C+A)$。乘法标准形为 $f=(A+B)(B+C)(C+A)$。

表示这个逻辑函数的电路如图 3.7 所示。

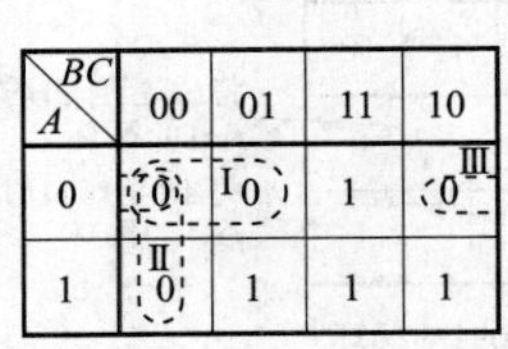

A \ BC	00	01	11	10
0	0	0 (Ⅰ)	1	0 (Ⅲ)
1	0 (Ⅱ)	1	1	1

图 3.6

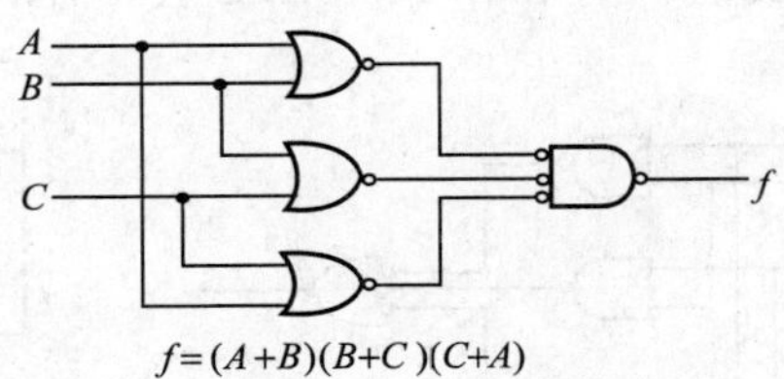

图 3.7 用图 3.6 的卡诺图表示的电路

3.1.2　图中因子法

当输入变量不能使用$\overline{A}$、$\overline{B}$等否定形时，就需要讨论一下不使用非门只使用与非门的逻辑函数的实现问题。

以三个输入变量 A、B、C 的情况为例，其加法标准形为：

$$f=f(0,0,0)(\overline{A}\,\overline{B}\,\overline{C})+f(0,0,1)(\overline{A}\,\overline{B}C)+f(0,1,0)(\overline{A}B\overline{C})+\cdots$$

此函数可以只用图 3.1 所示的与非门的 AND、OR 表示来构成。因输入变量不许使用否定形，故对于与非门的二级电路的逻辑函数有下式：

$$f=A+B+C+AB+BC+CA+ABC$$

缺少一些项的逻辑函数只能部分实现，也就是说，对于图 3.8 所示的卡诺图而言，只能实现循环项内同时是 1 的逻辑函数。

例如，图 3.9 所示的卡诺图所对应的逻辑函数可以用图 3.10 所示的二级与非门电路简单地实现。

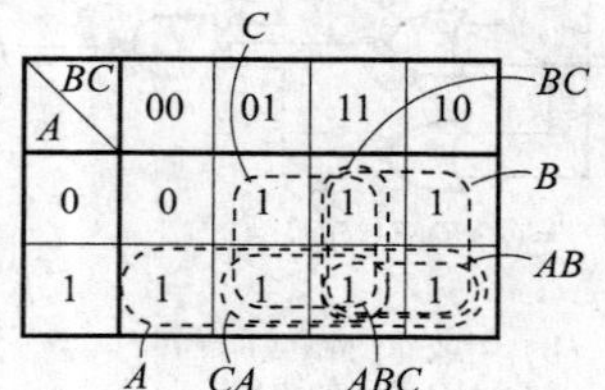

图 3.8　可用 2 级与非门实现的循环项

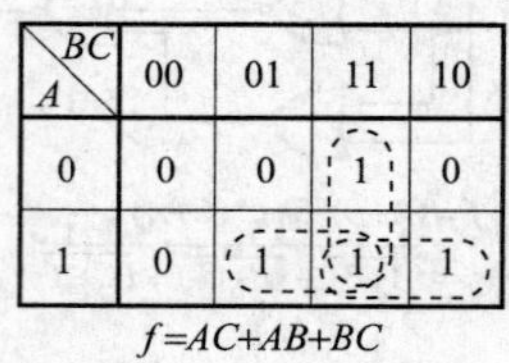

图 3.9　可用 2 级与非门实现的逻辑函数的卡诺图

但是，如图 3.11 所示，当 ABC 为 111 时，逻辑函数为 0 的卡诺图，就不能简单地只用与非门表现出来。在这种情况下，就可以考虑只将卡诺图中为 1 的那部分单独构成电路，对 ABC 为 111 时，加上一部分禁止其逻辑电路输出为 1 的电路。因此，实现图 3.11 中卡诺图的逻辑电路就变为图 3.12 所示那样。将这样的构成法称为 map-factoring 法，即图中因子法(map-factoring)。

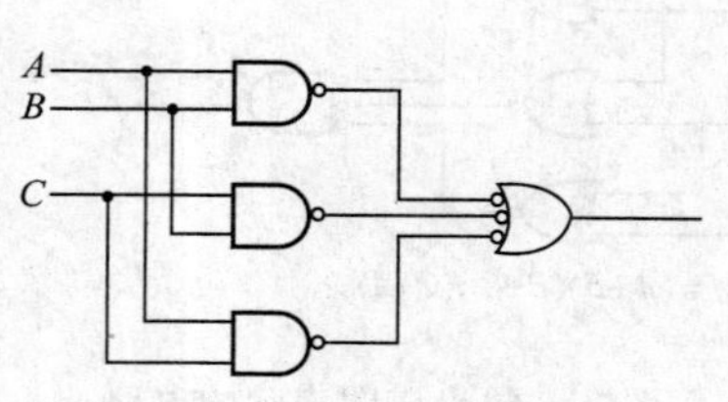

图 3.10　图 3.9 的卡诺图的电路

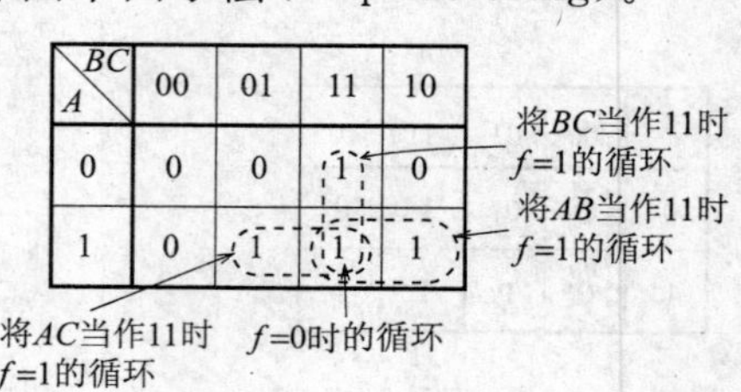

图 3.11　具有 0 循环的卡诺图

【例题 3.2】 请将图 3.13 所示卡诺图用禁止循环法构成相应逻辑电路。

【解答】 将循环项Ⅰ、Ⅱ的逻辑函数都当作 1 考虑而构成逻辑电路，即如图 3.14 所示，再加上对禁止循环项Ⅲ、Ⅳ输出禁止的电路就成为如图 3.14(b) 所示结果。

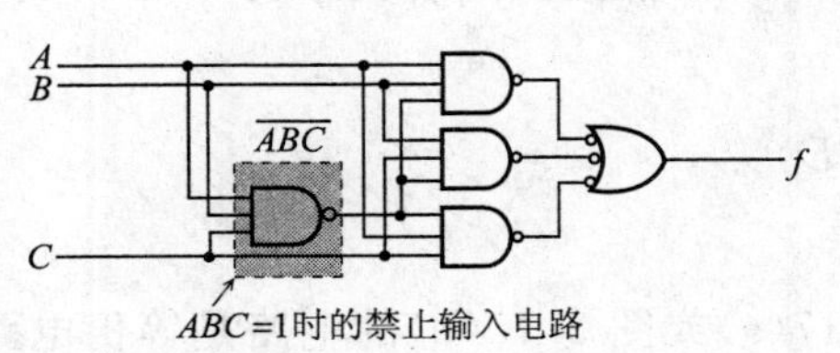

图 3.12 实现用图 3.11 的禁止循环法的电路

A \ BC	00	01	11	10
0	0	0	1	1
1	1	0	0	0

圈Ⅱ B；圈Ⅰ A；圈Ⅳ AC；圈Ⅲ AB

图 3.13 包含 3 个 0 的卡诺图

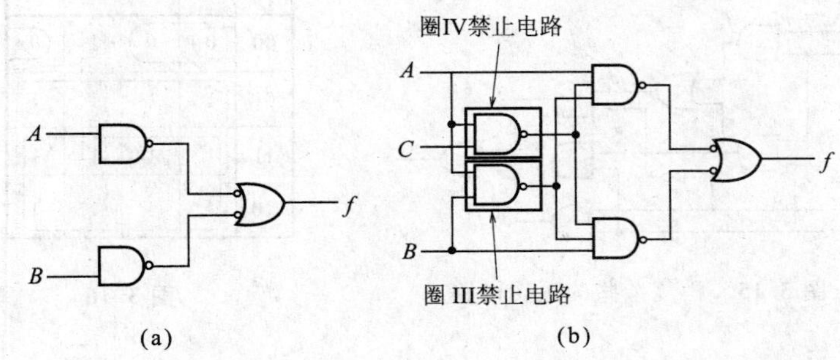

图 3.14 利用两个禁止电路的逻辑电路

3.1.3 逻辑电路的分析

当给出逻辑电路时，从该电路图求出其逻辑函数，再将电路简化，这是本节要讨论的方法。

求图 3.15 所示逻辑电路的逻辑函数，首先如图 3.15 所示，将与门和或门的输出加上 $f_1 \sim f_6$ 的记号，因它们之间保持下列各式的关系。

$$f = f_1 + f_2 + f_3$$

$$f_1 = f_4 \overline{C}$$

$$f_2 = f_6 D$$

$$f_3 = D + C$$

$$f_4 = f_5 + f_6$$

$$f_5 = AB$$

$$f_6=BC$$

故可以用代入法求出各自的函数，将 f_6 与 f_5 代入 f_4 式，将 f_6 代入 f_2 式，将 f_4 代入 f_1 式，最后汇总代入 f 式，求得

$$f=(A+C)B\overline{C}+BCD+D+C$$

求得此函数的卡诺图如图 3.16 所示，根据该图看其中为 0 的项，求得乘法标准形的变形为

$$\begin{aligned} f &=(A+C+D)(B+C+D) \\ &=AB+C+D \end{aligned}$$

可知图 3.15 所示逻辑电路与图 3.17(a)或图 3.17(b)的电路是等价电路。

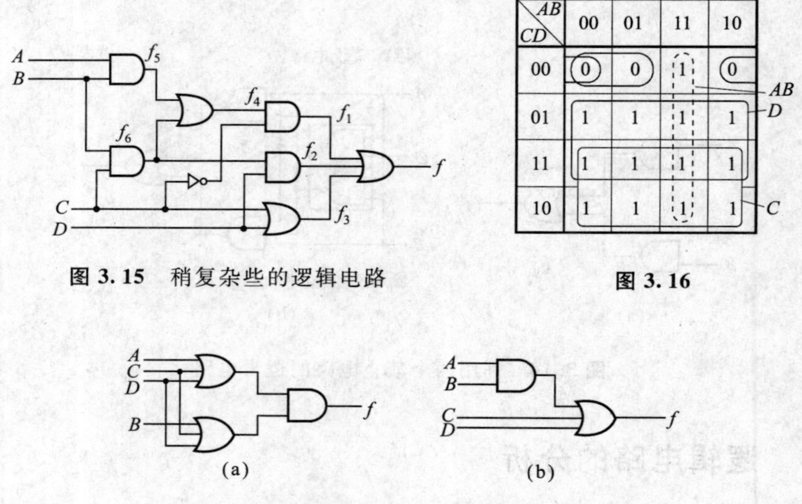

图 3.15　稍复杂些的逻辑电路

图 3.16

图 3.17　与图 3.15 等价的电路

反之，在图 3.16 中若将着眼点放在为 1 的循环项上，则此卡诺图所表示的逻辑函数为

$$f=AB+C+D$$

从而得到与前面的同样结果。

在图 3.18(a)所示的仅由与非门组成的电路中，采用与非门的 OR 表示和 AND 表示，则如图 3.18(b)所示。按照这个电路，将输入与输出的主动状态一致的地方当作单独的与门或者或门来考虑(有“○”标记的输出与有“○”标记的输入，无“○”标记的输出与无“○”标记的输入)，不一致的地方输入加上否定标

记，就可得到下列各式。

$$f=f_1+f_2$$

$$f_1=Af_3$$

$$f_2=f_3C$$

$$f_3=f_4+\overline{C}$$ （$\overline{C}$为 C 的非，请注意）

$$f_4=AB$$

用代入法，将 f_4 代入 f_3 式中，将 f_3 代入 f_2，f_1 式中，将 f_1，f_2 代入 f 式中，可得到下式：

$$f=A(AB+\overline{C})+C(AB+\overline{C})=(A+C)(AB+\overline{C})$$

(a) (b)

图 3.18 只用与非门组成的电路

由此例可以看出，一般在仅由与非门组成的逻辑电路中，从输出端开始数，处于奇数级的与非门可以认为是 OR 表示，处于偶数级的与非门可以认为是 AND 表示。

在仅由或非门组成的电路中，也可作完全相同的讨论，故从输出端开始数，奇数级的或非门可以认为是与门，而偶数级的或非门可以认为是或门。

【例题 3.3】 解析图 3.19 所示仅由或非门组成的电路。

【解答】 如图 3.20 所示，将奇数级的或非门用与门来表示，偶数级的或非门用或门来表示。但是对于 NOR4 而言，若从 NOR1，NOR2，NOR4 的路径来看它是在奇数级，而若从 NOR1，NOR4 的路径看它又处在偶数级，故如图 3.20 所示，将其分成两个来考虑。由此电路可得出下式。

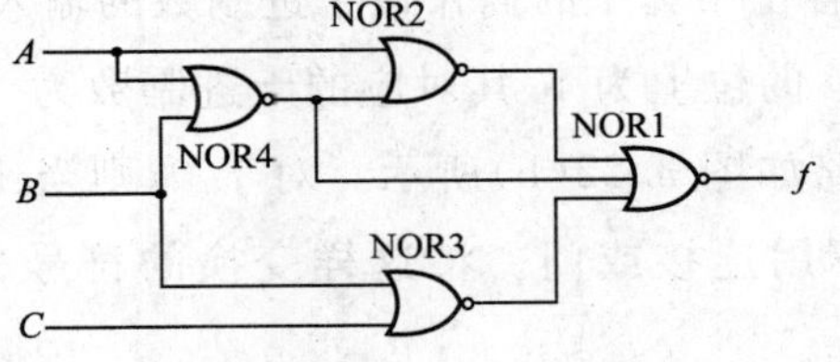

图 3.19 只由或非门组成的逻辑电路

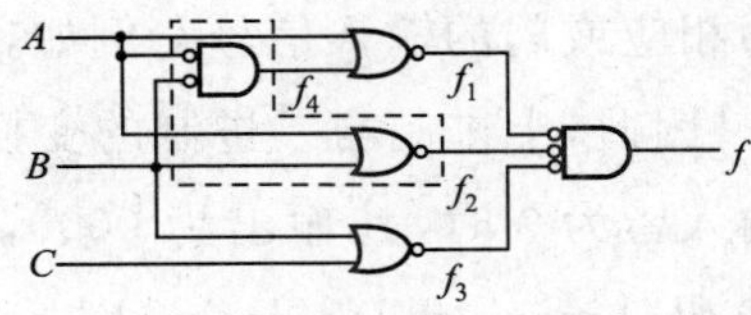

图 3.20 与图 3.19 等价的电路

$$f = f_1 f_2 f_3$$
$$f_1 = A + f_4$$
$$f_2 = A + B$$
$$f_3 = B + C$$
$$f_4 = \overline{AB}$$

因此，得到电路的解析式为

$$f = (A + \overline{AB})(A + B)(B + C)$$

3.2　常用的组合逻辑电路

3.2.1　编码器与解码器

1. 编码器

编码器(encoder)如图 3.21(a)所示，当输入线中有一个信号输入时，它就作成与该信号相应的符号并将其输出。

另外，解码器(decoder)又可译作译码器，如图 3.21(b)所示，当有输入信号时，它可将其输入的数位(bits)符号解读，并将其结果在一个输出线上输出。

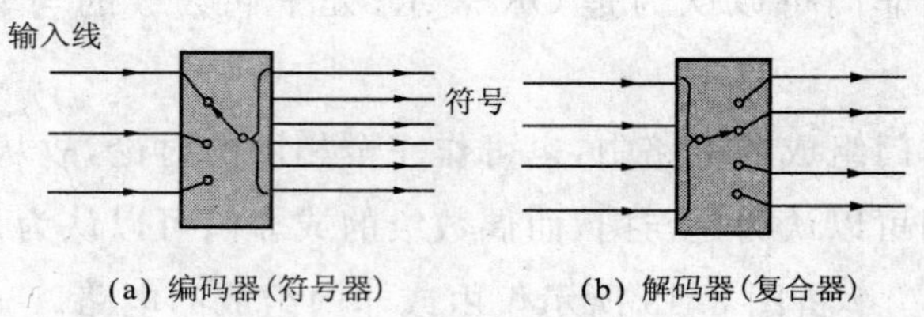

(a) 编码器(符号器)　(b) 解码器(复合器)

图 3.21　编码器与解码器

编码器可由或门组成，图 3.22(a)表示十进制数与 4 位二进制数的对应关系。要组成将十进制数变换为二进制数的电路，就要给与二进制数各位相应的每一位分配一个或门，将图 3.22(a)的各位中为 1 的当作该十进制数的输入，并作为相应或门的输入信号。例如，在 2^2 的位上为 1，其对应的十进制数为 4,5,6,7。因此，十进制与二进制的变换电路如图 3.22(b)所示。对于 0，则当 1～9 的输入皆为 0 时，其输出为 0000，故不用连接或门。将这样变换的符号称为 BCD 码(binary coded decimal)。

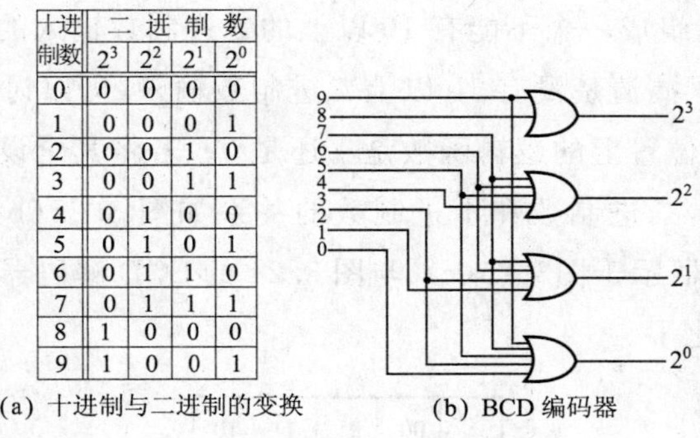

十进制数	二进制数			
	2^3	2^2	2^1	2^0
0	0	0	0	0
1	0	0	0	1
2	0	0	1	0
3	0	0	1	1
4	0	1	0	0
5	0	1	0	1
6	0	1	1	0
7	0	1	1	1
8	1	0	0	0
9	1	0	0	1

(a) 十进制与二进制的变换　　(b) BCD 编码器

图 3.22　十进制与二进制的变换

2. 解码器

下面将用上述编码器制作的BCD码复原回原来的十进制数的BCD码。

图 3.23 所示的卡诺图表示出了用 $DCBA$ 所代表的 4 位二进制数与十进制数的关系。用 4 位二进制数可以表示 0～15 的数值，而用于表示一个十进制数的卡诺图，只有一个地方的逻辑函数为 1，其他地方皆为 0，图中是将表示 0～15 的卡诺图重叠在一起，其各自卡诺图中为 1 的地方即为其幂所在处，分别用与该卡诺图相应的十进制数填入。例如，将 7 解码的卡诺图只在 $ABC\overline{D}$ 处为 1，其他皆为 0，于是，在图中的 $ABC\overline{D}$ 处填入 7 为记号。图 3.23 所示的卡诺图中，表示 0～9 的解码器逻辑电路如图 3.24 所示。

AB \ CD	00	01	11	10
00	0	8	12	4
01	2	10	14	6
11	3	11	15	7
10	1	9	13	5

图 3.23　BCD 解码器的卡诺图

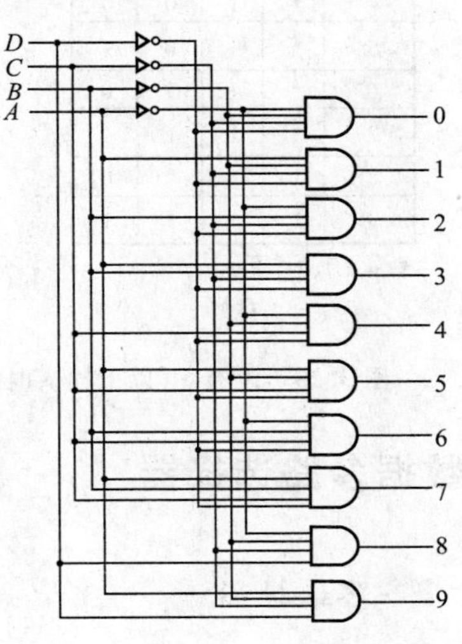

图 3.24　BCD 解码器

【例题 3.4】 组成一个不能有 10 以上的二进制数输入的 BCD 解码器。

【解答】 为了搞清楚没有 10 以上二进制数输入，可以讨论图 3.23 所示卡诺图中 10～15 的位置上的逻辑函数是 1 还是 0。若将其全设为 1，即如图 3.25(a)所示的循环项，二进制数和十进制数的关系如图 3.25(b)所示。用此图所构成的 BCD 解码器示于图3.25(c)。与图 3.24 的 BCD 解码器相比，输入与门的信号线数明显简化了。

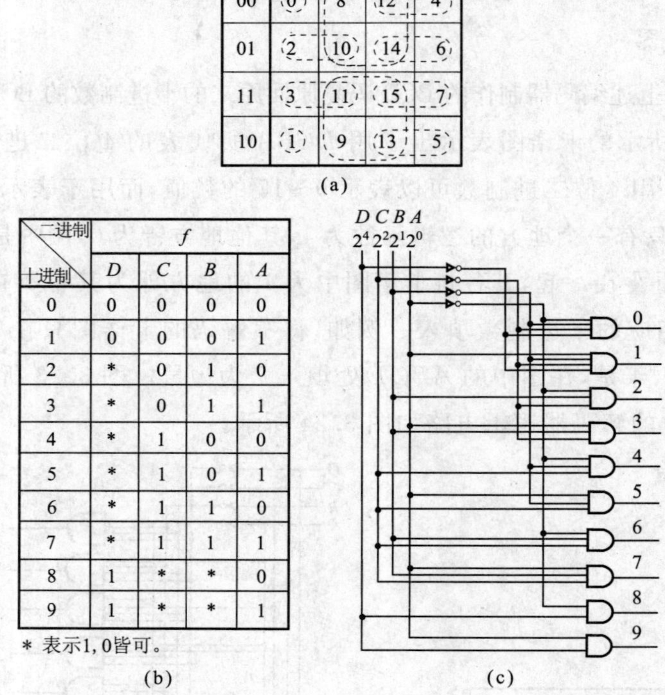

AB \ CD	00	01	11	10
00	0	8	12	4
01	2	10	14	6
11	3	11	15	7
10	1	9	13	5

(a)

十进制 \ 二进制	f D	C	B	A
0	0	0	0	0
1	0	0	0	1
2	*	0	1	0
3	*	0	1	1
4	*	1	0	0
5	*	1	0	1
6	*	1	1	0
7	*	1	1	1
8	1	*	*	0
9	1	*	*	1

＊表示1，0皆可。

(b)

(c)

图 3.25　没有 10 以上输入时的 BCD 码和十进制数的关系

3.2.2　数据多路选择器

1. 数据多路选择器

数据多路选择器(data-multiplexer)如图 3.26(a)所示，是从几个数据中选择一个输出的电路。与其相反，如图 3.26(b)所示，将一个数据送往几个输出线中选出的一个输出线上的电路，又称为数据分配器(data-demultiplexer)。

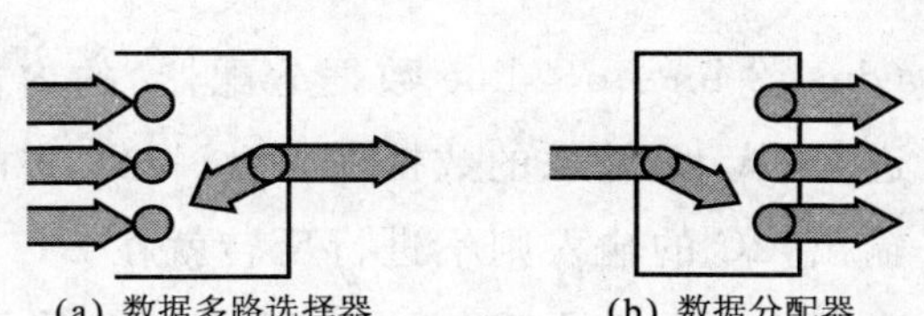

图 3.26 数据多路选择器与数据分配器

数据多路选择器可由与门和或门二级电路连接构成，图 3.27 所示为由 3 位组成的 2 通道数据中，选择一个数据输出的数据多路选择器。各通道的数据通过 2 个输入的与门（AND 电路像与门那样动作，故又称与门）利用通道选择输入信号为 1 还是为 0，为 1 的情况将通道 1 的数据作为或门的输入，为 0 的情况将通道 0 的数据作为或门的输入，分别进行输出。

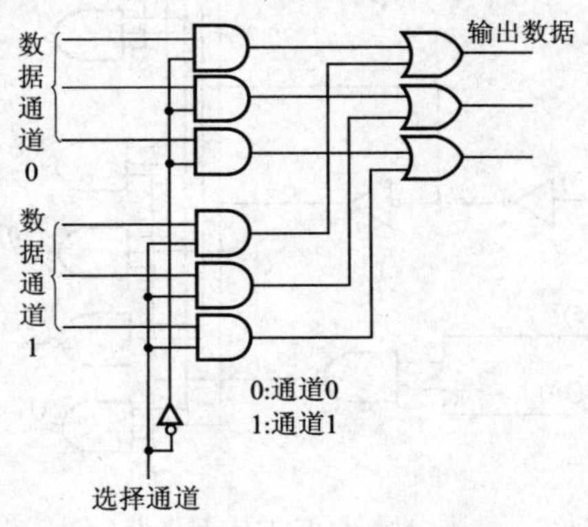

图 3.27 3 位 2 通道数据多路选择器

2. 数据分配器

数据分配器与数据选择多路器相反，用于将一个输入的数据分配给几个输出线的其中一个。

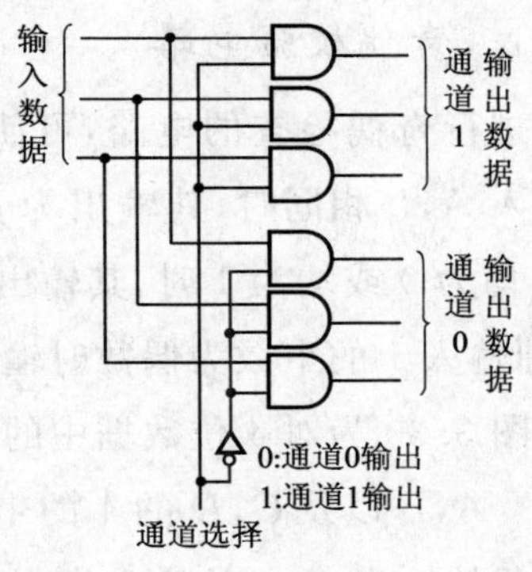

图 3.28 3 位 2 通道数据分配

图 3.28 所示电路是将 3 位数据利用通道选择输入信号，分配给通道 0 或通道 1 的数据分配器。通道选择输入信号为 0 时，输出通道 0 上的数据，为 1 时，则通道 1 上输入的数据被送到输出端。

图 3.29 所示是将 2bit 位的数据分配给

4 个输出的 IC 芯片(dual 2-line-to 4-line 数据分配器)的内部电路图。输入数据从端子 1C 和 2C 进入,从 1C 输入的数据在 $1Y_0 \sim 1Y_3$ 中的一个端子上将 H 电平反转为 L 电平输出,2C 的输入则不进行反转就在 $2Y_0 \sim 2Y_3$ 中的一个端子上输出。1G、2G 端子的选通信号又称为 enable(使能)信号,只有当此输入主动时(此情况为 L 电平)才能将输入数据进行有效的输出,而选择输出通道的任务则由 A,B 端子来进行。

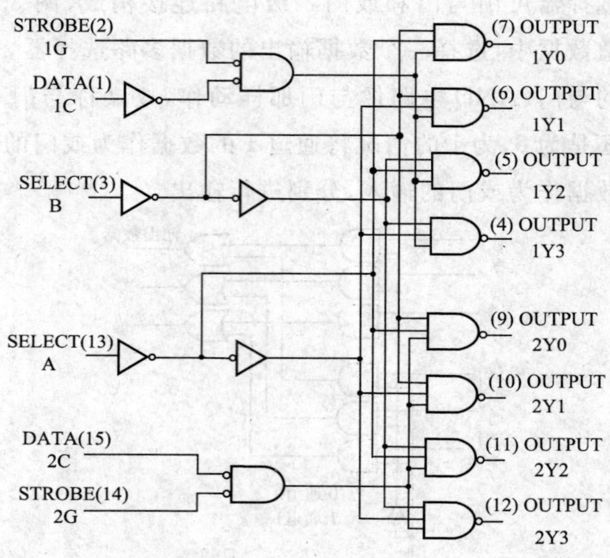

图 3.29　数据分配器 IC 的内部电路(SN 74156)

3.2.3　误码的检测与纠正

1. 奇偶校验电路

进行奇偶检查的电路,可使用异或门构成。异或门(XOR,exclusive)是指当输入 A,B 相同时,其输出为 0,输入不同时其输出为 1 的电路。因此,输入 A,B 均为 0 或均为 1 时,其输出为 0,而若 A 为 1,B 为 0(或相反)时,其输出为 1。即输入 1 的个数为偶数时输出为 0,奇数时输出为 1。

图 3.30 为对 4 位数据中的 1 的个数是偶数还是奇数进行检查的奇偶校验电路。A,B 以及 C,D 的 1 的个数分别是偶数时(即数据中 1 的总数是偶数),异或门的输出 E,F 均为 0,输出 f 为 0,A,B 以及 C,D 中任何一方 1 的个数为奇数时(数据中的 1 的总数为奇数),E,F 中一方为 1,其他为 0,故输出 f 为 1。

A,B 以及 C,D 的 1 的个数分别是奇数时（数据中 1 的总数是偶数）E,F 皆为 1，故输出 f 为 0。

图 3.30 所示电路可用 $f=A\oplus B\oplus C\oplus D$ 的逻辑函数来表示，是输入 1 的个数为奇数时为 1 的电路。

输入端的个数即使增加也可以同样组成。作为参考可见图 3.31 所示的 8 位奇偶校验电路，其逻辑函数为

$$f=A\oplus B\oplus C\oplus D\oplus E\oplus F\oplus G\oplus H$$

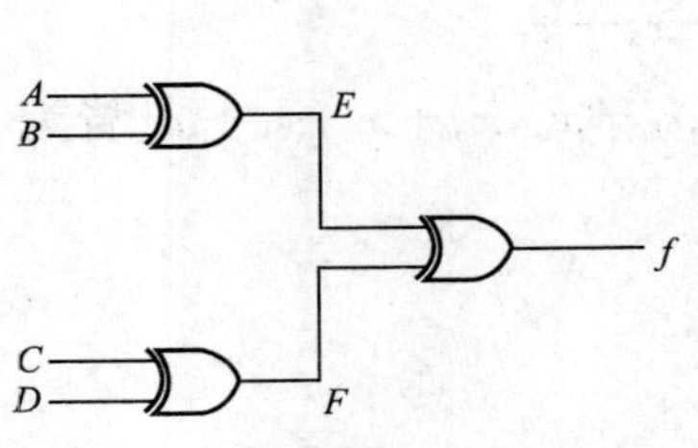

图 3.30 奇偶校验电路

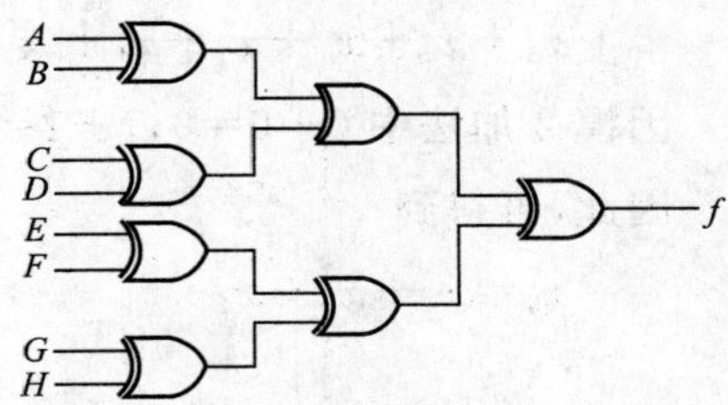

图 3.31 8 位奇偶校验电路

2. 海明码与错误校正

能将 1bit 的错误检测出来并纠正的编码是海明码（Hamming code）。与奇偶校验的情况相同，海明码也在数据中增加了用于检查的检验位，将所有位追加上某种关系送出，而在接收方对这种关系是否满足进行检查，有错误时可检测出出错的是第几位等。

讨论一个例子，这是一个 7 位长的符号，其中 4 位是数据，另加 3 位校验位。现在，用 $x_6x_5x_4x_3x_2x_1x_0$ 来表示 0010101，1010111 等符号，各个 bit 之间具有下式由 $x_6,x_5,\cdots,x_0$ 所决定的关系。其中，$x_6,x_5,\cdots,x_0$ 的取值为 0 或 1。

$$\left.\begin{aligned}1x_6+1x_5+1x_4+1x_3+0x_2+0x_1+0x_0=0\\1x_6+1x_5+0x_4+0x_3+1x_2+1x_1+0x_0=0\\1x_6+0x_5+1x_4+0x_3+1x_2+0x_1+1x_0=0\end{aligned}\right\}\tag{3.1}$$

式(3.1)中，执行模 2 的乘法与加法。模 2 加法是指：

$0+0=0$

$0+1=1$

$1+0=1$

$1+1=0$

模 2 乘法规则如下：

$$0\times0=0$$

$$0\times1=0$$

$$1\times0=0$$

$$1\times1=1$$

故从式(3.1)的第 1 式可得 $x_6+x_5+x_4+x_3=0$，在其两边加上 $x_6+x_5+x_4$，就变为下式：

$$x_6+x_6+x_5+x_5+x_4+x_4+x_3=x_6+x_5+x_4$$

因模 2 加法中 0+0=0，1+1=0，故可知 x_6+x_6，x_5+x_5，x_4+x_4 皆为 0。因此，可得到

$$x_3=x_6+x_5+x_4 \tag{3.2}$$

表 3.1　海明码

	数据位				检验位		
	x_6	x_5	x_4	x_2	x_3	x_2	x_1
0	0	0	0	0	0	0	0
1	0	0	0	1	0	1	1
2	0	0	1	0	1	0	1
3	0	0	1	1	1	1	0
4	0	1	0	0	1	1	0
5	0	1	0	1	1	0	1
6	0	1	1	0	0	1	1
7	0	1	1	1	0	0	0
8	1	0	0	0	1	1	1
9	1	0	0	1	1	0	0
10	1	0	1	0	0	1	0
11	1	0	1	1	0	0	1
12	1	1	0	0	0	0	1
13	1	1	0	1	0	1	0
14	1	1	1	0	1	0	0
15	1	1	1	1	1	1	1

同样从式(3.1)的第 2、第 3 式也可求得

$$x_1=x_6+x_5+x_2 \tag{3.3}$$

$$x_0=x_6+x_4+x_2 \tag{3.4}$$

若将其中的 x_2，x_4，x_5，x_6 作为数据位，而 x_0，x_1，x_3 当作检验位，又因式(3.2)～式(3.4)的关系，可推出数据位和检验位之间一定具有表 3.1 所示的关系。例如，当数据位 $x_6x_5x_4x_2$ 为 0100 时，由式(3.2)～式(3.4)可求得各校验位 x_3，x_1，x_0 分别为

$$x_3=0+1+0=1$$

$$x_1=0+1+0=1$$

$$x_0=0+0+0=0$$

表 3.1 所示为海明码。

为了检查送出的海明码的正确性，可将接收到的符号代入式(3.1)。若接收的符号正确，它应当满足式(3.1)，不正确就不满足式(3.1)。例如，若发送的数据为 1111111(=15)时，而收到的符号变成 1101111。将 1101111 代入式

(3.1)的左端,即有下列各式。

$$1\cdot1+1\cdot1+1\cdot0+1\cdot1+0\cdot1+0\cdot1+0\cdot1=1$$

$$1\cdot1+1\cdot1+0\cdot0+0\cdot1+1\cdot1+1\cdot1+0\cdot1=0$$

$$1\cdot1+0\cdot1+1\cdot0+0\cdot1+1\cdot1+0\cdot1+1\cdot1=1$$

将这些式子的右端数字按从上到下的顺序变换为横向排列,可得到

101=5

同样当将 1111111 变成 1111011 接收时,可得到

011=3

因此,可得出的结论是,将接收到的符号代入式(3.1)的左端所得到的结果,就是表示出从最低位开始数的出错位所在的位置。这个结论对 15 以外的符号数均成立。

海明码中,数据位的长度 d 与检验位长度 m 之间必须满足 $d+m\leqslant 2^m-1$ 的关系。

下面对上述关系进行证明。

利用矩阵

$$\boldsymbol{H}=\begin{bmatrix}1&1&1&1&0&0&0\\1&1&0&0&1&1&0\\1&0&1&0&1&0&1\end{bmatrix}$$

$$\boldsymbol{x}=[x_6\,x_5\,x_4\,x_3\,x_2\,x_1\,x_0]$$

可以将式(3.1)表示为

$$\boldsymbol{H}\begin{bmatrix}x_6\\x_5\\\vdots\\x_0\end{bmatrix}=\boldsymbol{H}\cdot\boldsymbol{x}^T=0。$$

其中,T 表示将行向量变为列向量的意义。

现在,设将 $\boldsymbol{x}$ 送出后,接收到的为 $\boldsymbol{x}'=[x'_6\,x'_5\cdots x'_0]$,若 $\boldsymbol{x}'$ 中没有错误,则

$$\boldsymbol{H}\boldsymbol{x}'^T=0$$

若 $\boldsymbol{x}'$ 中有错误,则

$$\boldsymbol{H}\boldsymbol{x}'^T\neq0$$

$$\boldsymbol{S}=\boldsymbol{H}\boldsymbol{x}'^T$$

将上式称为 $\boldsymbol{x}'$ 的核正码或纠错码。现设误码产生在 $\boldsymbol{x}$ 的第 i 位，用 $\boldsymbol{e}_i$ 代表误码，则

$$\boldsymbol{e}_i=[00\cdots010\cdots0]$$

$$\boldsymbol{x}'=\boldsymbol{x}+\boldsymbol{e}_i=[(x_6+0)(x_5+0)\cdots(x_i+1)\cdots(x_0+0)]$$

纠错码 $\boldsymbol{S}$ 为

$$\boldsymbol{S}=\boldsymbol{H}\boldsymbol{x}'^T=\boldsymbol{H}(\boldsymbol{x}+\boldsymbol{e}_i)^T=\underset{\underset{0}{\parallel}}{\boldsymbol{H}\boldsymbol{x}^T}+\boldsymbol{H}\boldsymbol{e}_i^T=\boldsymbol{H}\boldsymbol{e}_i^T$$

例如，若第 5 位是错误位，则 $\boldsymbol{e}$，$\boldsymbol{S}$ 分别为

$$\boldsymbol{e}=[0\,0\,1\,0\,0\,0\,0]$$

$$\boldsymbol{S}=\begin{bmatrix}1&1&1&1&0&0&0\\1&1&0&0&1&1&0\\1&0&1&0&1&0&1\end{bmatrix}\begin{bmatrix}0\\0\\1\\0\\0\\0\\0\end{bmatrix}=\begin{bmatrix}1\\0\\1\end{bmatrix}$$

而当第 1 位出错时，则

$$\boldsymbol{S}=\begin{bmatrix}1&1&1&1&0&0&0\\1&1&0&0&1&1&0\\1&0&1&0&1&0&1\end{bmatrix}\begin{bmatrix}0\\0\\0\\0\\0\\0\\1\end{bmatrix}=\begin{bmatrix}0\\0\\1\end{bmatrix}$$

如果将校验码 $\boldsymbol{S}$ 当作二进制数，则 $\boldsymbol{S}$ 就表明了出错位所在的位置。

此例中，为了说明能够将符号的误码纠正过来，$\boldsymbol{H}$ 的列向量不能完全相同。列向量的长度为 m 时，可以形成 2^m 个不同的列向量。从中将 0 向量的数除去后的数为 2^m-1，它必须大于或等于符号的位数，于是可求得下列关系式：

$$d+m\leqslant 2^m-1$$

3.2.4 比较器

1. 一致电路

经常有必要了解二个数据是否相等，这时就可以使用异或门电路，当二个输入相等时输出为0，不等时输出为1。

图3.32所示是检测两个4位数 $X_3X_2X_1X_0$ 与 $Y_3Y_2Y_1Y_0$ 是否一致的电路。使用2输入的异或门来检测各位是否一致，再将其输出到或门上去，以便检测两个数是否一致。

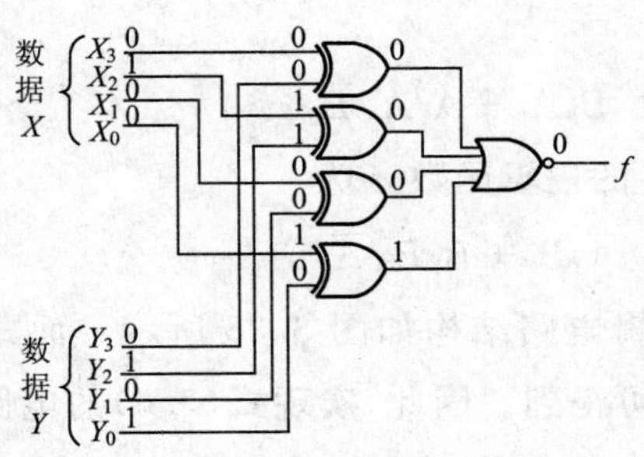

图3.32 4位数据一致电路

此电路的逻辑函数 f 为

$$f=\overline{X_0\oplus Y_0+X_1\oplus Y_1+X_2\oplus Y_2+X_3\oplus Y_3}$$

在如图所示输入数据为0100与0101的情况，因它们不一致，故 f 的输出为0。

【例题3.5】 有1位(bit)的数据 A 和 B，当这二个数据一致时，输出 F 为1，请构成此逻辑电路。

【解答】 作出输入数据 A 和 B 的真值表，求输出 F 的逻辑式。从这个逻辑式构成逻辑电路。

故当输入数据 A 和 B 一致时，输出 F 为1的真值表如图3.33所示。

从图3.33求得逻辑式是 $F=AB+\overline{A}\overline{B}$，逻辑电路如图3.34所示。

2. 大小比较电路

需要比较数据大小电路的情况也很多。为使说明简单起见，用由2位组成的一个数据。

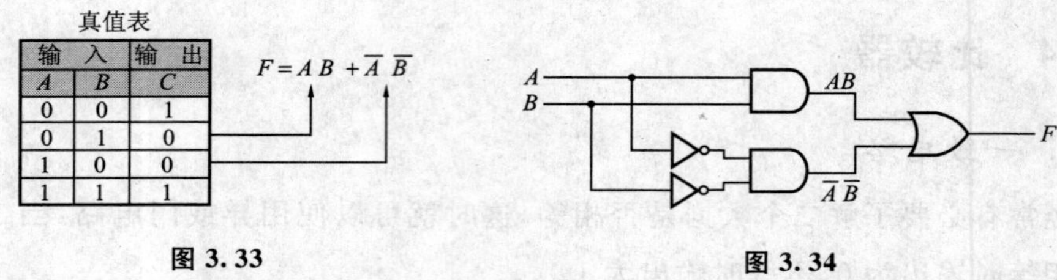

真值表

输入		输出
A	B	C
0	0	1
0	1	0
1	0	0
1	1	1

图 3.33　　　　图 3.34

表示 2 位数 A_1A_0 与 B_1B_0 大小关系的卡诺图如图 3.35 所示，其中，图 3.35(a)所示为 $A_1A_0>B_1B_0$，图 3.35(b)所示为 $A_1A_0<B_1B_0$。为 1 的单元是满足各自不等式的部分。由图 3.35(a)可推出表示 $A_1A_0>B_1B_0$ 的逻辑函数 f 的表达式为

$$f=A_1\overline{B}_1+\overline{B}_1\overline{B}_0A_0+A_1A_0\overline{B}_0 \tag{3.5}$$

表示 $A_1A_0<B_1B_0$ 的逻辑函数 f 为

$$f=\overline{A}_1B_1+\overline{A}_1\overline{A}_0B_0+B_1B_0\overline{A}_0 \tag{3.6}$$

表示式(3.5)的逻辑电路结构如图 3.36 所示。而式(3.6)只是将式(3.5)中的字母 A,B 互换就可得到。因此，实现式(3.6)的电路，也只需将图 3.36 的输入 A_1,A_0 变为 B_1,B_0，同时将 B_1,B_0 变为 A_1,A_0 就可以了。即图 3.36 电路的输出，当 $A_1A_0>B_1B_0$ 时为 1，当 $A_1A_0\leqslant B_1B_0$ 时为 0。

A_1A_0 \ B_1B_0	00	01	11	10
00	0	0	0	0
01	1	0	0	0
11	1	1	0	1
10	1	1	0	0

(a) $A_1A_0>B_1B_0$时

A_1A_0 \ B_1B_0	00	01	11	10
00	0	1	1	1
01	0	0	1	1
11	0	0	0	0
10	0	0	1	0

(b) $A_1A_0<B_1B_0$时

图 3.35　大小比较电路卡诺图

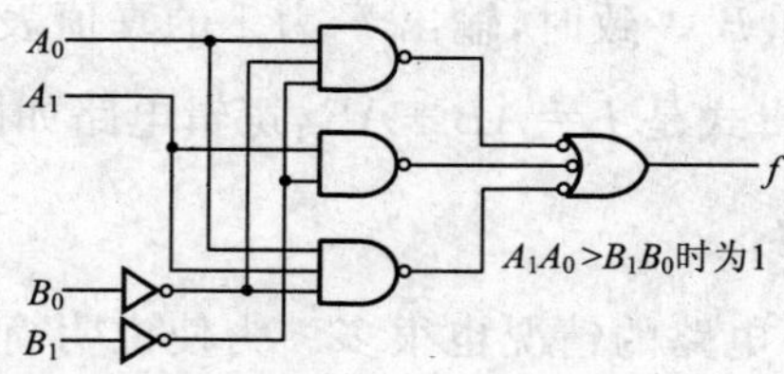

图 3.36　大小比较电路

图 3.37 所示电路是称为 4 位比较器的 IC 芯片的内部电路图，比较的结果分别输出到写有 $A>B$，$A=B$，$A<B$ 的端子上。

【例题 3.6】 请用图 3.37 所示 4 位比较器，构成 4 位以上的比较大小的电路。

【解答】 如图 3.38 所示连接，在低端 4 位比较器 IC 芯片的 $A>B$，$A=B$，$A<B$ 的输入端子上输入 010 即可。

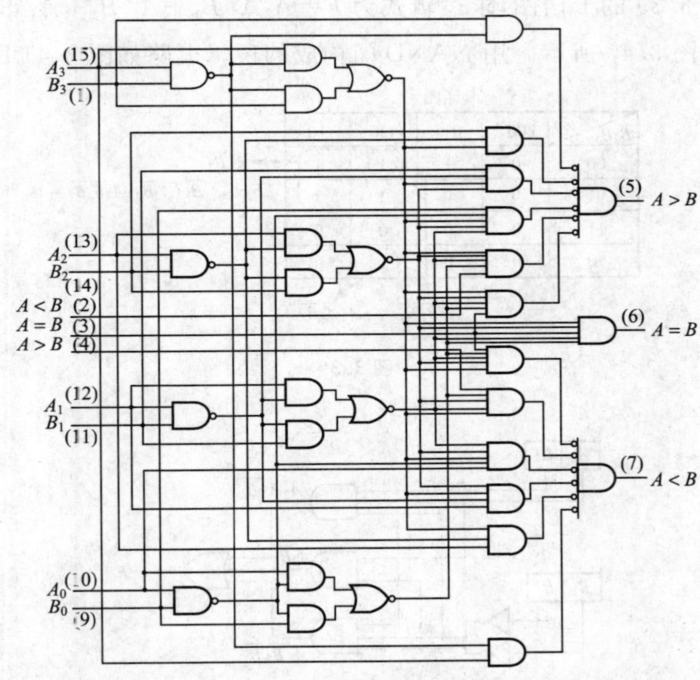

图 3.37 4 位比较器 IC 的内部电路图（SN 7485）

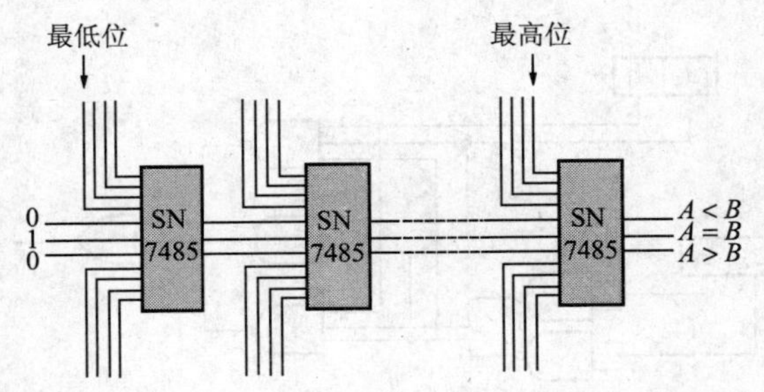

图 3.38 4 位以上的比较器的构成

【例题 3.7】 有 2 位(bit)的数据 A_2A_1 和 B_2B_1。比较这二个数据,当 $A_2A_1>B_2B_1$ 时,输出为 1,请构成此逻辑电路。另外,用 NAND 门构成这个比较电路。

【解答】 作出输入数据 A_2A_1 和 B_2B_1 的卡诺图。求输出 F 的简化逻辑式,通过这个逻辑式构成逻辑电路。

故当输入数据 $A_2A_1>B_2B_1$ 时,输出 F 为 1 的卡诺图如图 3.39 所示。

通过图 3.39 的卡诺图,求逻辑式为 $F=A_2A_1\overline{B}_1+A_2\overline{B}_2+A_1\overline{B}_2\overline{B}_1$。因此,逻辑电路如图 3.40 所示。用 NAND 门构成的逻辑电路如图 3.41 所示。

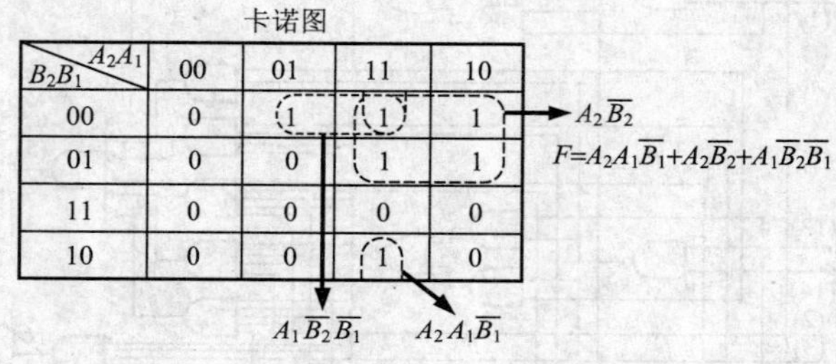
卡诺图

B_2B_1 \ A_2A_1	00	01	11	10
00	0	1	1	1
01	0	0	1	1
11	0	0	0	0
10	0	0	1	0

图 3.39

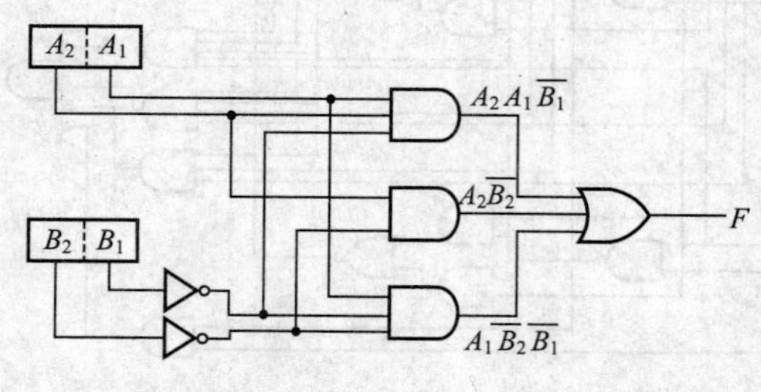

图 3.40

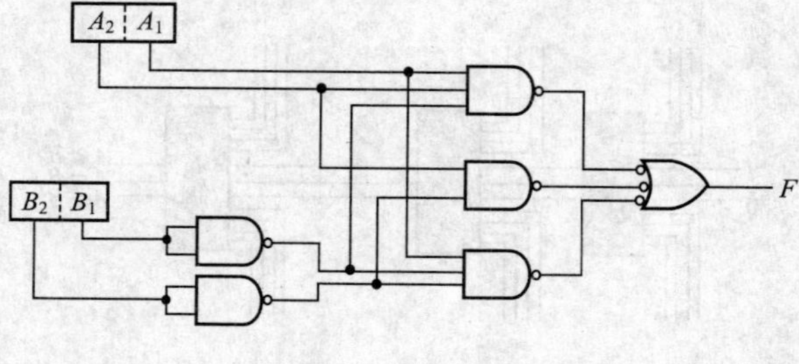

图 3.41

3.3 逻辑电路的设计

作为逻辑电路的设计顺序，首先由给出的逻辑条件制成真值表。接着从这个真值表求出逻辑式，考虑电路的经济性，尽可能简化逻辑式。简化的方法，根据卡诺图和布尔代数等进行简化。最后由简化的逻辑式构成逻辑电路。另外，根据需要，变换成只有 NAND 和 NOR 的电路。图 3.42 所示是设计逻辑电路的流程图。

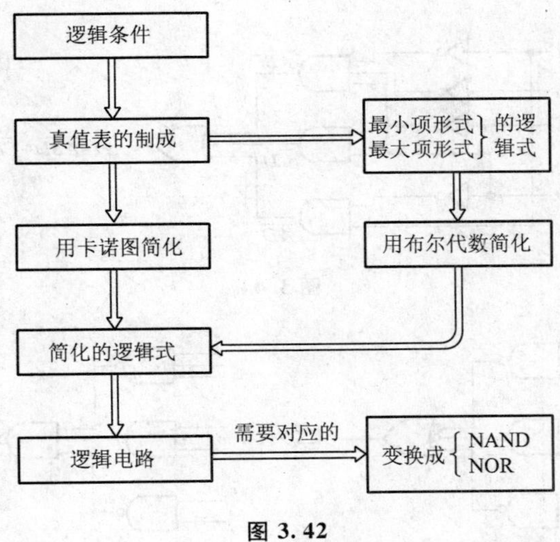

图 3.42

【例题 3.8】 从表 3.2 的真值表求简化的逻辑式，并构成逻辑电路。再求出只用 NAND 门构成的电路。

表 3.2 真值表

输入				输出
A	B	C	D	F
0	0	0	0	0
0	0	0	1	1
0	0	1	0	0
0	0	1	1	1
0	1	0	0	0
0	1	0	1	1
0	1	1	0	0
0	1	1	1	0
1	0	0	0	1
1	0	0	1	1
1	0	1	0	1
1	0	1	1	0
1	1	0	0	1
1	1	0	1	1
1	1	1	0	1
1	1	1	1	0

【解答】 从真值表求简化的逻辑式有几种方法，但较多的是利用卡诺图简单地求得。

故用卡诺图表示的表 3.2 的真值表如图 3.43 所示，简化的逻辑式为：

$$F = A\,\overline{D} + \overline{AB}D + \overline{C}D$$

用逻辑电路构成的逻辑式 $F = A\,\overline{D} + \overline{AB}D + \overline{C}D$，如图 3.44 所示。

图 3.44 是 AND-OR 电路，因为 AND-OR 的部分能如图 3.45 所示，所以变换成 NAND 门电路的逻辑电路如图 3.46 所示。

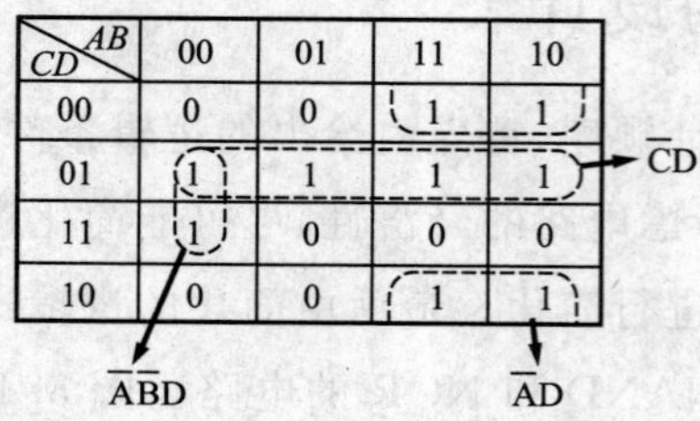

图 3.43

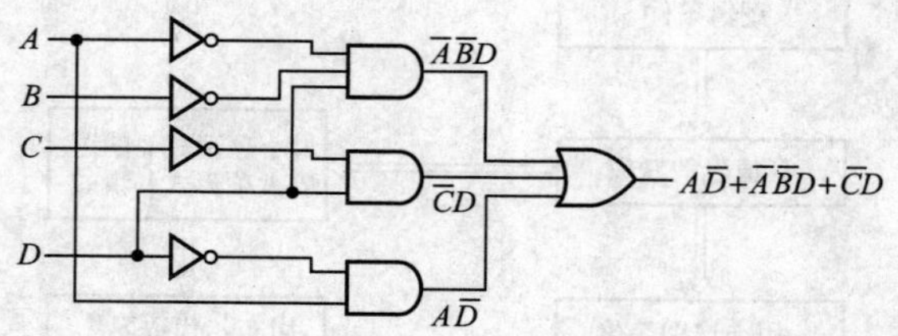

图 3.44

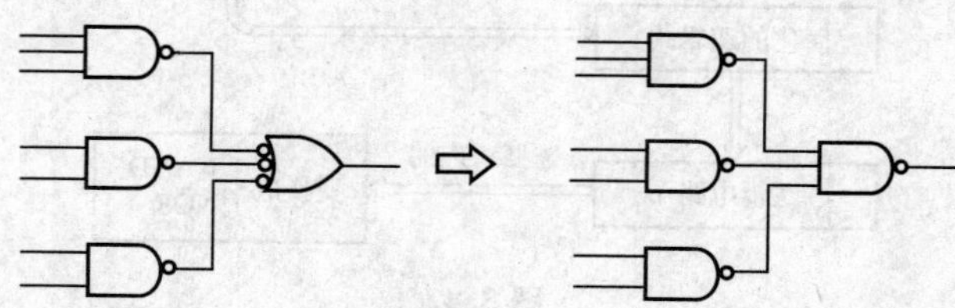

图 3.45

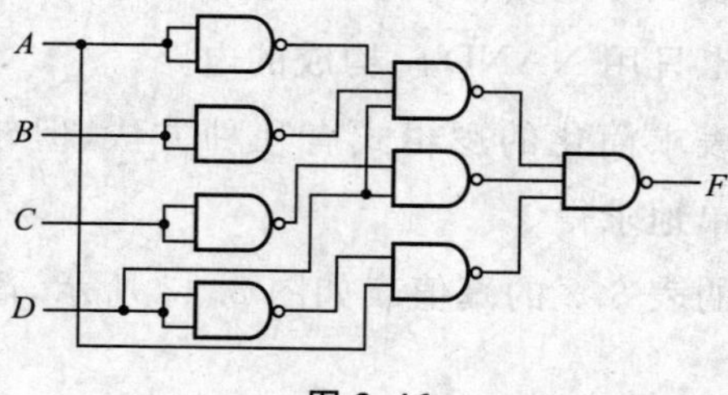

图 3.46

第4章

触发器及其应用

4.1 触发器的工作原理

触发器的原理如图 4.1 所示。它由两个串联的反相器组成。反相器 N_2 的输出接于反相器 N_1 的输入上。由于 N_1 的输入等于 N_2 的输出，故图 4.1 记载的两个状态可以永久保持。究竟是哪种状态则由电源接通时决定。组合电路由输入到输出的信号为开环连接，而时序电路的构成要素为触发器，由图 4.1 可知，由正反馈的闭环电路形成。由此原型把存储状态进一步发展成为可由外部进行控制的 *RS* 触发器，如图 4.2 所示。触发器有两种状态，即能够存储输出 $Q=0(\overline{Q}=1)$ 与 $Q=1(\overline{Q}=0)$，故也称为双稳态电路(bistable circuit)。

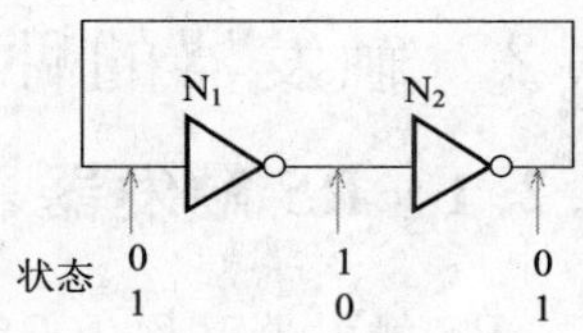

图 4.1 触发器的工作原理

由于没有设定 Q 的初始化电路，当电源接通时，输出 Q 的状态不确定。下面对 RS 触发器的动作进行详细说明。

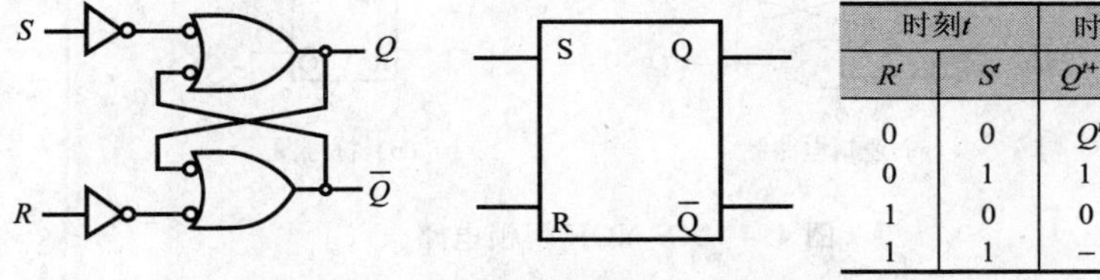

时刻t		时刻$t+1$	
R^t	S^t	Q^{t+1}	$\overline{Q}^{t+1}$
0	0	Q^t	$\overline{Q}^t$
0	1	1	0
1	0	0	1
1	1	–	–

图 4.2 *RS* 触发器电路与框图和特性表

R 和 S 分别为 Reset(复位)和 Set(置位)的简称，作为触发器的输入端，R 与 S 一般为 0，一旦输入 S 为 1，则变为 $Q=1(\overline{Q}=0)$ 并存储下来。相反，当输入 R 为 1，则有 $Q=0(\overline{Q}=1)$ 并被存储下来。若 R 与 S 端同时为 1 会引起不确定的动作，故禁止这样的输入。表示触发器输入输出关系相当于真值表的表格称为特性表。表的左边表示在时刻 t 输入的 R 与 S，分别用 R^t，S^t 来表示，右边表示下个时刻($t+1$)的输出 Q 与 $\overline{Q}$，分别用 Q^{t+1}，$\overline{Q}^{t+1}$ 来表示。若 $Q^{t+1}=Q^t$ 和 $\overline{Q}^{t+1}=\overline{Q}^t$，则说明它正保存着上一个状态。把 RS 触发器的动作用时序图来表示如图 4.3 所示。

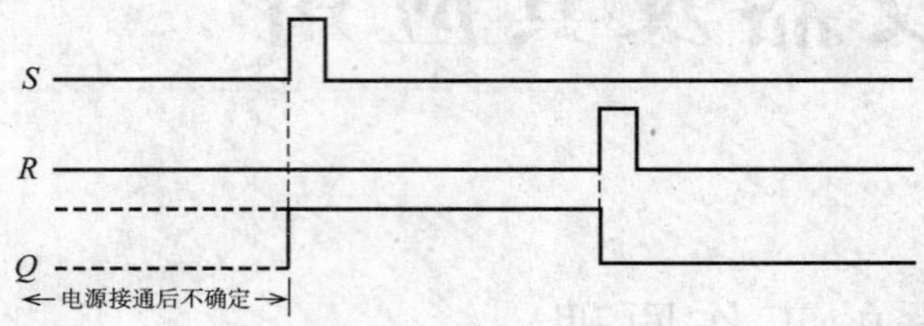

图 4.3　RS 触发器的时序图

4.2　触发器的种类及特性

4.2.1　*RS* 触发器

RS 触发器又称为 RS 闭锁电路(latch)，用于数据的暂时存储，是其他所有类型触发器的基本电路。

1. RS NOR(或非)闭锁电路

如图 4.4 所示，利用 2 输入或非门，并将其输出作为另一个或非门的输入反馈回去。R 称为重置(reset)输入，S 为设置(set)输入。另外，输出 Q 称为正输出，Q 为互补输出。该电路的输入输出特性如表 4.1 所示。

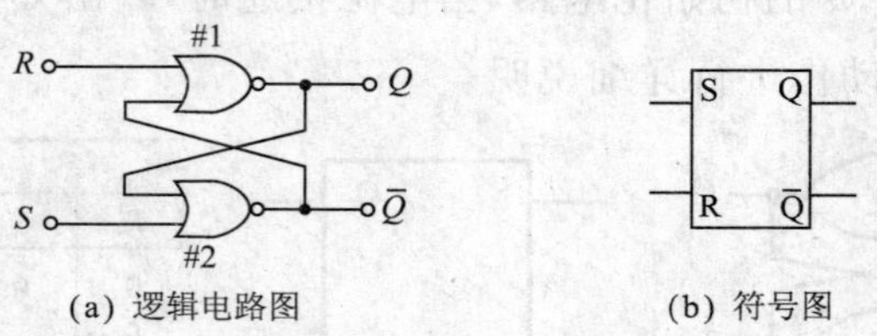

(a) 逻辑电路图　　(b) 符号图

图 4.4　RS NOR 闭锁电路

表 4.1 *RS* NOR 闭锁电路的输入输出

S	R	Q	$\overline{Q}$	动 作
0	0	不变化		记忆保持
1	0	1	0	set
0	1	0	1	reset
1	1	0	0	禁止输入

$S=1,R=0$ 时，♯2 或非门的输出 $\overline{Q}$ 一定为 0，而与其另一输入端无关。因此，♯1 或非门的二个输入皆为 0，输出 Q 为 1，称为设置(set)。另一方面，当 $S=0,R=1$ 时，与 set 的情况下所执行的动作正好相反，$Q=0,\overline{Q}=1$，称为重置(reset)。

$R=S=0$ 时，表中写着"不变化"，是表示此输入信号输入以前的 Q 的逻辑值原封不动地保持着。即将此闭锁电路 set 后，即使 $R=S=0$，Q 仍为 1，而 reset 后，即使 $R=S=0$，Q 仍为 0。这样的 *R-S* 闭锁电路是作为存储单元在动作，输出状态仅靠当前输入还不能决定，而要依赖于以前的输入。

由以上的观点可以将表 4.1 重写为表 4.2。在表 4.2 中 Q_n 为当前状态，Q_{n+1} 为下一个状态。由外部输入 S,R 和 Q_n 就可以决定 Q_{n+1}。Q_n 与 Q_{n+1} 相等时，将此状态称为稳定状态。而 Q_n 与 Q_{n+1} 状态不相等时，将 Q_n 称为不稳定状态。表 4.2 中，将稳定的 Q_{n+1} 用圆圈围起来表示。将表 4.2 用卡诺图一样可以改写成表 4.3 所示表格，将此表称为迁移表(transition table)。此表中，现在 $Q_n=1$，SR 由 00 向 01 变化并用箭头表示产生横向迁移，因那里为不稳定状态，故又引起纵向迁移，从而达到稳定状态。将这样的动作称为基本模式(fundamental mode)，没有对角的迁移是其特征。

表 4.2 输入输出特性

S	R	Q_n	Q_{n+1}
0	0	0	⓪
0	0	1	①
1	0	0	1
1	0	1	①
0	1	0	⓪
0	1	1	0
1	1	0	⓪
1	1	1	0

表 4.3 迁移表

Q_n \ SR	0 0	0 1	1 1	1 0
0	⓪	⓪ ↑	⓪	1
1	① →	0	0	①

另外，$Q_n = 0$ 时可见 SR 从 11 向 00 变化，到达了稳定状态，而因两个信号很难严格地同时变化，SR 从 01 或 10 再变为 00。于是就如图 4.5 所示，到达稳定状态就不同了，将这称为竞争-冒险(critical race)。为避免这种情况发生，一般假定一次只有一个输入变化。因为当这种假定不成立时，只要电路稍微不平衡到达稳定状态就可能不一致，为了表示不能使用这种输入组合，在表 4.1 相应处写上了禁止输入。可以将以上的讨论用时序图表示成图 4.6。

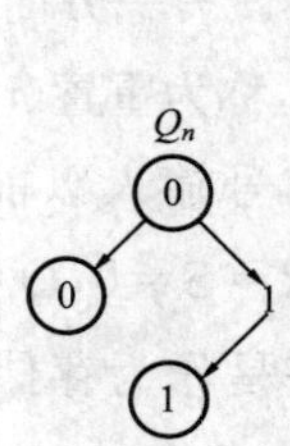

图 4.5　竞争-冒险

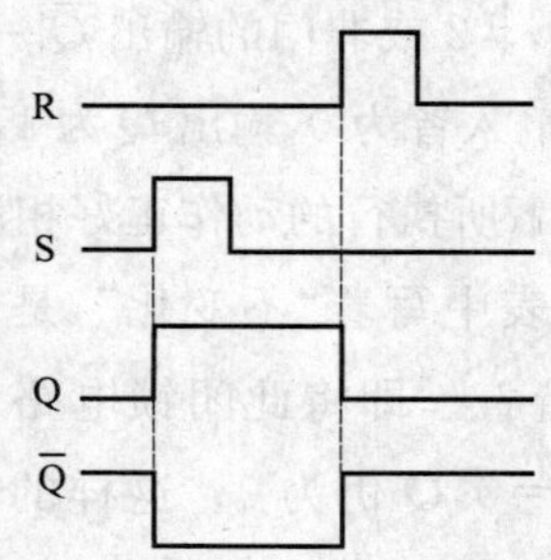

图 4.6　*RS* 触发器的时序图

2. *RS* NAND(与非)闭锁电路

闭锁电路的逻辑电路如图 4.7 所示。因其与 NOR 闭锁电路为对偶关系，故将表 4.1 中的 1 和 0 相交换就能求出它的输入输出特性如表 4.4 所示。

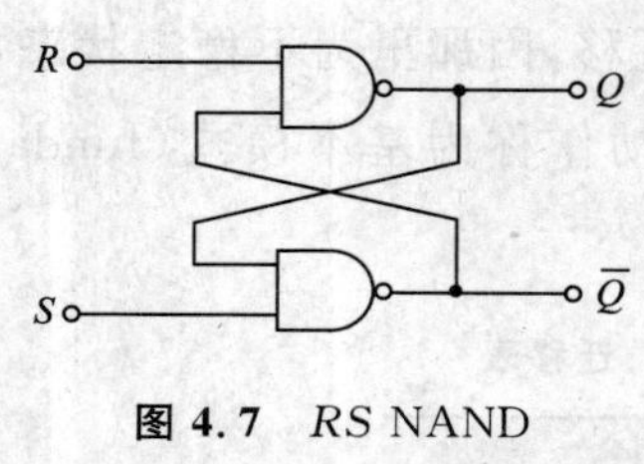

图 4.7　*RS* NAND 闭锁电路

表 4.4　*RS* NAND 闭锁电路的输入输出特性

S	*R*	*Q*	$\overline{Q}$	动　作
1	1	无变化		记忆保持
0	1	0	1	reset
1	0	1	0	set
0	0	1	1	禁止输入

NAND 闭锁电路的应用如图 4.8 所示。此电路的目的是通过接点的切换，在正输出 *Q* 侧出现 L 电平信号。由于接点是机械的东西，从 A 向 B 切换时，在极短时间 B 点处于若即若离状态，将此称为颤动(chattering)或者抖动(bouncing)。因此，在 *S* 输入端，会产生如图 4.8(b)所示忽低忽高的电平振动。但此时闭锁电路中的正输出 *Q* 保持着 L 电平，所以能进行稳定的动作。

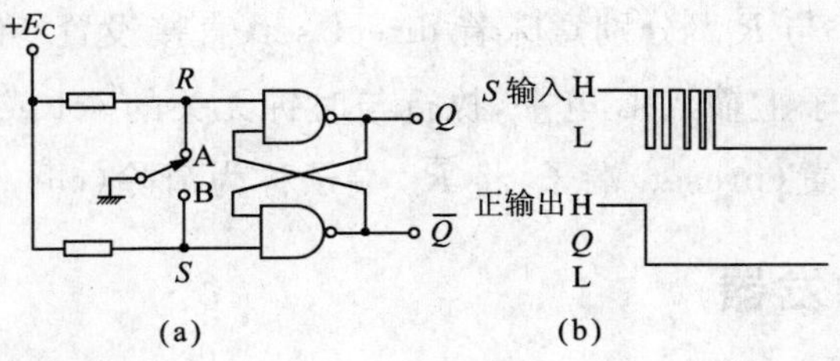

图 4.8 防止接点抖动的电路

4.2.2 同步式 *RS* 触发器

触发器一类的顺序电路，通常是和时钟脉冲 *CP*(clock pulse)同步动作的。如图 4.9 所示，将 set 输入与 reset 输入分别和时钟脉冲 *CP*“与”(AND)在一起输入为好。此电路中，*CP* 为 L 电平时，能作为将以前的状态原样保持的记忆元件动作，而 *CP* 变为 H 电平时，*S*、*R* 输入就被传送到输出端。

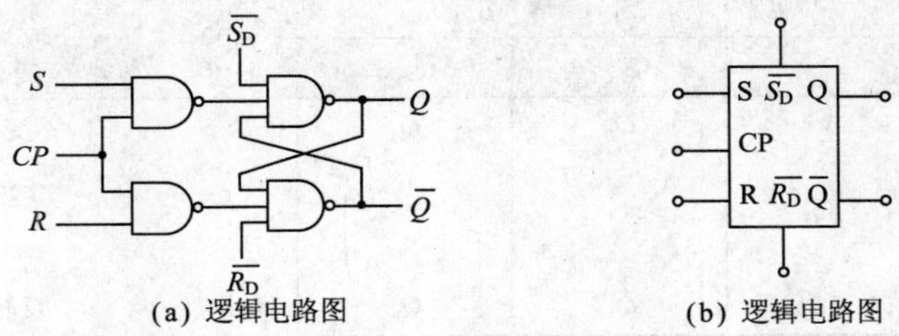

图 4.9 同步式 *RS* 触发器

假定 *CP* 为 H 电平时，其输入输出特性与表 4.1 所示的 NOR 闭锁电路相同。若将 *CP* 也考虑在内则如表 4.5 所示，由此表可求出其逻辑表达式为

$$Q_{n+1}=S+\overline{R}Q_n,\quad R\cdot S\neq 1 \tag{4.1}$$

图 4.10 所示为基于表 4.5 的时序图。

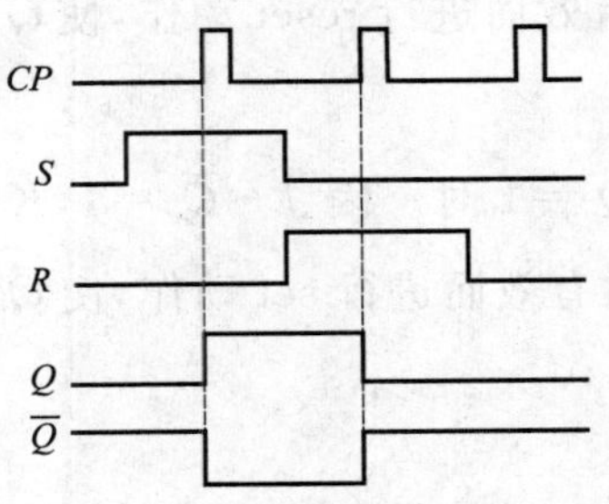

图 4.10 同步式 *RS* 触发器的时序图

表 4.5 同步式 *RS* 触发器的输入输出特性

R	*S*	*CP*	Q_{n+1}
0	0	0	Q_n
0	0	1	Q_n
0	1	0	Q_n
0	1	1	1
1	0	0	Q_n
1	0	1	0
1	1	0	Q_n
1	1	1	*

* 禁止输入。

图 4.9 中，$\overline{S}_D$ 与 $\overline{R}_D$[1] 分别意味着 direct set（直接设置）和 direct reset（直接重置）。在这些端子上输入 L 电平，执行与时钟无关的 set 或者 reset。因此，也将 $\overline{S}_D$ 端子称为预置（preset）端子，将 $\overline{R}_D$ 端子称为清除（clear）端子。

4.2.3 *JK* 触发器

同步式 *RS* 触发器中，因 *RS* 输入同时为逻辑 1 时，输出状态不能确定，故禁止使用。为避免这种状态，而将 $R=S=1$ 时得到反转输出 $\overline{Q}_n$ 的这种触发器称为 *JK* 触发器，其输入输出特性如表 4.6 所示。而 $R=S=1$ 以外的场合就与 *RS* 触发器完全相同。

由表 4.6 可求得其逻辑表达式为

$$Q_{n+1}=J\,\overline{Q}_n+\overline{K}Q_n \tag{4.2}$$

表 4.6 *JK* 触发器的输入输出特性

输 入		输 出		动 作
J	K	Q_{n+1}	$\overline{Q}_{n+1}$	
0	0	Q_n	$\overline{Q}_n$	不变化
1	0	1	0	set
0	1	0	1	reset
1	1	$\overline{Q}_n$	Q_n	反转

1. 反馈型 *JK* 触发器

其为将同步式 *RS* 触发器的输出反馈回输入端子的形式，逻辑电路图示于图 4.11。$J=K=1$ 时的动作，分成下述二种情况：

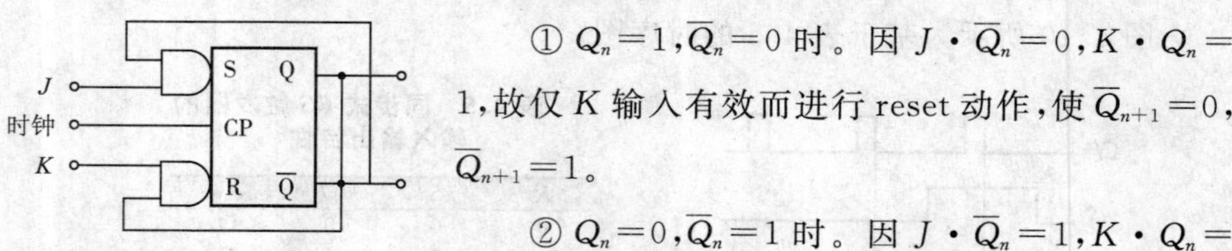

图 4.11 反馈型 *JK* 触发器

① $Q_n=1,\overline{Q}_n=0$ 时。因 $J\cdot\overline{Q}_n=0,K\cdot Q_n=1$，故仅 *K* 输入有效而进行 reset 动作，使 $\overline{Q}_{n+1}=0$，$\overline{Q}_{n+1}=1$。

② $Q_n=0,\overline{Q}_n=1$ 时。因 $J\cdot\overline{Q}_n=1,K\cdot Q_n=0$，故仅有 *J* 输入有效而进行 set 动作，使 $\overline{Q}_{n+1}=1$，$\overline{Q}_{n+1}=0$。

1） $\overline{S}_D=\overline{R}_D$ 上面加着否定记号，就表示执行 set 或者 reset 动作所必要的信号为 L 电平。

由此可见，输出是反转的。但是为让此电路正常动作，时钟脉冲的脉冲幅度必须保持在一级与非门的传输延迟时间 τ 的 3 倍左右。但是制作这样的时钟脉冲发生器，并供给多个触发器，在电路设计上是相当困难的。其中，为接受脉冲幅度十分大的时钟脉冲，要考虑设有在触发器内部进行 3τ 脉冲幅度的时钟脉冲变换电路，将其称为边界触发式(edge triggered) JK 触发器。但是，即使在这种电路中，当输入时钟脉冲的上沿过大时，也有发生误动作的危险性。

2. 主从式 JK 触发器

对上述边界触发式 JK 触发器的缺点，使用主从式可以消除。

其原理电路图示于图 4.12。主从式 JK 触发器，由主触发器和从触发器构成，需要将从触发器的输出向主触发器的输入进行反馈。因这两个触发器的阈值电压 V_{th1} 和 V_{th2} 的不同，如图 4.12(b)所示。对于相同的时钟脉冲其动作时刻也不同。时钟脉冲保持 H 电平的时间与在主触发器上蓄积信息终了的时间相比稍微长一些就够了。

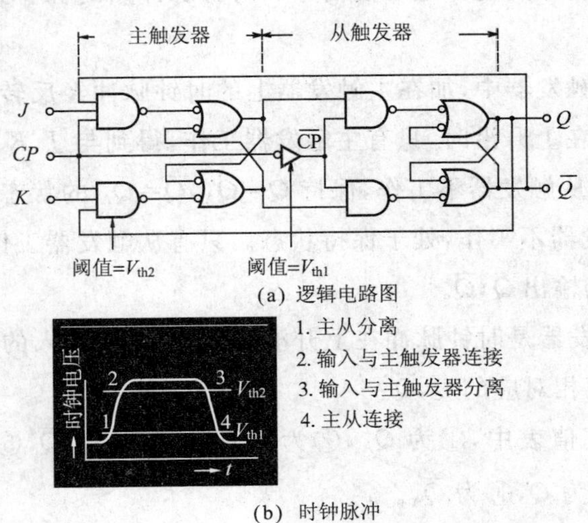

(a) 逻辑电路图

(b) 时钟脉冲

图 4.12 主从式 JK 触发器

对主从式 JK 触发器而言，无论上沿迟缓的时钟脉冲，还是上升、下降均很锐利的时钟脉冲均能正确动作。从而作为非常便利的触发器，在数字化系统中得到了广泛的应用。它和 RS 触发器相比的不利之处在于，其电路稍显复杂，因而消耗功率增大。但因其为非常容易使用的元件，与其他类型触发器的价格差距也在减小，故使用数量一直在不断增加。

【例题 4.1】　完成图 4.13 所示触发器电路的真值表。

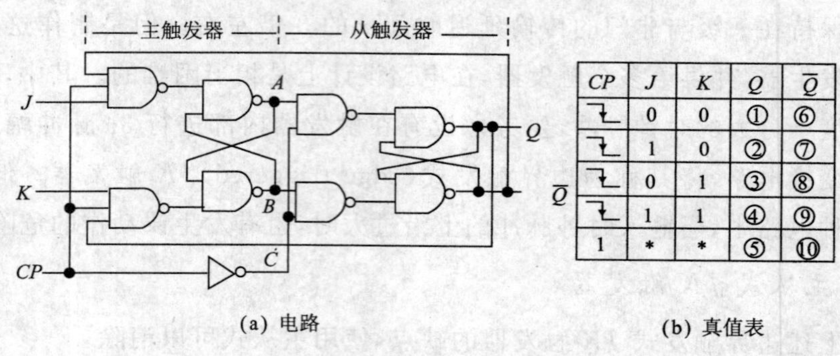

CP	J	K	Q	$\overline{Q}$
↓	0	0	①	⑥
↓	1	0	②	⑦
↓	0	1	③	⑧
↓	1	1	④	⑨
1	*	*	⑤	⑩

(a) 电路　　(b) 真值表

图 4.13　主从触发器

【解答】　大规模的数字电路是将许多门单元和触发器进行组合而构成的。在同步系统中，通过很多时钟脉冲使全部电路按顺序正常工作。如果一旦有某种原因使一部分电路的数字信号和时钟脉冲的时间偏离，全部电路工作就出错。主从 JK 触发器周密考虑了使信号和时钟脉冲始终保持正确同步，所以被广泛应用。

在主从 JK 触发器中，加在主触发器上的时钟脉冲经反转再加在从触发器上。当时钟脉冲在上升沿时，只有主触发器工作，得到与 J、K 的输入相对应的中间输出 A，B。从触发器不工作，保持 $Q=Q_A$，$\overline{Q}=\overline{Q}_A$ 的状态。当时钟脉冲在下降沿时，主触发器不工作，处于保持状态。只有从触发器工作，得到与中间输出 A，B 相对应的输出 Q，$\overline{Q}$。

主从 JK 触发器是时钟脉冲在上升沿时取得 J、K 输入的值，在下降沿时，输出与 J、K 的值相对应的 Q，$\overline{Q}$。

故图 4.13 真值表中，①为 Q_A，②为 1，③为 0，④为 $\overline{Q}$，⑤为 Q_a，⑥为 Q_a，⑦为0，⑧为 1，⑨为 Q，⑩为 $\overline{Q}_A$。

4.2.4　T 触发器

T 触发器有一个输入端 T，每当 T 输入脉冲的上升沿或下降沿，其输出的状态就变反。正沿型 T 触发器的电路如图 4.14 所示。该电路的特征是含有两个 RS 触发器。其中，靠近输入方的为主部（master），靠近输出方的为从部（slave），故这种结构的触发器又称为主-从触发器。正沿型 T 触发器的框图与特性表如表 4.7 所示。在涉及脉冲边沿时，用↑表示正沿控制信号，用↓表示

负沿控制信号。

在求特性方程时，把↑当作1，其他(0或1的状态或者↓)当作0，进行编码化后，作成新的特性表(表4.8)，可求得特性方程为

$$Q^{t+1}=(\overline{T}Q+T\overline{Q})^{t}$$

其时序图如图4.15所示。这时，每当输入T的上升沿时，T触发器的输出状态就会改变，也可以说变成了把输入脉冲T的频率降低一半的分频器了。

表4.7 T触发器电路与特性表(Ⅰ)

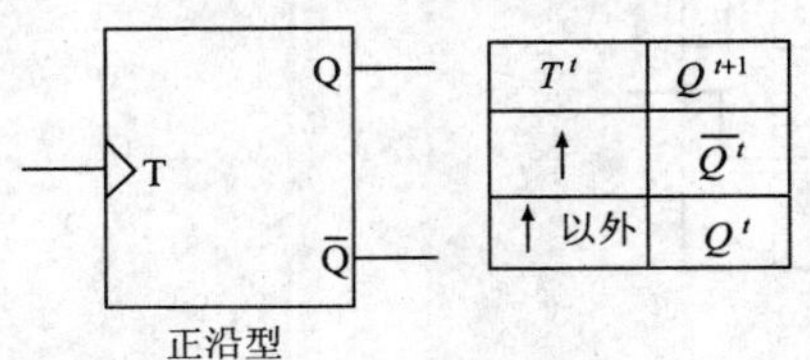

T^t	Q^{t+1}
↑	$\overline{Q^t}$
↑以外	Q^t

表4.8 T触发器的特性表(Ⅱ)

T^t	Q^{t+1}
1	$\overline{Q}^t$
0	Q^t

注：T^t上升沿时为1，其他为0。

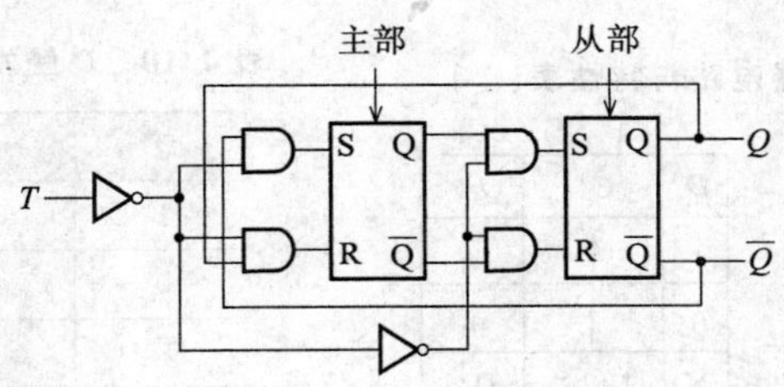

图4.14 正沿型T触发器的电路结构

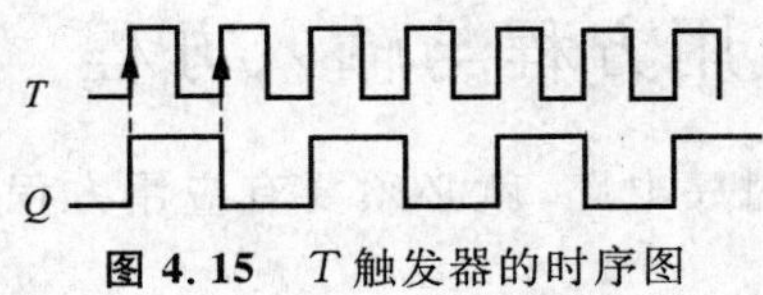

图4.15 T触发器的时序图

4.2.5 D触发器

D触发器是延迟触发器的简称，图4.16所示是正沿型D触发器的电路构成例，其框图与特性表如表4.9所示，输入脉冲D与输入脉冲C同步地传送到输出端。

正沿型的场合，在输入时钟脉冲C的上升沿，把输入脉冲D送到输出，除此之外均保持输出。由改写后的特性表(表4.10)可求得其特性方程如下：

$$Q^{t+1}=(CD+\overline{C}Q)^{t}$$

时序图则如图 4.17 所示。

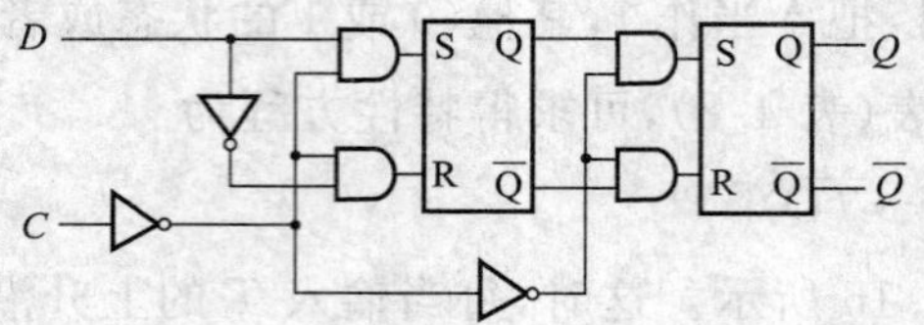

图 4.16　正沿型 D 触发器的电路构成

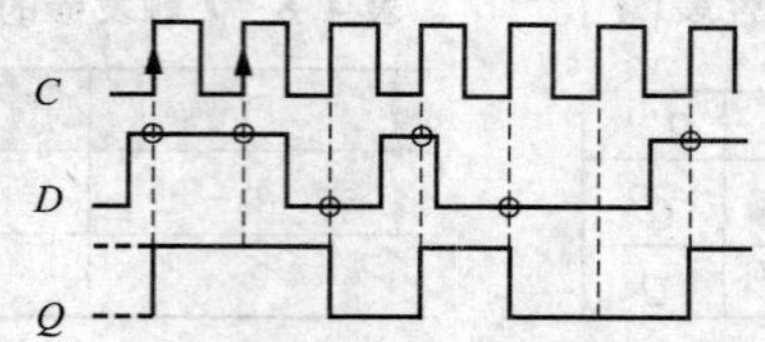

图 4.17　D 触发器的时序图

表 4.9　***D* 触发器电路与特性表(Ⅰ)**

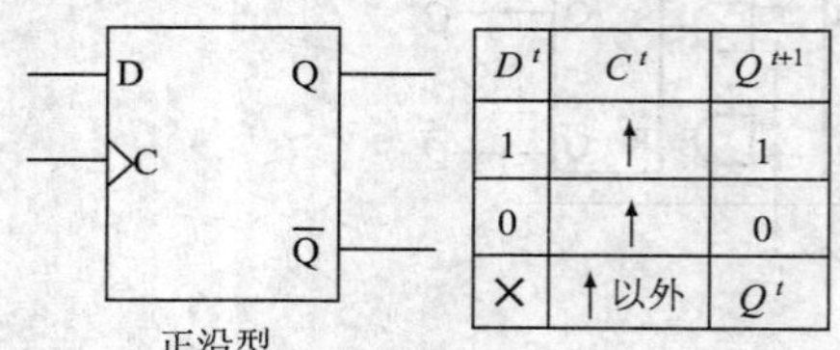

D^t	C^t	Q^{t+1}
1	↑	1
0	↑	0
×	↑以外	Q^t

表 4.10　***D* 触发器的特性表(Ⅱ)**

D^t	C^t	Q^{t+1}
1	1	1
0	1	0
×	0	Q^t

注：C^t，上升沿时为 1，其他时为 0；×，代表 0，1 均可。

4.3　触发器的应用方程与输入方程

为把触发器应用于时序电路，就必须要有应用方程。应用方程可以由下述逻辑式给出：

$$Q^{t+1}=(g_1Q+g_2\overline{Q})^t \quad (g_1 \text{ 与 } g_2 \text{ 中不含有 } Q \text{ 与 } \overline{Q})$$

可把触发器的输入表示为 g_1，g_2，Q 的函数，称这样的逻辑式为输入方程。下面就对 RS 触发器的各个输入信号的输入方程的求法进行详细说明，而对其他有代表性的触发器的输入方程只直接给出表示结果。

1. *RS* 触发器的输入方程

由其特性方程与应用方程可得下列等式：

$$S+\overline{R}Q=g_1Q+g_2\overline{Q}$$

$$SR=0$$

因 g_1,g_2,Q 为已知，将 0,1 的所有组合分别赋予它们并求出相应的 R,S，就可以求得表 4.11 所示的真值表。由此真值表可求出作为 g_1,g_2,Q 的函数的 R、S 的输入方程的一般解，如下所示：

$$R=\overline{g}_1\overline{g}_2Q+\overline{g}_1g_2Q \quad (\overline{g}_1\overline{g}_2\overline{Q}\text{ 与 }g_1\overline{g}_2\overline{Q}\text{ 的组合被禁止})$$

$$S=\overline{g}_1g_2\overline{Q}+g_1g_2\overline{Q} \quad (g_1\overline{g}_2Q\text{ 与 }g_1g_2Q\text{ 的组合被禁止})$$

表 4.11 *RS* 触发器的输入方程式的真值表

g_1	g_2	Q	R	S
0	0	0	×	0
0	0	1	1	0
0	1	0	0	1
0	1	1	1	0
1	0	0	×	0
1	0	1	0	×
1	1	0	0	1
1	1	1	0	×

注：×，0/1 均可。

用维奇图（图 4.18）可将上式化简为

$$R=\overline{g}_1Q,S=g_2\overline{Q}$$

又因 $\overline{g}_1g_2=0$ 成立，则可将维奇图改定成图 4.19，故可进一步把输入方程化简成下式：

$$R=\overline{g}_1,S=g_2$$

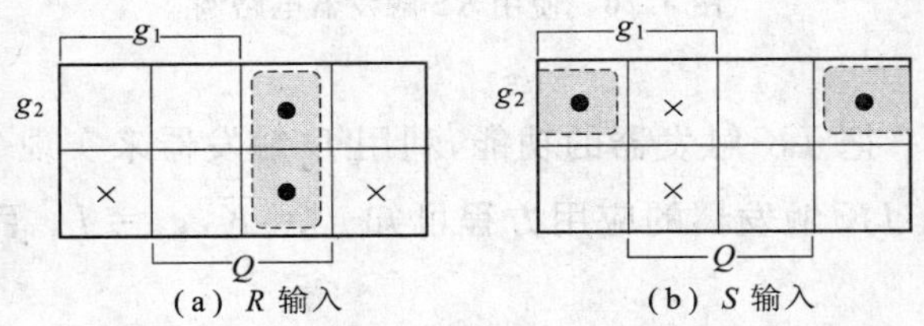

图 4.18 *RS* 触发器的输入方程式（一般形）的维奇图

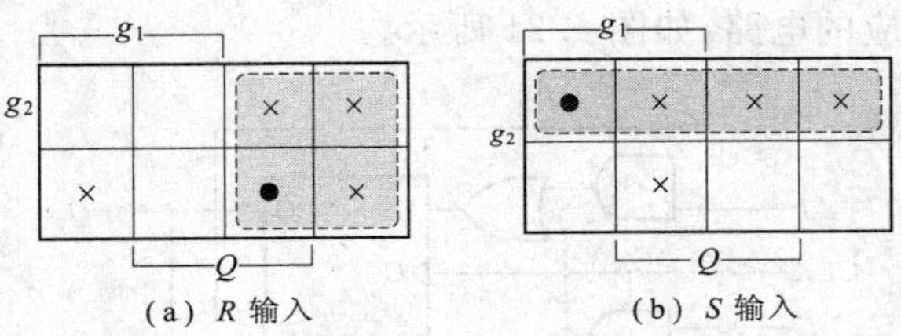

图 4.19 当 *RS* 触发器为 $\overline{g}_1g_2=0$ 时的输入方程的维奇图

2. JK 触发器的输入方程

$J=g_2, K=\overline{g}_1$

3. T 触发器的输入方程

$T=\overline{g}_1Q+g_2\overline{Q}$　（其中，若 $\overline{g}_1=g_2$，则 $T=\overline{g}_1$）

4. D 触发器的输入方程

$D=g_1Q+g_2\overline{Q}$

【例题 4.2】 若设应用方程为 $Q^{t+1}=(\overline{A}\,\overline{B}Q+C\,\overline{Q})^t$，请使用 RS 触发器实现该方程。

【解答】 因 $g_1=\overline{A}\,\overline{B}$，$g_2=C$，将其代入 RS 触发器的输入方程，则

$R=\overline{g}_1Q=(A+B)Q$

$S=g_2\overline{Q}=C\,\overline{Q}$

将其转换为相应电路，如图 4.20 所示。

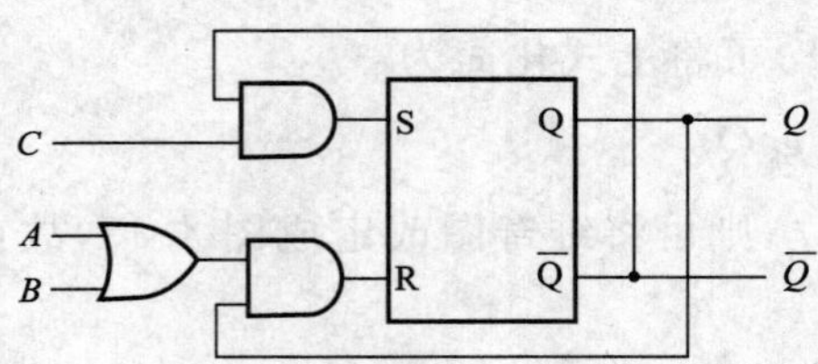

图 4.20　使用 RS 触发器电路例

【例题 4.2】 把 JK 触发器的功能，利用 D 触发器来实现。

【解答】 由 JK 触发器的应用方程可知 $g_1=\overline{K}$，$g_2=J$。而 D 触发器的输入方程为

$D=g_1Q+g_2\overline{Q}=\overline{K}Q+J\,\overline{Q}$

将其变为相应的电路，如图 4.21 所示。

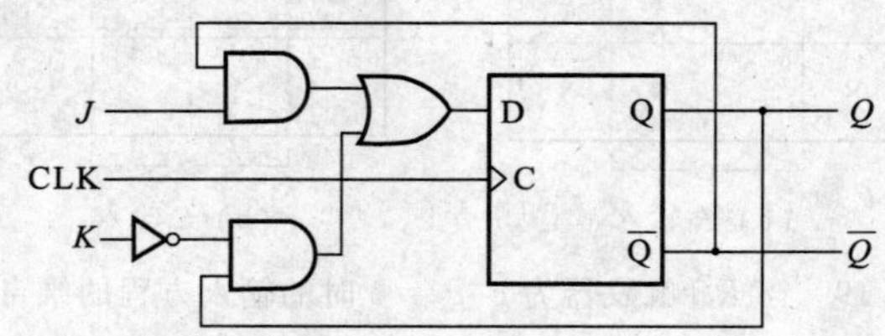

图 4.21　把 JK 触发器的功能用 D 触发器来实现的电路

4.4 触发器应用举例

利用 *RS* 触发器可以很好地防止开关的抖动现象(chatering)。所谓抖动，是指如图 4.22 所示，当开关 ON/OFF 时，由于接点的振动(bouncing)而产生的信号扰乱现象。为防止这种现象的产生，最好采用图 4.23 所示的电路。利用 *RS* 触发器，当开关一旦动作时，无论 ON 还是 OFF，都可将其状态存储下来，就能得到没有抖动的信号波形。

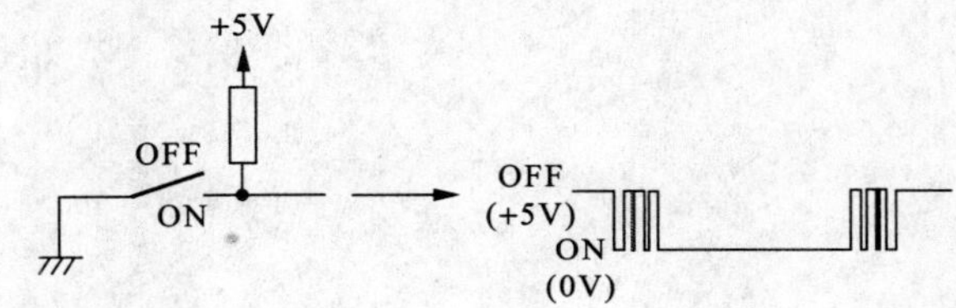

图 4.22　开关的抖动

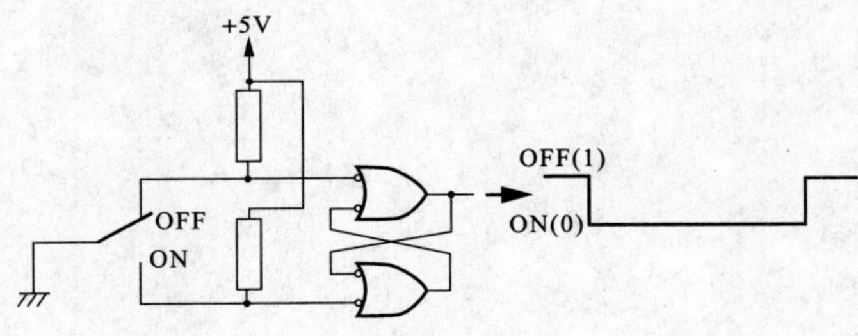

图 4.23　利用 *RS* 触发器来防止抖动

第5章

时序逻辑电路

5.1 概 述

组合逻辑电路是只用现在的输入决定输出的电路。顺序电路中其输出是由现在的输入与过去的输入决定的逻辑电路，如图 5.1 所示。现在考虑顺序电路的内部状态，考虑到这种内部状态是由过去的输入决定的，因此就可以认为，顺序电路的现在的输出，是由它现在的状态和现在的输入所决定的。这个结论与所说过的，顺序电路现在的输出，是由现在的输入和过去的输入所决定的判断是等价的。

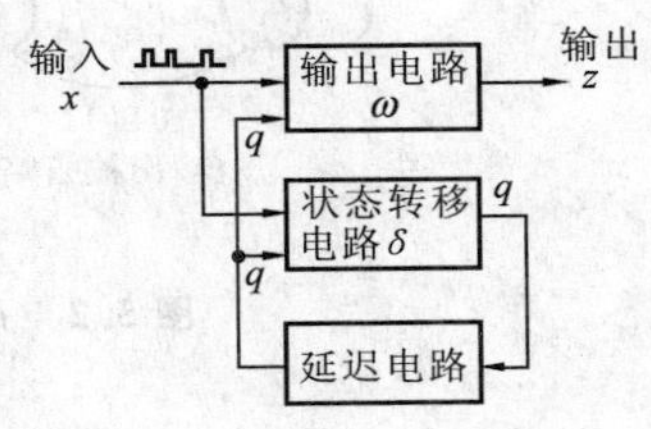

图 5.1 顺序电路的框图

设 x 为现在的输入，q 为现在的状态，z 为现在的输出，它们之间具有如下关系：

$$z=\omega(x,q) \tag{5.1}$$

$\omega(\ )$表示函数，ω 称为输出函数。另外，因下一个状态是由现在的状态和现在的输入所决定的，若用 q 代表下一个状态，则

$$q=\delta(x,q) \tag{5.2}$$

这里 $\delta(\ )$表示函数，δ 称为状态转移函数。因 q 为下一个状态，那么当下一个输入信号输入时，就下一个输入而言就变成“现在的状态”。式(5.1)和式(5.2)中的 q 都是表示现在的状态，x 也表示现在的输入，这些公式的左边是仅

由现在信号所决定的。即表示这些式子的逻辑电路可以构成组合电路。因此，顺序电路由图 5.1 所示的框图(block diagram)构成。其中输出电路和状态转移电路为组合电路，延迟电路可以将从现在输入的状态转移电路得到的下一个状态暂时保存起来，作为当下一个输入到来时的“现在状态”输出的电路。延迟电路使用具有保存功能的触发器电路构成。

5.2 状态转换图与状态转换表

由于在时序电路中，电路的状态要顺序逐一改变，故在设计比较复杂的时序电路时，必须确切地知道状态的转换。表示状态转换的方法有图形法(状态转换图)和表格法(状态转换表)。图 5.2 所示就是 JK 触发器的状态转换图与状态转换表。

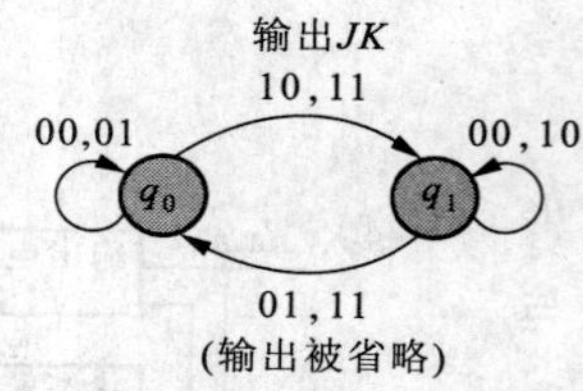

时刻t的状态	时刻$t+1$的状态 输入JK				输出 输入JK			
	00	01	10	11	00	01	10	11
q_0	q_0	q_0	q_1	q_1	0	0	1	1
q_1	q_1	q_0	q_1	q_0	1	0	1	0

图 5.2 JK 触发器的状态转换图与状态转换表

在状态转换表中，左边的栏为时刻 t 的状态。JK 触发器只有 2 个状态，分别叫做输出 $Q=0(\overline{Q}=1)$的状态 q_0，以及 $Q=1(\overline{Q}=0)$的状态 q_1，中间的栏目为输入 J，K 以及由其转换的状态。而右边的栏目为由每个输入所得到的输出。这里将输出当作 Q。而状态名在输出处多被省略，本书以后也省略了。

在状态转换图中，常把状态名用圆圈围起来，各个状态间用线相连接，把输入的值写在线的附近，而转换方向则用箭头标出。若有多个输入，则必须明确输入的名字和顺序。这里也没有特别的限制，输出处就不必有记载了。

5.3 常用的时序逻辑电路

5.3.1 同步计数器

1. 使用 D 触发器的四进制计数器

本节用 D 触发器设计一个四进制计数器，它将从 0 到 3 输入的脉冲数输出，并用第 4 个脉冲将其输出归 0。表示此计数器的状态转移表和输出表如图 5.3 所示，这两个表完全相同。因此，可以将状态的值原封不动地当作计数器的输出使用。考虑到以上的情况，只需将 D 触发器按横向排列重新画为图 5.4 所示。

该电路中，将 D 触发器的 $\overline{Q}$ 输出当作 $\overline{y}$ 而积极地加以利用，而且用 2 位的 z_1z_0 代表输出。

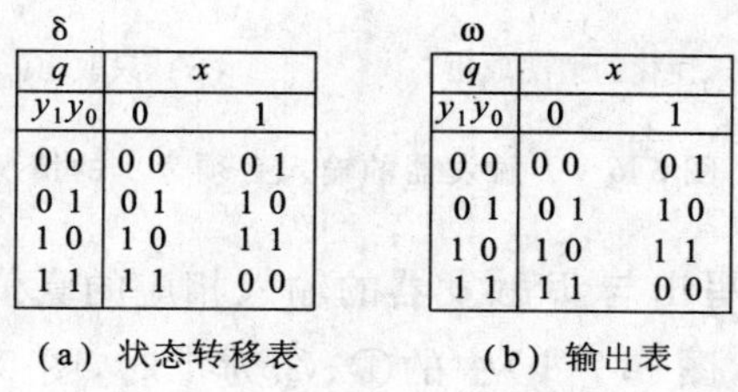

δ

q / y_1y_0	x = 0	1
0 0	0 0	0 1
0 1	0 1	1 0
1 0	1 0	1 1
1 1	1 1	0 0

(a) 状态转移表

ω

q / y_1y_0	x = 0	1
0 0	0 0	0 1
0 1	0 1	1 0
1 0	1 0	1 1
1 1	1 1	0 0

(b) 输出表

图 5.3 四进制计数器的状态转移与输出表

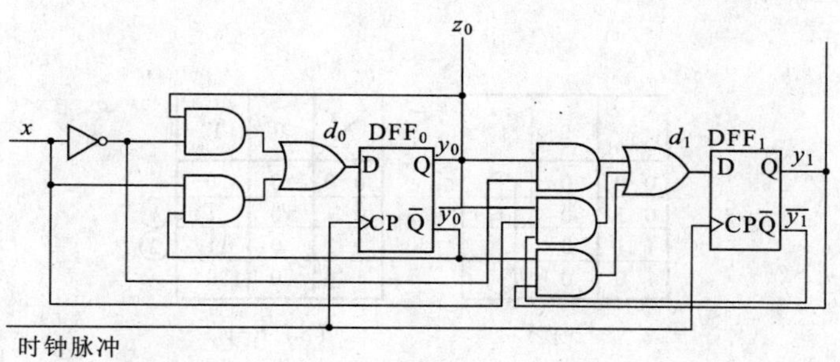

图 5.4 用 DFF 的四进制计数器

2. 使用 T 触发器的四进制计数器

使用 T 触发器也能构成四进制计数器。由于是四进制计数器，所以要使用 2 个作为延迟元件的 T 触发器。由于 T 触发器具有触发开关的特性，故如图 5.5 所示，每当输入为 1 时，其输出值就改变。

Q ⟶ $Q^{(1)}$	t
0 ⟶ 0	0
0 ⟶ 1	1
1 ⟶ 0	1
1 ⟶ 1	0

图 5.5 T 触发器的驱动条件

现在，用 t_1t_0 代表 T 触发器的输入，y_1y_0 代表现在的输出（表示现在的状态的值），而在某个输入后，相应的新输出用 $y_1^{(1)}y_0^{(1)}$ 表示，若只考虑 $y_0 \to y_0^{(1)}$ 和 $y_1 \to y_1^{(1)}$ 的变化为 0→1 和 1→0 的情况，在其各自 T 触发器的输入端 t_1、t_0 输入 1 就可以了。在图 5.3(a)的四进制计数器的状态转移表中，只将 y_0 变化的地方写出来就得到了图 5.6(a)。同样，只将 y_1 变化的地方写出来则如图 5.6(b)所示。

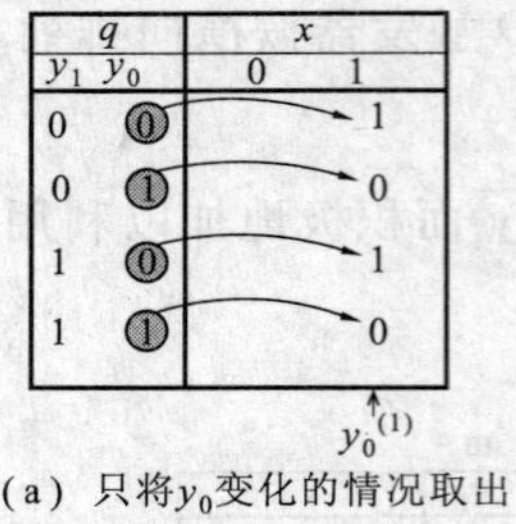

(a) 只将y_0变化的情况取出

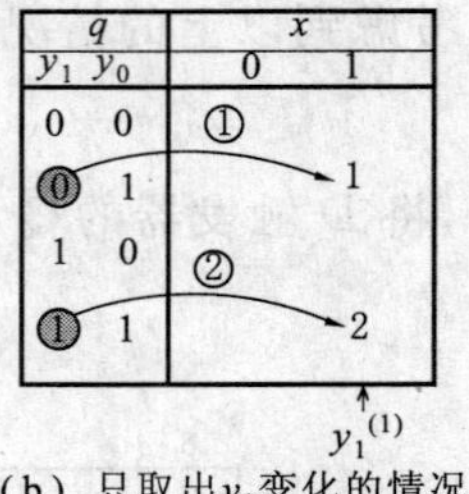

(b) 只取出y_0变化的情况

图 5.6　T 触发器的输入必须为 1 的情况

由这些表就可以写出与 T 触发器的输入相应的真值表，如图 5.7 所示。从此图中就可求得诸如，图 5.7(b)中的①、②为 1 时，图 5.6(b)的①为($y_1y_0x=011$)，②为($y_1y_0x=111$)。由这些真值表，就能求出与 t_0、t_1 有关的逻辑函数：

$$t_0 = x, t_1 = y_0 x$$

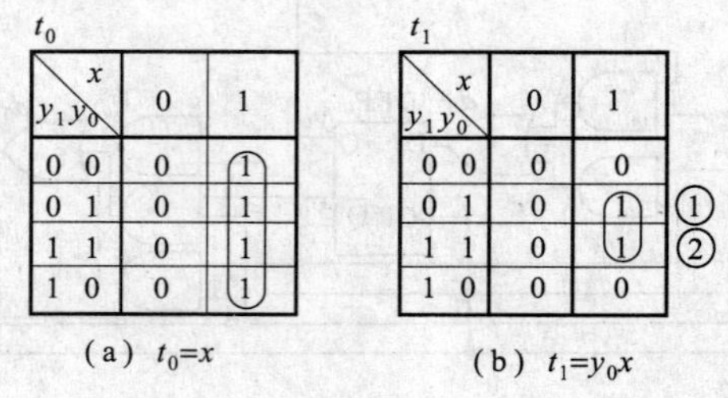

t_0

y_1y_0 \ x	0	1
0 0	0	1
0 1	0	1
1 1	0	1
1 0	0	1

(a) $t_0=x$

t_1

y_1y_0 \ x	0	1	
0 0	0	0	
0 1	0	1	①
1 1	0	1	②
1 0	0	0	

(b) $t_1=y_0x$

图 5.7　触发器输入的真值表

由此就得到了四进制计数器的电路图如图 5.8 所示。因四进制计数器的输出与 y_1y_0 的状态值相同，故可以将触发器的输出当作计数器的输出使用。

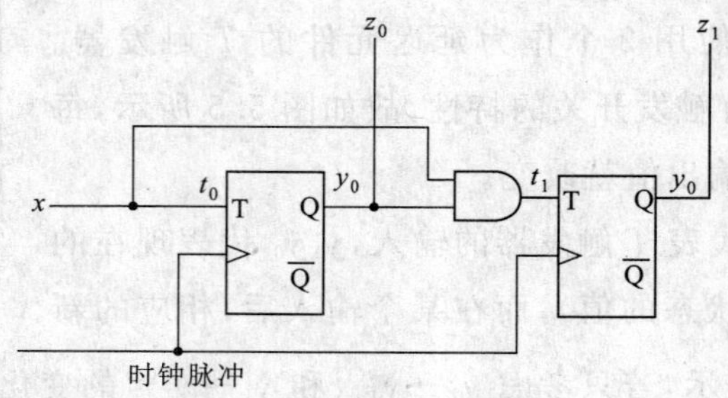

图 5.8　使用 T 触发器的四进制计数器

3. 使用 JK 触发器的四进制计数器

使用 JK 触发器也能设计成四进制计数器。由于 JK 触发器有两个输入端，因此对于1个触发器必须设计两个输入驱动电路。若只求出使 JK 触发器发生变化的必要输入，如图5.9所示。由此图可见，要使 JK 触发器的输出产生0→1的变化，J 输入端上必须输入1（K 输入为无关输入，用 * 表示）；要发生1→0的变化，K 输入端上必须输入1（J 输入为无关输入）。为使输出为0→0，必须使 $J=0$，$K=*$；为1→1，必须使 $J=*$，$K=0$。

Q → $Q^{(1)}$	J	K
0 → 0	0	*
0 → 1	1	*
1 → 0	*	1
1 → 1	*	0

图5.9 JK 触发器的驱动条件

从图5.3的状态转移表中，只选出输出变化的情况就得到图5.10。图5.10(a)是与 y_0 有关，图5.10(b)是与 y_1 有关的因素，由这些图得到的结论是，JK 触发器的输入中必须有一个为1。由图5.10(a)中 J_0，K_0 的真值表的值为1处可得图5.11，同样由 j_1，k_1 的真值表的值为1处可得图5.12。

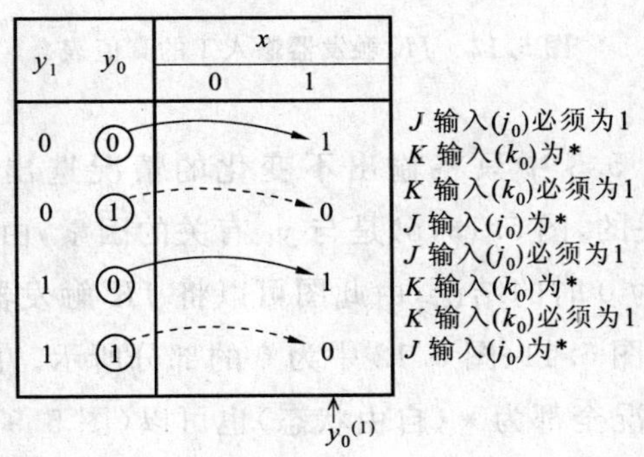

(a) 使 y_0 变化的场合

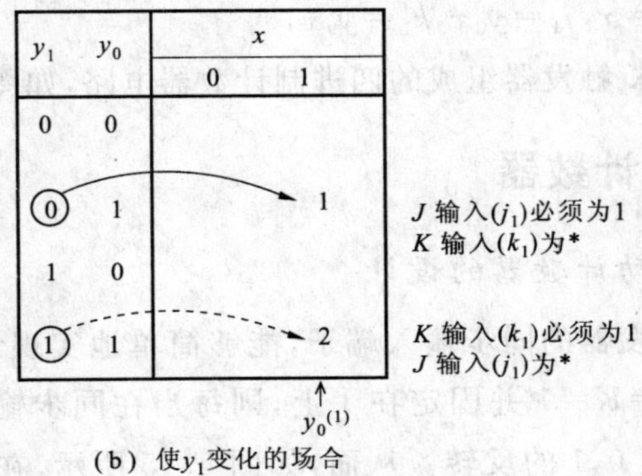

(b) 使 y_1 变化的场合

图5.10 JK 触发器的输入必须为1

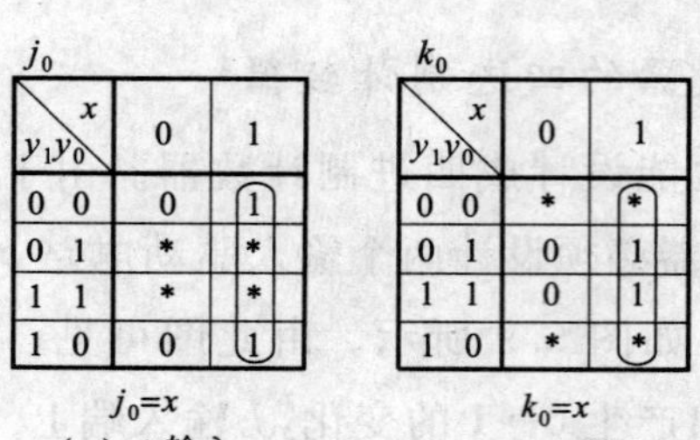

j_0

y_1y_0 \ x	0	1
0 0	0	1
0 1	*	*
1 1	*	*
1 0	0	1

$j_0=x$

(a) j_0输入

k_0

y_1y_0 \ x	0	1
0 0	*	*
0 1	0	1
1 1	0	1
1 0	*	*

$k_0=x$

(b) k_0输入

图 5.11　*JK* 触发器输入 0 的真值表

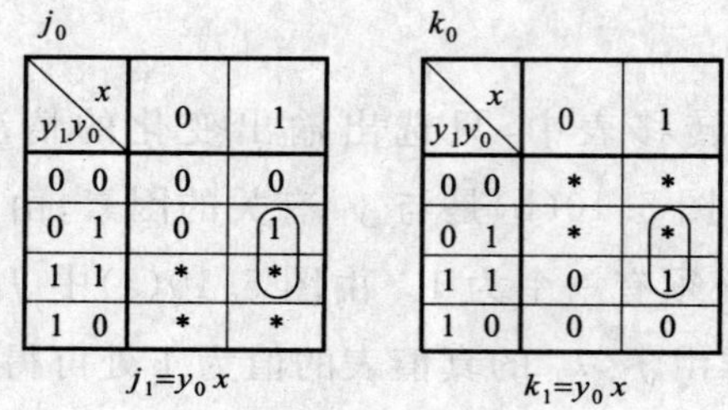

j_0

y_1y_0 \ x	0	1
0 0	0	0
0 1	0	1
1 1	*	*
1 0	*	*

$j_1=y_0x$

k_0

y_1y_0 \ x	0	1
0 0	*	*
0 1	*	*
1 1	0	1
1 0	0	0

$k_1=y_0x$

图 5.12　*JK* 触发器输入 1 的真值表

另一方面，从图 5.3 中只将输出不变化的情况选出就得到图 5.13。图 5.13(a)是与 y_0 有关的，图 5.13(b)是与 y_1 有关的因素，由此图可得到表示 *JK* 触发器的输入必须为 0 时的结论，由此图可以将 *JK* 触发器的输入必须为 0 的情况写成真值表，如图 5.11、图 5.12 中为 0 的部分所示。由于在 *JK* 触发器的场合，其他输入的情况全都为 *（自由状态）也可以（图 5.9），故能将图 5.11、图 5.12 的空白部分全都变为 *。由这些真值表可求得

$$j_0=x, k_0=x, j_1=y_0x, k_1=y_0x,$$

由此可得到使用 *JK* 触发器组成的四进制计数器电路，如图 5.14 所示。

5.3.2　非同步计数器

1. 2^n 进制脉动计数器的设计

积极地利用触发器的同步输入端子，能够简单地实现计数器功能。例如，使 *JK* 触发器的 $J=K=1$ 并固定在 1 上，则每当在同步输入端子上有脉冲输入时，其输出就发生 0，1 的反转。从而，如图 5.15 所示，在用同步输入脉冲的下沿触发的 *JK* 触发器的同步输入端子上输入计数脉冲，每当有 2 个脉冲输入

就得到输出 0,1 的二进制计数器。

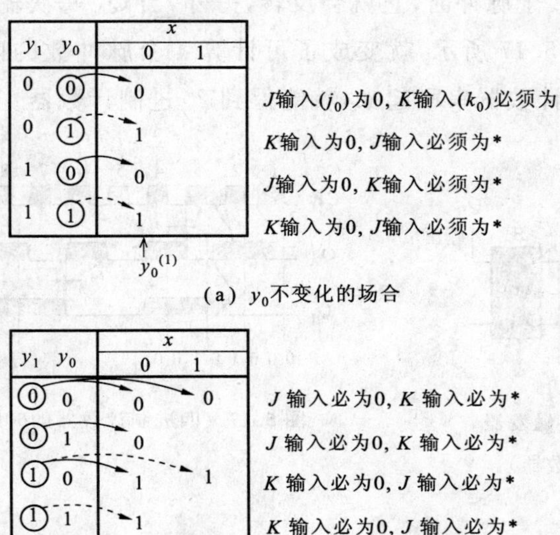

(a) y_0不变化的场合

(b) y_1不变化的场合

图 5.13 JK 触发器输入必为 0 的场合

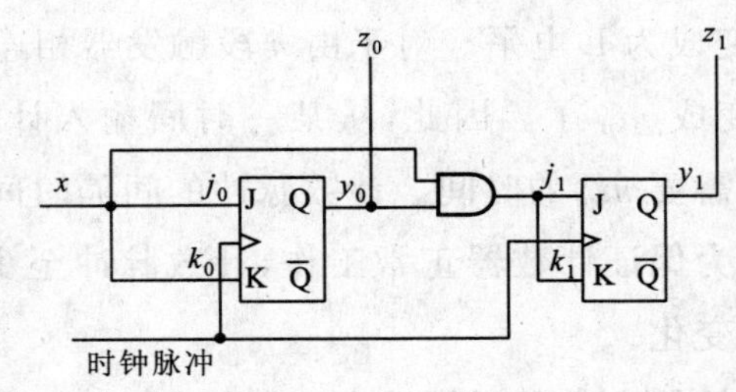

图 5.14 用 JK 触发器的四进制计数器

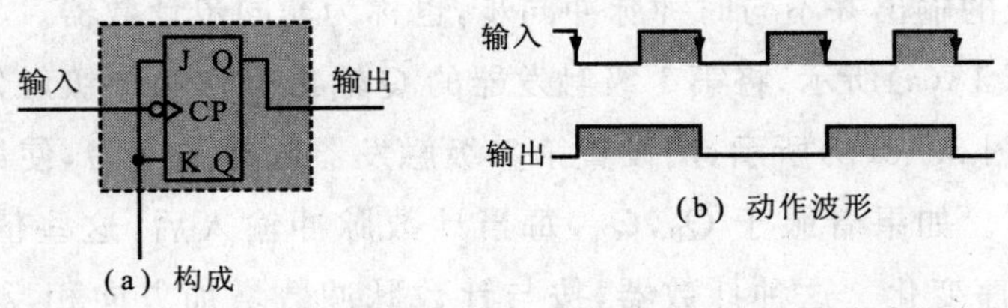

(a) 构成

(b) 动作波形

图 5.15 用时钟端子的二进制计数器

若将图 5.15 所示的二进制计数器，像图 5.16 所示那样 2 个连接起来，每当在 Q_A 上输入 2 个脉冲时，它就会反转，另外，当 Q_A 每次输入 2 个脉冲 Q_B 也反转，所以，如图 5.17 所示，就变成了可计算 4 个脉冲数的四进制计数器。同样将 n 个二进制计数器串联起来，就能得到 2^n 进制计数器。

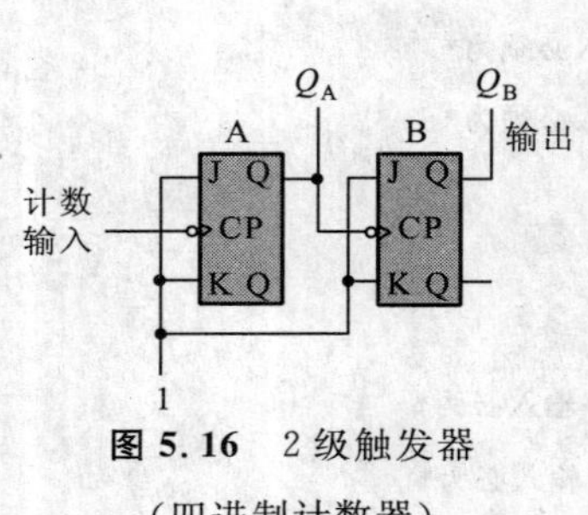

图 5.16　2 级触发器

（四进制计数器）

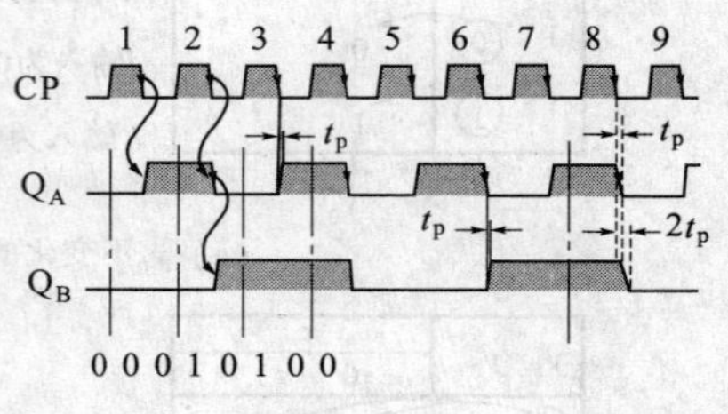

图 5.17　四进制计数器的时序

触发器从计数脉冲的下沿推迟一定延迟时间（传送延迟时间）t_p 后才会被设置（set）。因此从图 5.17 所示的四进制计数器的动作波形图可看出，像第 4 或第 8 个计数脉冲时那样，当构成计数器的触发器全部都被置为 1 时，若有计数脉冲的下沿输入，由边缘仅经 t_p 延迟后，Q_A 即为 L 电平，并且由 Q_A 的下沿仅经 t_p 延迟，Q_B 就变成为 L 电平。对于由 n 段触发器相连而成的计数器，这时全体的延迟时间就变成 nt_p 了。因此，从某一时间输入计数脉冲，到将对应的数值正确输出，至少需要 nt_p 的时间。计数脉冲的间隔时间与这个时间（nt_p）相比少一些也可以，但为保证计数器正常工作，计数脉冲至少在它被传送到下级前，这段时间内不能变化。

因此，计数脉冲的最小时间间隔 T_c 必须保证为 $T_c > 2t_p$。在这样的计数器中，各触发器的输入被从左向右如波动一样传送，所以称其为脉动计数器。并且由于各级的输出并不与时钟脉冲同步，也称为非同步计数器。

如图 5.18(a)所示，将第 1 级触发器的 $\overline{Q}$ 输出当作第 2 级触发器的计数脉冲使用，如图 5.18(b)所示，用设置第 1 级触发器脉冲的上沿，使第 2 级触发器的输出反转。如果着眼于 Q_B，Q_A，每当计数脉冲输入后，这些值就按 11，10，01，00 的顺序变化。这种计数器，按与计数脉冲数增加方向相反的方向变化，故也叫做递减计数器（down-counter）或减 1 计数器，与此相对，将按 00，01，10，11 这样普通计数习惯计数的称为递增计数器（up-counter）或加 1 计数器。

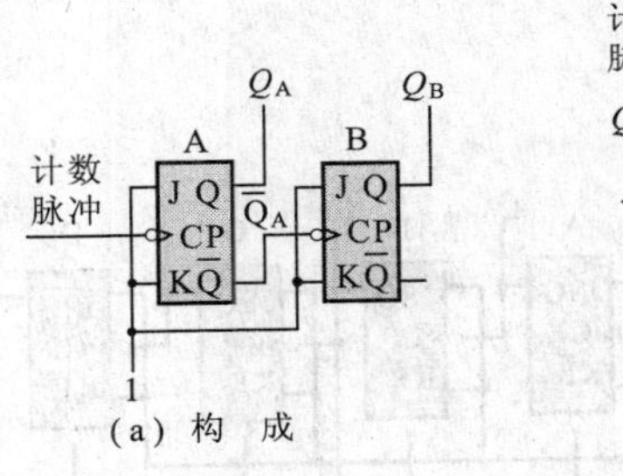

(a) 构 成

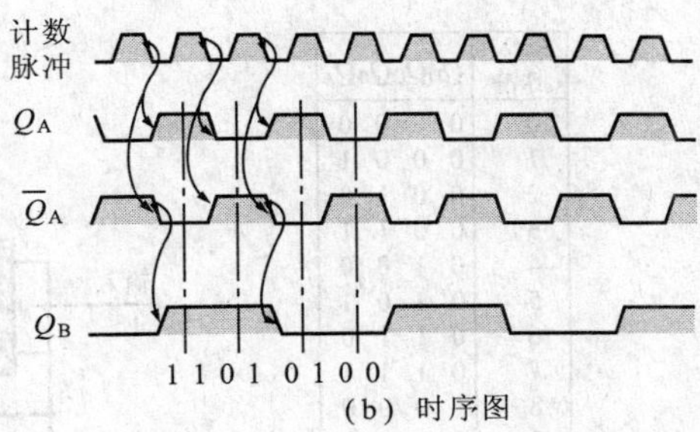

(b) 时序图

图 5.18　递减计数器

2. n 进制计数器

JK 触发器除了 J、K、CD 输入端外，也有的 IC 触发器芯片具有 reset 和 preset 端子，利用 reset 端子，用脉冲电平使触发器的输入强制为 0，利用 preset 端子可强制使其为 1。用它可以构成 2^n 或任意数的计数器。

例如，可以构成反复进行 0～9 计数的十进制计数器。计数到 9 的需要 4 个 JK 触发器。将 4 个触发器纵向连接可对 0～15 进行计数。作为十进制计数器，若检测出已变成 9 了，当第 10 个脉冲到达时，利用 set 端子通过脉冲电平部分，将计数器的值强制设为 1111。接着用该计数脉冲的下沿使计数器的值增加 1，这样到第 10 个计数脉冲结束时，计数器的值变为 0000，即返回到最初的值了。

还可以如图 5.19(a)所示，利用 reset 端子，在计数器的值变为 10 的瞬间，强行将 4 个触发器都清 0。图 5.19(b)就是通过 reset 端子用后者的方法构成的十进制计数器。用此方法如图 5.19(c)中的①～⑤那样，通过 setQ_B(②)使 reset 信号 $\overline{R}$ 变为 L(③)，由于 $\overline{R}$ 为 L 使 Q_B 被 reset(④)，又因 Q_B 和 Q_D 均被 reset 而使 $\overline{R}$ 为 H(⑤)。因此，$\overline{R}$ 是 L 的时间，就是 B 或 D 触发器的 reset 时间中较短的一方和与非门的延迟时间。所以组成计数器的触发器的 reset 时间若差别太大，就有可能某个触发器没有被 reset，这一点在设计时必须十分注意。

为了避免这种情况出现，如图 5.19(d)所示，在 reset 电路上增设一个 RS 触发器，使得从第 10 个输入脉冲结束，到第 11 个输入脉冲开始为止期间，始终保持 reset 信号。容易想象得出，用完全同样的方法就可以构成计算任何数目的计数器。

【例题 5.1】 利用 JK 触发器的 set 端子，设计一个十进制计数器。

【解答】 计数器的输入与触发器的输出之间的关系如图 5.20(a)所示。即如图 5.20(b)所示那样，将触发器的 1001(＝9_{10})状态，用计数器输入脉冲的 H

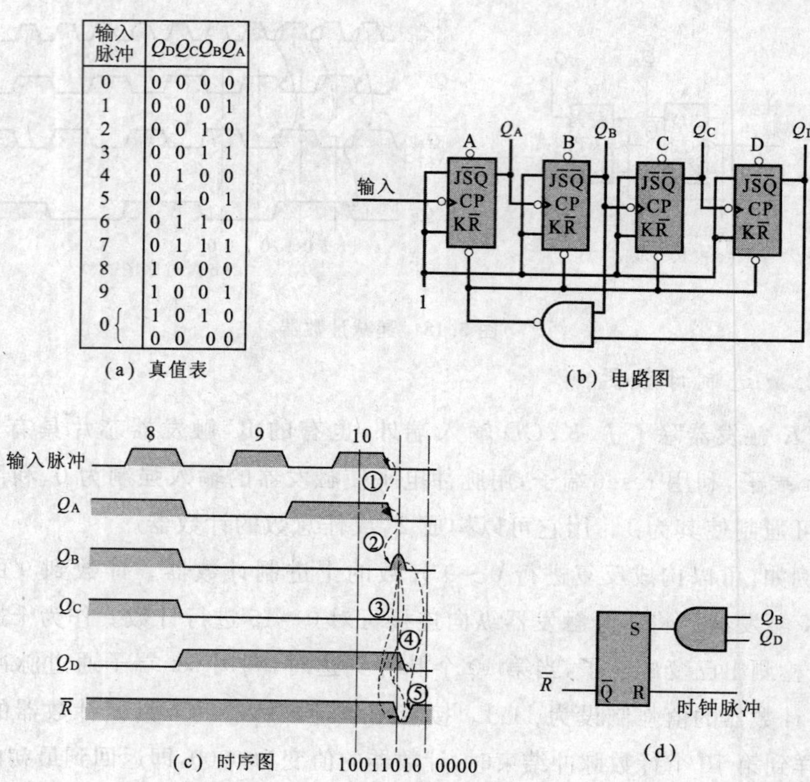

输入脉冲	$Q_DQ_CQ_BQ_A$
0	0 0 0 0
1	0 0 0 1
2	0 0 1 0
3	0 0 1 1
4	0 1 0 0
5	0 1 0 1
6	0 1 1 0
7	0 1 1 1
8	1 0 0 0
9	1 0 0 1
0	1 0 1 0
	0 0 0 0

图 5.19 用 reset 端子的十进制计数器

电平部分检出，将检出信号加到 preset 端子上，使触发器变为 1111，再由输入脉冲的下沿使其加 1，而成为 0000，电路如图 5.20(c)所示。

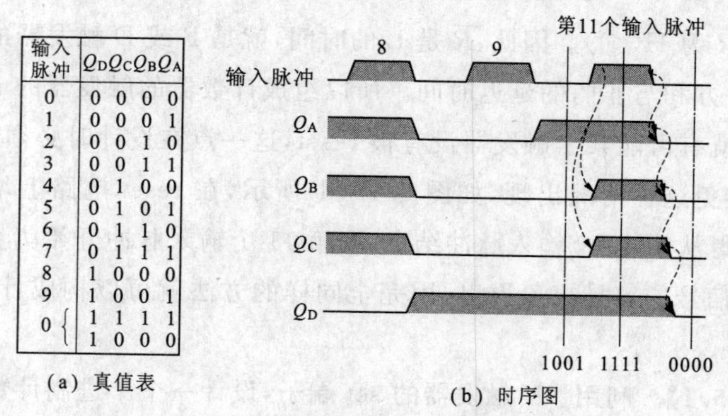

输入脉冲	$Q_DQ_CQ_BQ_A$
0	0 0 0 0
1	0 0 0 1
2	0 0 1 0
3	0 0 1 1
4	0 1 0 0
5	0 1 0 1
6	0 1 1 0
7	0 1 1 1
8	1 0 0 0
9	1 0 0 1
0	1 1 1 1
	1 0 0 0

图 5.20 用 preset 端子的十进制计数器

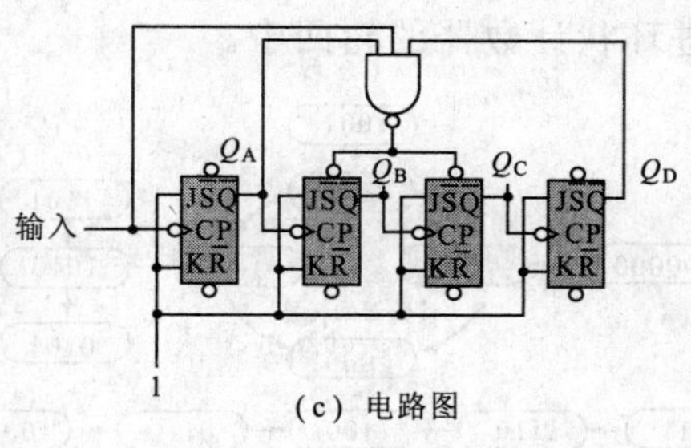

(c) 电路图

续图 5.20

5.3.3 环形计数器

将各个触发器如图 5.21 所示按圆环状进行连接,输入计数脉冲的顺序为 $Q_A \to Q_B$,$Q_B \to Q_C$,$Q_C \to Q_D$,$Q_D \to Q_A$,触发器的内容也像移位寄存器那样一位接一位地移动。例如,若最初 $Q_A = 1$,$Q_B = Q_C = Q_D = 0$,每当有计数脉冲输入,$Q_D Q_C Q_B Q_A$ 就依 0001,0010,0100,1000,0001…的顺序循环变化,即只有一个 1 在触发器间循环着进行计数。将这种计数器叫做环形计数器。

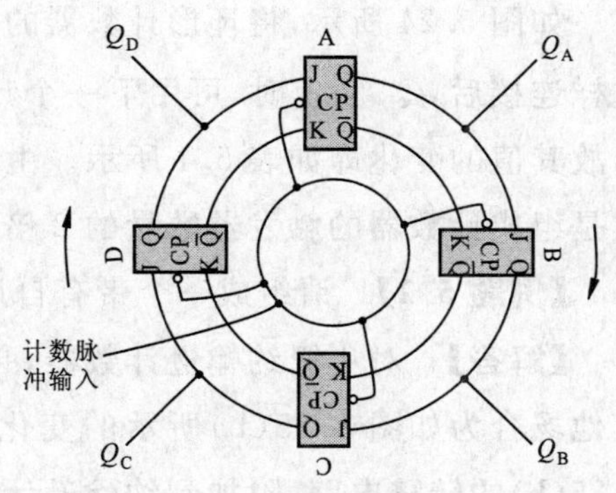

图 5.21 环形计数器

要组成一个环形计数器,必须有个初值设定电路,以便只将其中一个触发器先设为 1。要对其设定初值,可使用触发器的 set 端子强制进行,或者采用自启动(self-start)电路的方法,即有 n 次时钟输入时,只使一个触发器变为 1。

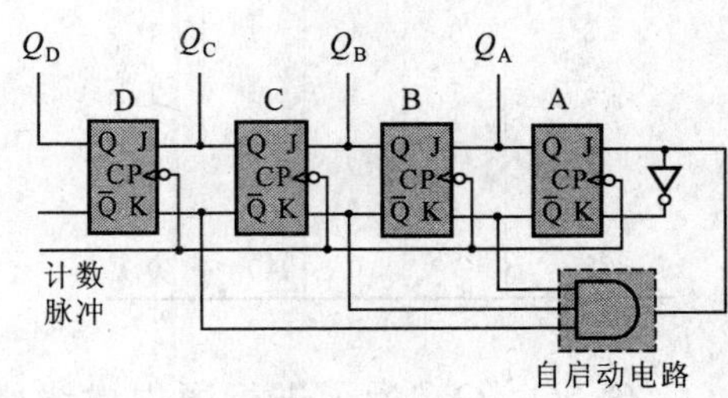

图 5.22 带自启动电路的环形计数器

图 5.22 所示就是后者的例子,当 Q_A,Q_B,Q_C 之中有一个以上为 1 时,就在最低位触发器 A 的 K 输入端输入 0,J 端输入 1,$Q_A = Q_B = Q_C = 0$ 时,通过 J 端输入 1,K 端输入 0,将环形计数器初始化。图 5.23 表示从各个初值向只有一个触发器为 1 的环形计数器转移的变化状态。由图可见,最多只需 3 个计

数脉冲就能将初值推进环状计数器的轮回中。

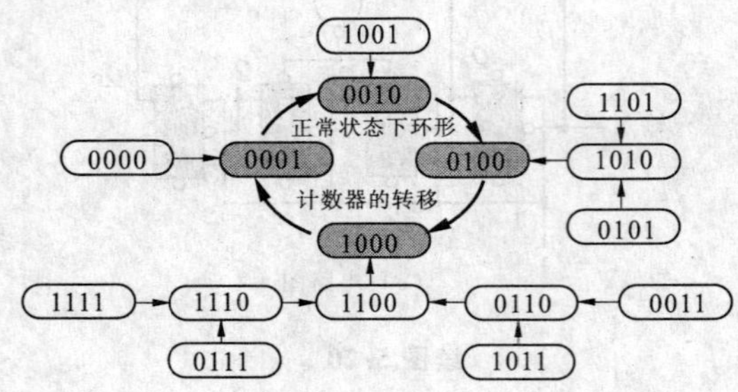

图 5.23　图 5.22 所示环形计数器的值的转移

5.3.4　约翰逊计数器

如图 5.24 所示，将环形计数器的一部分反向连接就能组成约翰逊计数器。这样连接后，Q_D 为 1 时，可用下一个计数脉冲使 Q_A 变为 0，因 $Q_D=0$ 时 $Q_A=1$，故其值的变化即如表 5.1 所示。由表 5.1 可知，用约翰逊计数器可以记录的数是组成计数器的触发器数量的 2 倍。

【例题 5.2】　请组成一个带有自启动电路的 4 级约翰逊计数器。

【解答】　对 4 级约翰逊计数器，必须进行图 5.25(a)所示的值的转移。因其他场合为如图 5.25(b)所示的变化，故将虚线所示，解决从图 5.25(a)到图 5.25(b)的转移电路，附加到约翰逊计数器的设计中去。

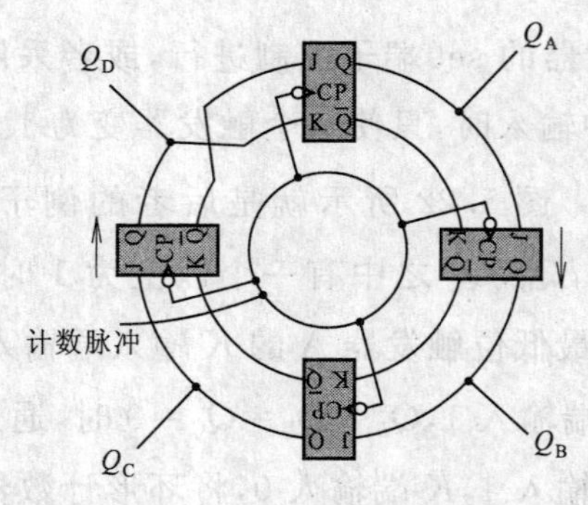

图 5.24　约翰逊计数器

表 5.1　约翰逊计数器的值

计数脉冲	Q_D	Q_C	Q_B	Q_A
0	0	0	0	0
1	0	0	0	1
2	0	0	1	1
3	0	1	1	1
5	1	1	1	1
6	1	1	1	0
7	1	1	0	0
8	1	0	0	0

将各触发器的输出，从高位开始设为 Q_D，Q_C，Q_B，Q_A，为了进行图中虚线所示的值转移，Q_C 为 1 时，将最高位触发器的输出反馈给最低位触发器的输入，

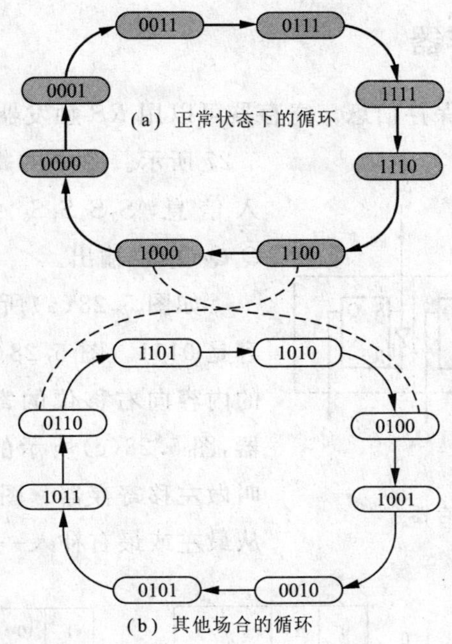

图 5.25　4 级约翰逊计数器的状态转移

作为控制信号。要由 0110 变为 1101，即 Q_A 由 0 向 1 转移，如表 5.2 的真值表所示，将最高位触发器的输出 10，作为最低位触发器 JK 的输入。因此，为从 0110 向 1100 转移，要将 Q_C 为 1 时 J 的输入强制为 0，将 00 作为 JK 输入，Q_A 仍保持为 0 不变，其电路如图 5.26 所示。

表 5.2　*JK* 触发器的真值表

JK	Q_{n+1}
0 0	Q_n
0 1	0
1 0	1
1 1	$\overline{Q}_n$

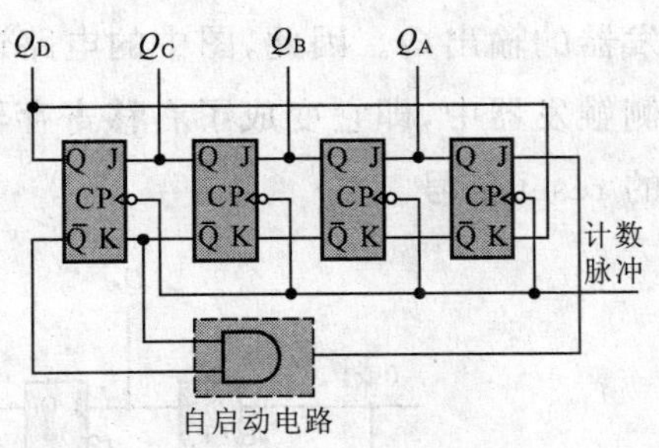

图 5.26　带有自启动电路的 4 级约翰逊计数器

在此电路中，即使有 0110 以及 0100 以外的情况，当 Q_C 为 1 时最低位触发器的 J 输入为 0，对循环没有影响。

5.3.5 移位寄存器

寄存器用于临时保存信息。寄存器可以用 RS 触发器等简单地实现，如图 5.27 所示。图中的寄存器是将 4 位的输入信息，$S_3S_2S_1S_0$ 保存下来，再作为 $Q_3Q_2Q_1Q_0$ 输出。

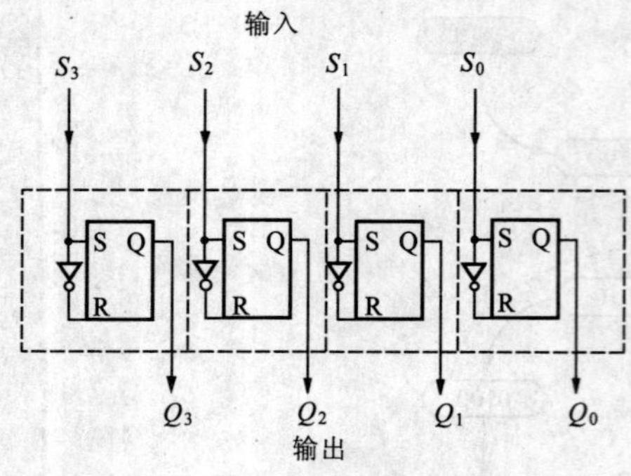

图 5.27 寄存器

如图 5.28(a)所示，4 位寄存器的内容是 0101。图 5.28(b)所示的将寄存器的内容向右移位的寄存器称为右移寄存器，图 5.28(c)所示的向左移位的寄存器叫做左移寄存器。图中移位的同时，假定从最左或最右补入一位 0。

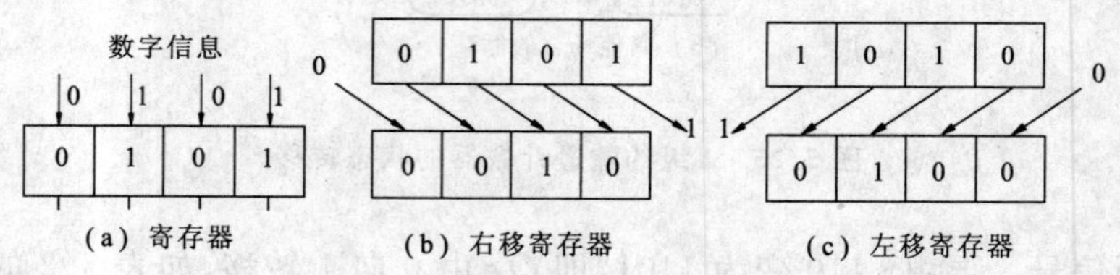

图 5.28 移位寄存器

如图 5.29 所示，将 JK 触发器连在一起时，J,K 的输入为 1,0，或者 0,1。当 JK 触发器的输入为此种情况时，在移位脉冲的下沿作用下，将 J 输入的值置为触发器的输出 Q。因此，图中的电路通过移位脉冲将左侧触发器的内容移送到右侧触发器中，即它变成了右移寄存器。$\overline{R}$ 端子的信号线用于输入使触发器归 0 的 reset 信号。

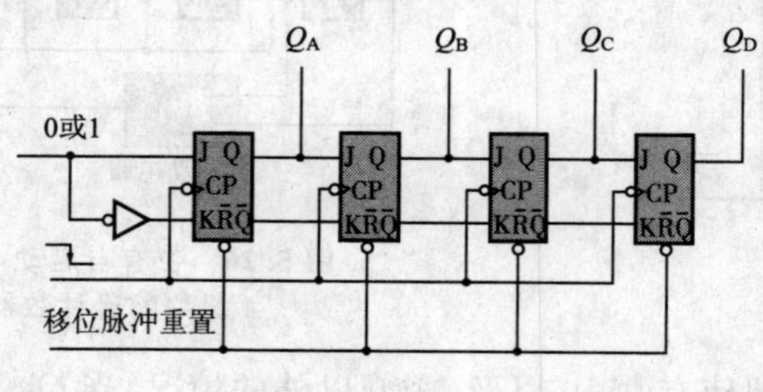

图 5.29 右移寄存器

图 5.30 所示是具有并列预置(preset)端子的 4 位移位寄存器。若将并列的 4 位值置于触发器中,一加上移位脉冲,就将所放置的值从 Q_D 端串行输出。这种移位寄存器在将并列数据变换为串行数据的串并转换电路中经常被采用。

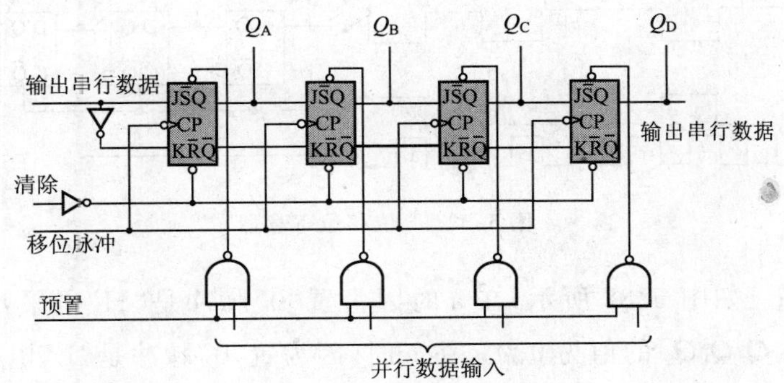

图 5.30　可预置的右移寄存器

要组成左移寄存器,只需让各个寄存器的输入从右侧进来,将每个触发器都掉换过来并排列好即可。

图 5.31 所示是将与电路作为门使用,用与或门输入输出线的连接代替一些触发器,组成左、右都能移位的左右两用移位寄存器。方式切换信号为 1 时,是右移寄存器;为 0 时,是左移寄存器。

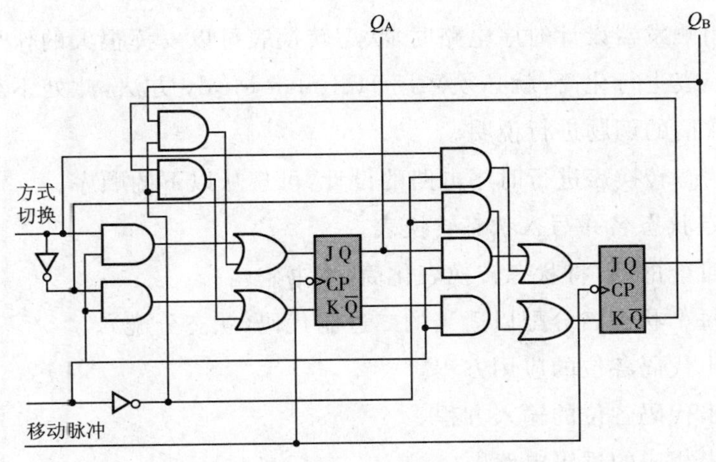

图 5.31　左右两用移位寄存器

【例题 5.3】　图 5.32 所示是在脉冲的上升沿时工作,具有在"H"时被置"0"的复位输入端子的 D 触发器构成的 3 位移位寄存器。当加上如图所示的输入时，在各时钟脉冲后面输出的 $Q_0Q_1Q_2$ 的值是多少？这里，将时钟脉冲从 a 开始按顺序加上，其他的信号也同方向加上。

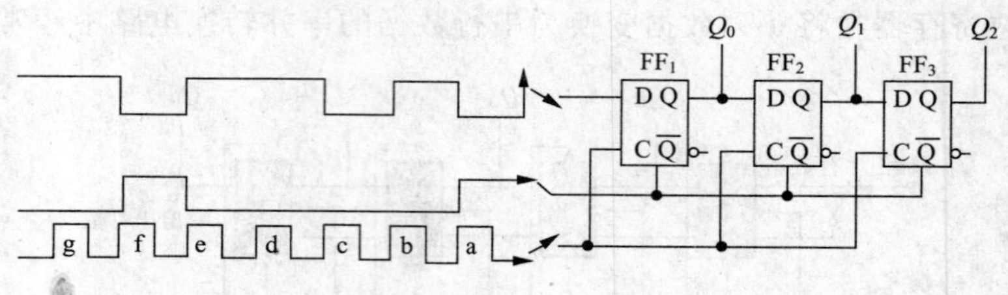

图 5.32　3 位移位寄存器

【解答】　如图 5.32 所示，在 a 时因为置“0”脉冲是“H”电平，各触发器被置“0”，输出 $Q_0Q_1Q_2$ 的值为 000。在 b 时，因为置“0”脉冲是“L”电平，各 FF 就取入数据。在 FF_1 上输入数据“H”，FF_2 上输入 Q_0 的“L”值，FF_3 上输入 Q_1 的“L”值，则输出 $Q_0Q_1Q_2$ 就为 100。这样，时钟脉冲的前面的各触发器的输出是后级的数据输入。以此类推，$Q_0Q_1Q_2$ 分别为 a：000；b：100；c：010；d：101；e：110；f：000；g：100。

5.4　时序逻辑电路的设计

5.4.1　用状态转换表进行时序逻辑电路的设计

在利用触发器设计时序电路时，状态转换表可以发挥很大的作用。如果要将状态转换表进行化简，就必须采用 Huffman-Mealy 方法，此处不详述。下面仅就不能化简的例题进行说明。

利用状态转换表进行时序电路的设计，可遵从以下的顺序。

① 确定状态名并写入状态转换表。

② 若可能的话，将状态转换表化简（本书省略）。

③ 对每个状态名分配以适当的二进制代码（状态分配）。

④ 求出代码各位的应用方程。

⑤ 求出代码各位的输入方程。

⑥ 画出相应的逻辑电路图。

下面结合具体实例，对上述过程进行具体的说明。

如图 5.33 所示，有一个电机与两个开关 S_s，S_d。请用 *RS* 触发器设计一个满足以下要求的时序电路。具体要求如下。

图 5.33　利用开头控制电机的框图

① 用瞬动型[1]开关 S_s 来控制电机的旋转与停止。

② 用交替型[2]开关来设定电机的转动方向。

③ 电机停止时，一按开关 S_s，则电机返回到用开关 S_d 设定的方向。

④ 当电机旋转时，即使改变开关 S_d 的状态，其旋转方向也不改变。

⑤ 当电机旋转时，按下开关 S_s，就使电机强制停止。

1. 状态转换表

电机的状态有停止、右转、左转三种，分别以 P、R、L 来代表。可作成状态转换表，如表 5.3 所示。开关的逻辑如下所述。

- 开关 S_s：ON/OFF＝1/0。
- 由开关 S_d 发出的转向指令：ON/OFF＝右转/左转＝1/0。

表 5.3　状态转换表

时刻 t 的状态	时刻 $(t+1)$ 的状态输入 S_sS_d			
	0 0	0 1	1 0	1 1
P(停止)	P	P	L	R
R(右转)	R	R	P	P
L(左转)	L	L	P	P

2. 状态分配

状态实际上是指事物的某种形态，要用逻辑电路来实现，就需要给各个状态分配以二进制的代码，称为状态分配。若状态数为 m，则应使用满足 $m \leqslant 2^n$ 的 n 位二进制数。本例题的状态数为 3，故需 2(bit)即可。表 5.4 为已实行了状态分配的状态转换表。2 位分别叫做 A，B，称其为状态变量。

1）　瞬动型开关是按下时为 ON(接通)，一放手就 OFF(断开)的开关(即微动开关)。

2）　交替型开关为每按下一次就进行 ON/OFF 变换的开关。

表 5.4 状态分配后的转换表

时刻 t 的状态与分配			时刻 $(t+1)$ 的状态输入 S_sS_d							
状态	B	A	0	0	0	1	1	0	1	1
			B	A	B	A	B	A	B	A
P	0	0	0	0	0	0	1	0	0	1
R	0	1	0	1	0	1	0	0	0	0
L	1	0	1	0	1	0	0	0	0	0

3. 应用方程

应该把时刻$(t+1)$的状态变量 A、B 的逻辑式表示成应用方程的形式。求逻辑式的方法，与从真值表的求法相同。即把在时刻$(t+1)$变为1所需的时刻 t 的条件(逻辑与)用逻辑或连接起来。对变量 A,B 实行这种处理后，可得下式：

$$A^{t+1}=[(\overline{S}_s\overline{S}_d+\overline{S}_sS_d)\overline{B}A+S_sS_d\overline{B}\,\overline{A}]^t$$

$$B^{t+1}=[(\overline{S}_s\overline{S}_d+\overline{S}_sS_d)\overline{A}B+S_s\overline{S}_d\overline{A}\,\overline{B}]^t$$

又因 $A^t=1,B^t=1$ 的组合不存在，故$(AB)^t$ 为禁止组合，可用维奇图法进一步把上式化简为应用方程的形式，故可得：

$$A^{t+1}=(\overline{S}_sA+S_sS_d\overline{B}\,\overline{A})^t \tag{5.3}$$

$$B^{t+1}=(\overline{S}_sB+S_sS_d\overline{A}\,\overline{B})^t \tag{5.4}$$

($(AB)^t$ 的组合被禁止)

可以在化简式子时，把不存在的状态变量的组合与不存在的输入变量的组合(本例中没有)当作禁止条件，这也是一种有效的手段。

应用方程的一般形式为 $Q^{t+1}=(g_1Q+g_2\overline{Q})^t$，故从上式再把 g_1 与 g_2 加上适当的下标，就可求得下式。

由式(5.3)可得，$g_{A1}=\overline{S}_s$，　$g_{A2}=S_sS_d\overline{B}$。

由式(5.4)可得，$g_{B1}=\overline{S}_s$，　$g_{B2}=S_sS_d\overline{A}$。

4. 输入方程

对于 RS 触发器的输入方程，可在输入量中加以适当下标，像式(5.5)那样求得：

$$R_A=\overline{g_{A1}}A=S_sA,S_A=g_{A2}\overline{A}=S_sS_d\overline{BA} \tag{5.5}$$

$$R_B=\overline{g_{B1}}B=S_sB,S_B=g_{B2}\overline{A}=S_s\overline{S}_d\overline{AB} \tag{5.6}$$

因$\overline{g_{A1}}g_{A2}=S_sS_d\overline{B}$与$\overline{g_{B1}}g_{B2}=S_s\overline{S}_d\overline{A}$必不为0，故上式已是最简式。

5. 电路图

若把输入方程式(5.5)与式(5.6)画成逻辑电路图，则如图5.34(a)所示。因RS触发器的输出A，B已分配了状态变量，为得到适于实际控制的逻辑，可将这些状态变量用译码器进行变换。

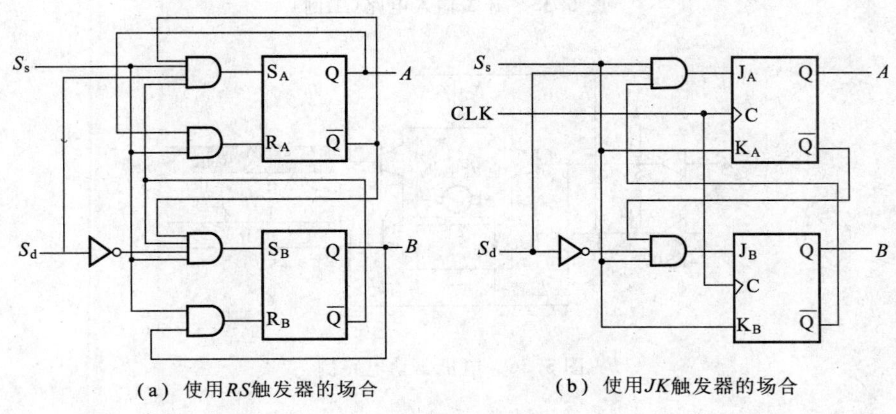

(a) 使用RS触发器的场合　　(b) 使用JK触发器的场合

图5.34　逻辑电路例

若使用JK触发器，则电路会更简单。输入J与K的输入方程为

$$J_A=g_{A2}=S_sS_d\overline{B},\quad K_A=\overline{g_{A1}}=S_s$$

$$J_B=g_{B2}=S_sS_d\overline{A},\quad K_B=\overline{g_{B1}}=S_s$$

其电路图如图5.34(b)所示。此电路的特征是，它的状态变化与连续时钟脉冲CLK同步。

图5.34是把状态转换表(5.3)的输入信号S_s，S_d与状态变量A，B当作输入与输出的电路图。而实际上还需要由开关变为输入信号S_s与S_d的外围电路，以及由输出的状态变量A，B来驱动电机的电路。这些外围驱动电路的例子，如图5.35与图5.36所示。

5.4.2　同步计数器的设计

作为由状态转换表来设计时序电路的又一个例子，我们来讨论同步八进制计数器的设计。表5.5是实行了状态分配的转换表。所分配的是计数值，时刻

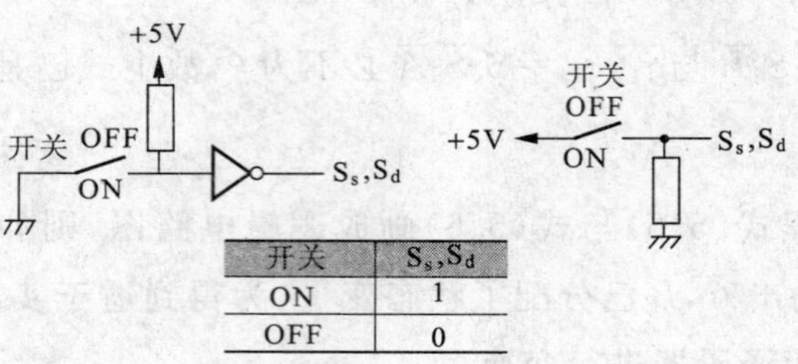

开关	S_s, S_d
ON	1
OFF	0

图 5.35　开关输入电路(二例)

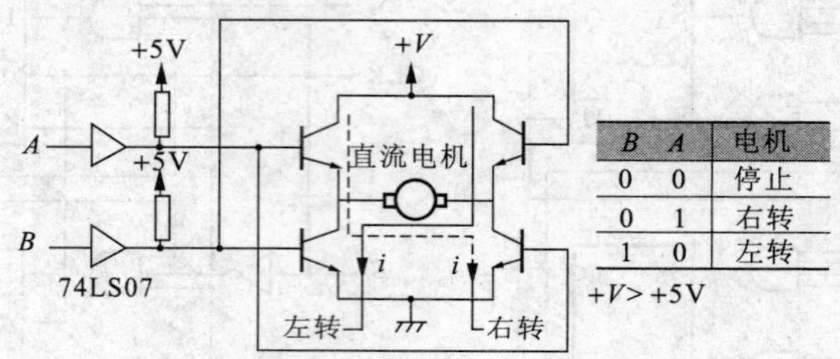

B	A	电机
0	0	停止
0	1	右转
1	0	左转

图 5.36　电机驱动电路例

$(t+1)$的状态为时刻 t 的状态加 1 所成。在八进制计数器中,计数到 7 时的下一个转换是 0。若把 $A^{t+1}, B^{t+1}, C^{t+1}$ 为 1 的条件在维奇图上画出来,则得到图 5.37。进而由图中的围框部分,可求出其应用方程为

$$A^{t+1}=\overline{A}^t=(0A+1\overline{A})^t \to g_{A1}=0, g_{A2}=1$$

$$B^{t+1}=(\overline{A}B+A\ \overline{B})^t \to g_{B1}=\overline{A}, g_{B2}=A$$

$$C^{t+1}=[(\overline{A}+\overline{B})C+A\ B\ \overline{C}]^t \to g_{C1}=\overline{A}+\overline{B}, g_{C2}=AB$$

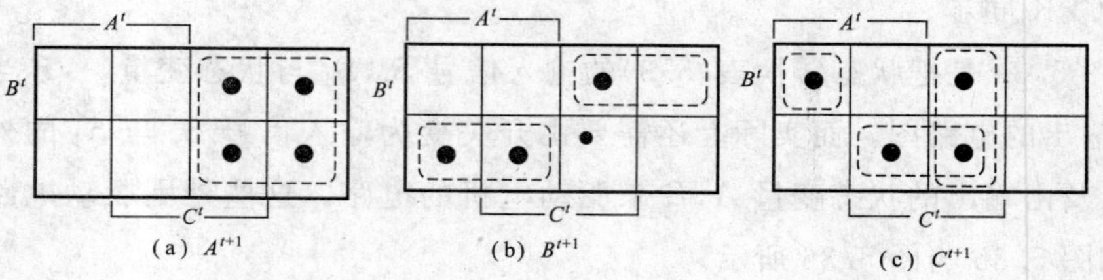

图 5.37　求出同步八进制计数器的应用方程的维奇图

若将 g_1 与 g_2 代入 JK 触发器的输入方程,则可得到下面的逻辑式:

$$J_A=g_{A2}=1,\quad K_A=\overline{g_{A1}}=1$$

$$J_B = g_{B2} = A,\quad K_B = \overline{g_{B1}} = A$$

$$J_C = g_{C2} = AB,\quad K_C = \overline{g_{C1}} = AB$$

表 5.5 八进制计数器的状态分配转换表

时刻 t 的状态与分配				时刻 $(t+1)$ 的状态		
状态(计数)	C	B	A	C	B	A
0	0	0	0	0	0	1
1	0	0	1	0	1	0
2	0	1	0	0	1	1
3	0	1	1	1	0	0
4	1	0	0	1	0	1
5	1	0	1	1	1	0
6	1	1	0	1	1	1
7	1	1	1	0	0	0

5.4.3 简单的高速计数器设计

1. 递增计数器

利用 JK 触发器的时钟输入端子，将计数脉冲从这里输入，就能设计出更简单的高速计数器。因对 JK 触发器而言，$J=K=1$ 时状态反转，$J=K=0$ 时状态不反转。因此，将 JK 端子相连接，通过在此处加上 1 或 0 就可以控制触发器的状态。

八进计数器是由 3 个触发器构成的。若设这些触发器为 A、B、C，触发器的输出为 Q_A，Q_B，Q_C，就得到图 5.38(a)。由此图可知，最初为使触发器 B 的输出 Q_B 从 0 变为 1，需要使 $J_B=K_B=1$，这时 $Q_CQ_BQ_A$ 为 001。接着为使 Q_B 从 1 变为 0，又必须使 $J_C=K_B=1$，即 001 的时候。

经这样讨论后，可画出与最低位触发器 A 的输入 J_A，K_A 有关的卡诺图，如图 5.38(b)所示。由此图可知对于第 1 级的 JK 输入无论 Q_A，Q_B，Q_C 的值是什么，必须使 $J_A=K_A=1$。同样，对于第 2 级、第 3 级的 JK 输入的卡诺图如图 5.38(c)、图 5.38(d)所示，可知

$$J_B = K_B = Q_A$$

$$J_C = K_C = Q_AQ_B$$

由此可知，八进制计数器的构成如图 5.39 所示。图 5.40 表示出了它从

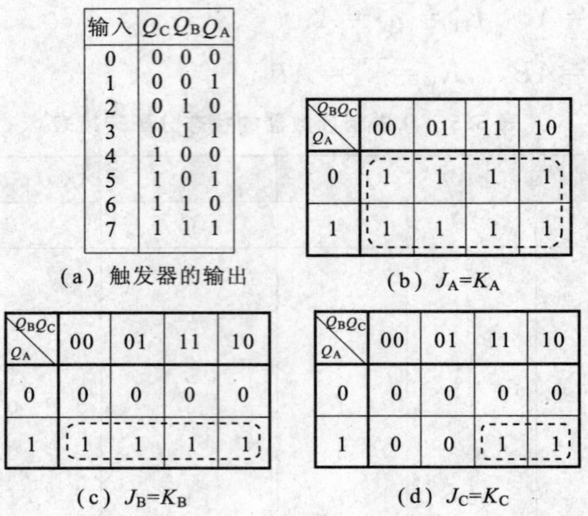

输入	$Q_C Q_B Q_A$
0	0 0 0
1	0 0 1
2	0 1 0
3	0 1 1
4	1 0 0
5	1 0 1
6	1 1 0
7	1 1 1

(a) 触发器的输出

Q_A \ $Q_B Q_C$	00	01	11	10
0	1	1	1	1
1	1	1	1	1

(b) $J_A=K_A$

Q_A \ $Q_B Q_C$	00	01	11	10
0	0	0	0	0
1	1	1	1	1

(c) $J_B=K_B$

Q_A \ $Q_B Q_C$	00	01	11	10
0	0	0	0	0
1	0	0	1	1

(d) $J_C=K_C$

图 5.38　八进制计数器的卡诺图

011 变为 100 时的动作时序图。由图中可见，通过一个计数脉冲使计数器的状态发生变化所必要的时间为触发器 set 或 reset 的时间和与门的传输延迟时间。若设其分别为 t_p，t_g，则计数脉冲的最小时间间隔 T_C 为

$$T_C = t_p + t_g$$

非同步计数器中，其输出到达稳定状态需要 nt_p 的时间，本方式中，只需 $t_p + t_g$ 就达到稳定输出，故其可以进行高速动作。

【例题 5.4】　图 5.39 所示的计数器中，随着触发器数量的增加，与门的输入数也会增加。请利用脉动进位(ripple carry)的思路，使用只有 2 输入的与门组成控制电路的方法，考察十六进制计数器的电路。

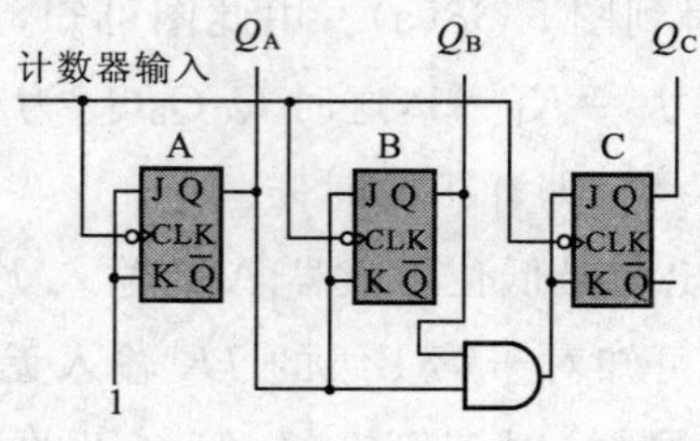

图 5.39　高速八进制计数器

【解答】　按照图 5.39 的方式组成的十六进制计数器如图 5.41 所示。因 J_D，K_D 的输入是 $Q_A Q_B Q_C$，如图 5.42 将 $Q_A Q_B$ 经与门输出，此输出与 Q_C 再经与门输出后，作为 J_D，K_D 的输入，就构成了只用 2 输入与门的控制电路。

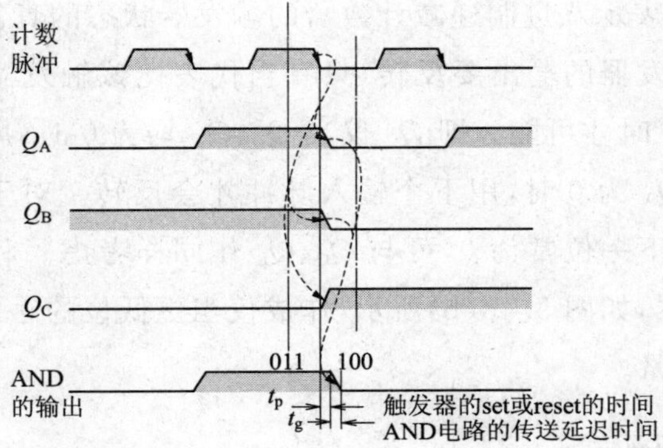

图 5.40 高速计数器的时序图

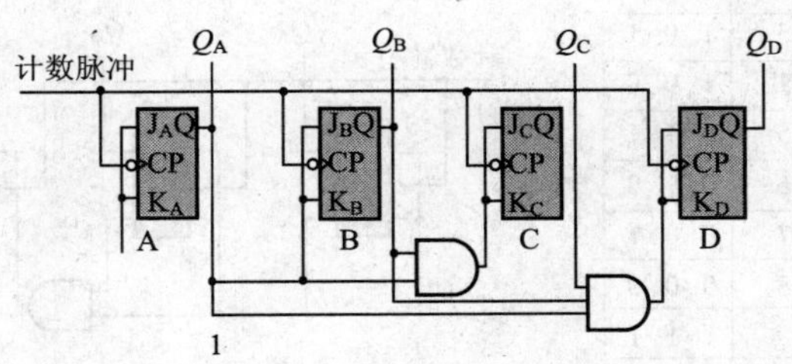

图 5.41 十六进制计数器

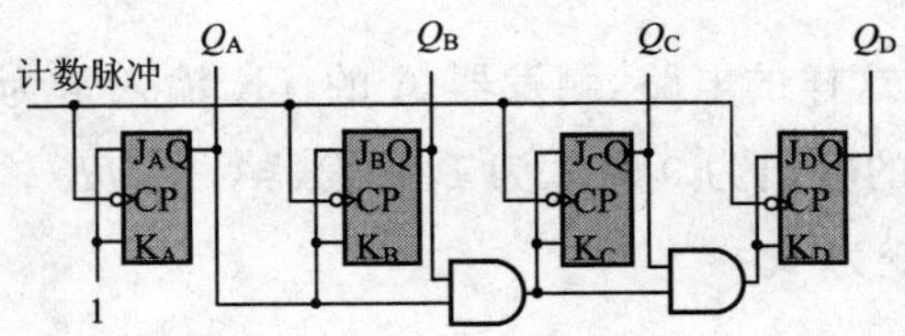

图 5.42 将图 5.41 的 3 输入与门用 2 级 2 输入与门来实现

但是，这时 J_D、K_D 的输入由于经过了 2 级与门会使延迟时间增加，为此计数脉冲的最大重复频率 f_c 应为

$$f_c=\frac{1}{t_p+2t_g}$$

2. 递减计数器

在讨论递增计数器时，用卡诺图构成电路，这里我们将用更简单的方法来构成递减计数器。

图 5.43(a)是表示八进制递减计数器的触发器状态的真值表。仔细观察该表可以看出,各触发器的输出要反转,只有当代表比该触发器更低位的那些触发器的输出均为 0 时才可能。即 Q_C 仅当 Q_B、Q_A 均为 0 时,用下个输入脉冲才会反转,Q_B 是当 Q_A 为 0 时,用下个输入脉冲才会反转。对于 Q_A,因没有比它再低的位,可视其下一位常为 0,可与 Q_C、Q_B 作同样考虑。利用这种关系可以构成八进制计数器,如图 5.43(b)所示,作成仅当更低位的触发器的输出均为 0 时 $J=K=1$ 的电路。

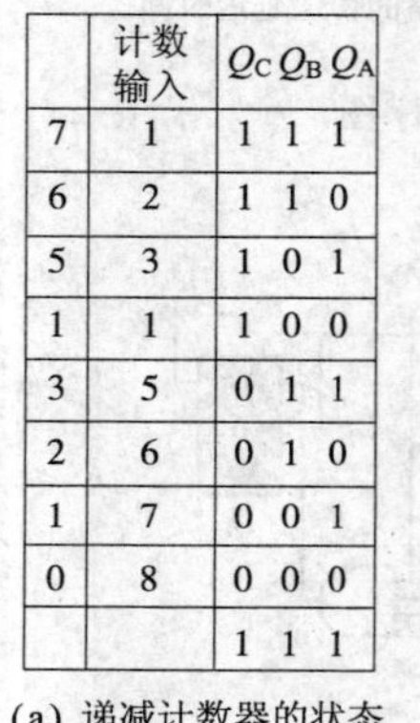

	计数输入	Q_C Q_B Q_A
7	1	1 1 1
6	2	1 1 0
5	3	1 0 1
1	1	1 0 0
3	5	0 1 1
2	6	0 1 0
1	7	0 0 1
0	8	0 0 0
		1 1 1

(a) 递减计数器的状态

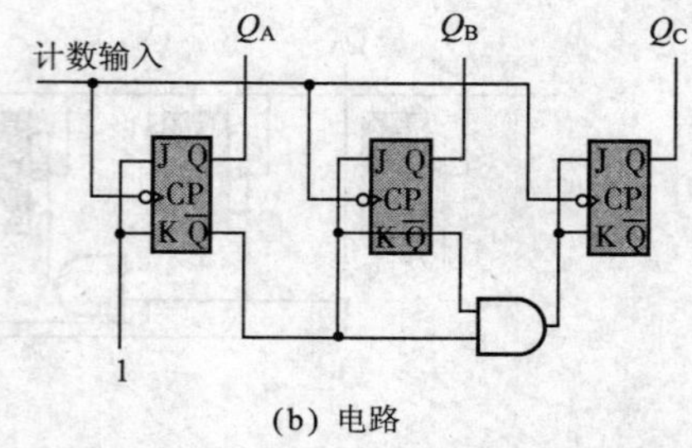

(b) 电路

图 5.43　八进制递减计数器

也就是说,它是这样的电路,触发器 A 的 JK 输入常为 1,触发器 B 的 JK 输入仅当触发器 A 的输出为 0 时才为 1,触发器 C 的 JK 输入仅当触发器 A,B 的输出均为 0 时才变为 1。

3. 可增减计数器

将图 5.43 所示的八进制递减计数器与图 5.39 所示的八进制递增计数器比较,可以看出,不同之处仅在于触发器 B,C 的 JK 输入,使用上一级的 Q 输出还是 $\overline{Q}$ 输出。因此,如图 5.44 所示,若在其中增设一个用于切换的与门,就可以构成(加 1)递增或(减 1)递减两用的可逆计数器了。

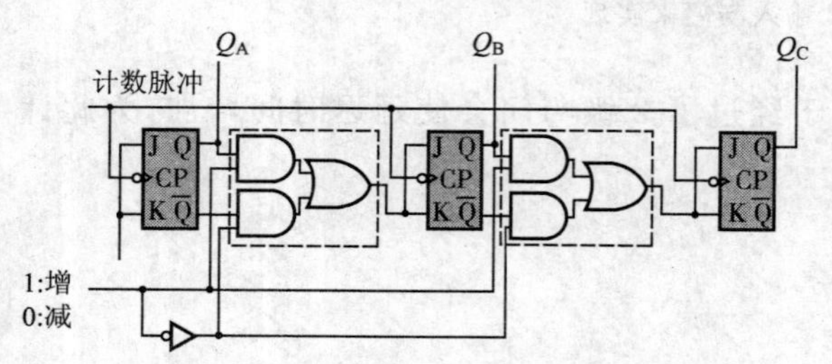

图 5.44　增减两用计数器

第6章

脉冲的产生与整形电路

6.1 脉冲和数字信号

数字信号是被限定在二值上的量(用1和0表示。在一般的数字电子电路中用电压的高低表示),可以随着图6.1下方表示的同步信号(时钟脉冲,clock)处理,这种方式称为同步方式。这个作为标准的信号称为同步信号。在现在的数字系统中,不使用时钟脉冲的非同步方式并不常见。

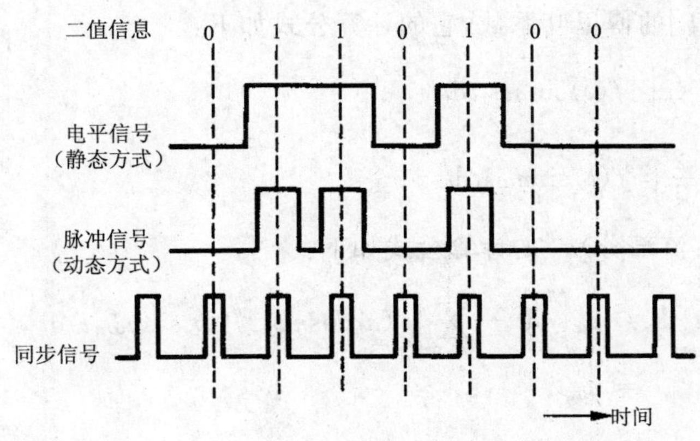

图6.1 二值信息和同步信号

在表示信息的信号中,如图6.1所示的信号称为脉冲信号。根据最初的电平和极性,有如图6.1所示的正极性和与其相反的负极性。

6.2　脉冲波形和频谱频率特性

图 6.1 中的脉冲波形是在时间轴上表示的，在这里介绍它的频谱，即波形的频率成分。波形可以既是时间的函数，又是频率的函数，分别称为时间区域表示及频率区域表示(频谱)。

一般地，调查信号波形 $f(t)$ 的频率成分，在考察由于信号的放大与传递而引起的波形失真(变形)方面上是很重要的。

所谓函数 $f(t)$ 的频率区域表示是指，如果 $f(t)$ 是周期函数(下面马上要介绍的)，则可根据傅里叶函数[式(6.2)、式(6.6)等]得到频率区域；如果是非周期函数，则根据傅里叶积分得到频谱 $F(j\omega)$。

函数 $f(t)$ 对于正常数 T，具有如下性质：

$$f(t \pm T) = f(t) \tag{6.1}$$

称为周期函数(periodic function)，T 称为它的周期(period)。这个周期函数在满足适当条件的情况下，可作如下展开：

$$f(t) = a_0 + \sum_{n=1}^{\infty}(a_n \cos n\omega_0 t + b_n \sin n\omega_0 t), \omega_0 = 2\pi/T \tag{6.2}$$

在这种表达的其他方面也有几种表现形式[1)]。

把上式称为周期函数 $[f(t), T]$ 的傅里叶级数或者傅里叶展开。把 $\{a_n, b_n\}$ 等称为 $[f(t), T]$ 的傅里叶系数，它的计算公式如下：

$$a_n = \frac{2}{T}\int_0^T f(t) \sin n\omega_0 t \mathrm{d}t \tag{6.3}$$

$$b_n = \frac{2}{T}\int_0^T f(t) \sin n\omega_0 t \mathrm{d}t \tag{6.4}$$

常数项(直流部分) a_0 的计算公式如下：

$$\begin{aligned}\int_0^T f(t)\mathrm{d}t &= a_0\int_0^T \mathrm{d}t + \sum_{n=1}^{\infty}\int_0^T (a_n \cos n\omega_0 t + b_n \sin n\omega_0 t)\mathrm{d}t \\ &= a_0 T\end{aligned}$$

所以，

$$a_0 = \frac{1}{T}\int_0^T f(t)\mathrm{d}t \tag{6.5}$$

---

1) 也有 $f(t) = \sum_{n=-\infty}^{\infty} c_n e^{jn\omega_0 t}$ 这种展开。由此，可以由公式 $e^{jn\omega_0 t} = \cos n\omega_0 t + j\sin n\omega_0 t$ 变换到式(6.2)。

周期为 T 的波形 $f(t)$ 也可以如下展开：

$$f(t) = a_0 + \sum_{n=1}^{\infty} A_n \sin(n\omega_0 t + \varphi_n), \quad \omega_0 = 2\pi/T \tag{6.6}$$

很显然，即使在 $0 \leqslant t \leqslant T$ 以外（即 $nT \leqslant t \leqslant (n+1)T$），这个式子仍然成立。

这些式子表示 $f(t)$ 的波可看作是直流部分 a_0 和角频率为 $\omega_0, 2\omega_0, 3\omega_0, \cdots$ 的正弦波的叠加。

除去 a_0 的最低频率的波是角频率 ω_0 的正弦波，把这个称为基波。$2\omega_0, 3\omega_0, \cdots$ 的正弦波称为二次谐波、三次谐波等，综合起来称为高次谐波。

由上述结果可知，周期性的脉冲波形可以看作多个正弦波的集合。作为例子，试求图 6.2 所示的连续方波的傅里叶展开，得

$$f(t) = E\left[\frac{1}{2} + \frac{2}{\pi}\left(\sin\omega_0 t + \frac{1}{3}\sin 3\omega_0 t + \cdots\right)\right] \tag{6.7}$$

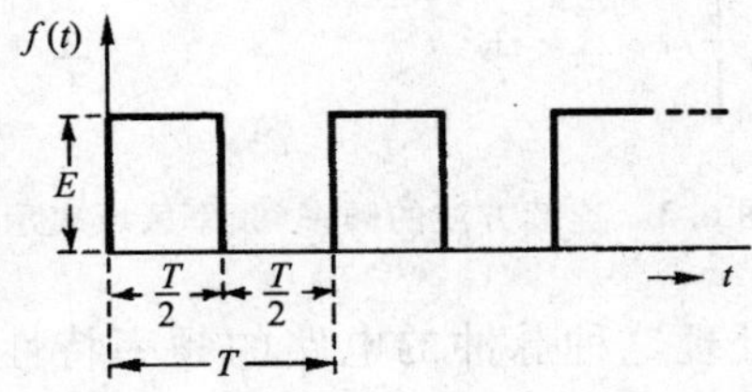

图 6.2　方　波

如图 6.3 所示，使脉冲宽度和周期变化，一般情况的各级数为：

$$a_0 = \frac{\tau}{T}E \tag{6.8}$$

$$a_n = \frac{2\tau}{T}E\,\frac{\sin(n\pi\tau/T)}{n\pi\tau/T} \tag{6.9}$$

由图可知，脉冲持续时间越小，频率波段越宽。即图 6.3 中的 $1/\tau$ 的点右移。此外，如果脉冲循环周期 T 变大，则频谱的密度变大（$1/T$ 间隔变窄）。

根据以上情况，处理宽度较小的脉冲的电路在高频上必须具有良好的特性。另外，知道因为大部分的频谱都存在于 $1/\tau$ 之前的频率带上，所以这种情况的频率如果能到 $f_c = 1/\tau$，则大致就可以了。

如果把这个频率特性与理想的脉冲波形对应考虑的话，则脉冲波形中包含的频率成分中，上升沿、下降沿部分的变化急剧的地方越多，与低频成分相比，到高频成分的分布越宽，变化小的平坦部分几乎都是直流部分。

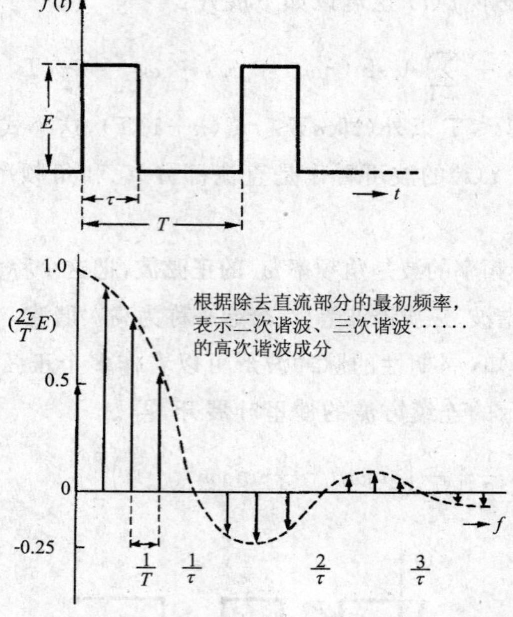

图 6.3　连续方波的频率(频率区域表示)

总之，关于传递和处理这种脉冲的电路的频率特性是，波形的上升沿和下降沿部分由其高频特性决定，变化结束后的稳定部分由其低频特性决定。

实际的脉冲波形会产生一定的失真。它是由于与产生和进行传递的电子开关的理想特性不吻合而产生的，并不是理想的具有失真。

此外，考虑波形发生时，假定为理想开关，接通时电阻为 0，松开时电阻为无穷大。

这个开关如图 6.4 所示，认为是电源 E 和负载电阻 R_L 串联的电路。输入信号由电压、电流或者放大率中任意一个作为电子开关使用的元素来决定。

当电子开关 S 打开时，$V_S=E$，$I_S=0$；接通时，$V_S=0$，$I_S=E/R_L$。

在实际电路中，为了略微提高近似程度，考虑在理想开关内部串联附加内部电阻 R_i 及并联附加漏电阻，则 V_S，I_S的振幅为

$$V_{S2}-V_{S1}=\left(\frac{R_l}{R_L+R_l}-\frac{R_i}{R_L+R_i}\right)E \tag{6.10}$$

$$I_{S2}-I_{S1}=\left(\frac{1}{R_L+R_i}-\frac{1}{R_L+R_l}\right)E \tag{6.11}$$

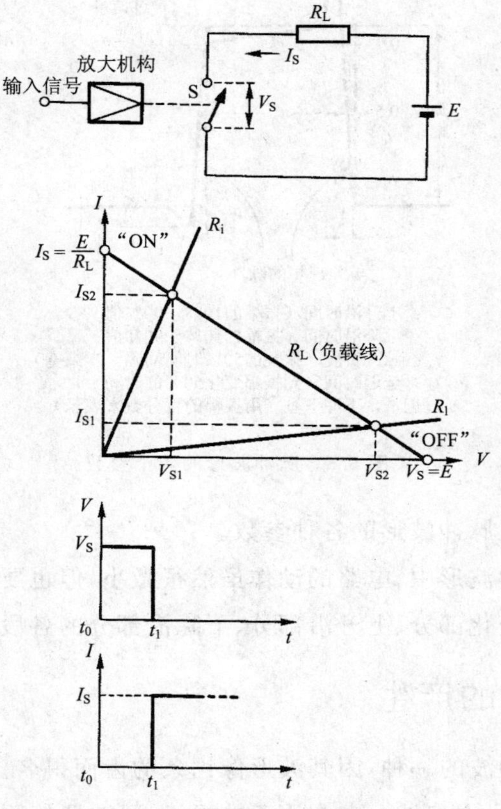

图 6.4 理想的电子控制开关

在这种情况下，一般可以假定为 $R_L \gg R_i$，则开关 S 上消耗的电能为

接通时：$P_C \approx E^2 \dfrac{R_i}{{R_L}^2}$ (6.12)

打开时：若 $R_L \ll R_i$

$$P_0 \approx \frac{E^2}{R_l} \tag{6.13}$$

实际上，开关 S 由电子控制元件构成，由电压或者电流的输入信号驱动，产生数十倍于输入能量的输出脉冲波。

在实际电路中，由于存在着电阻以外的电容器、电感，所以作为集总或者分布常数，引起了如图 6.5 所示的偏离理想波形的失真。

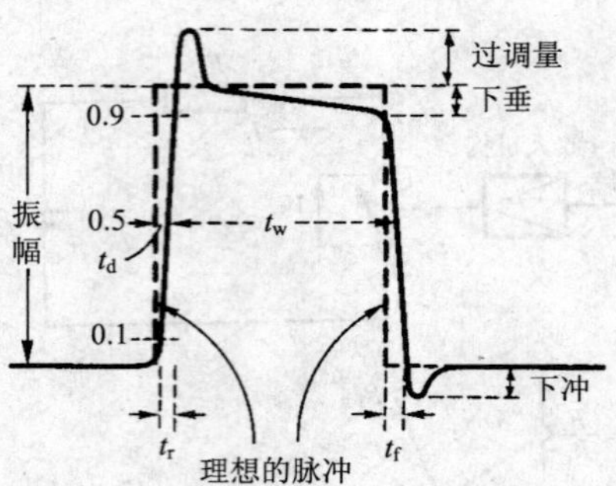

t_r：上升沿时间（振幅的10%～90%值）
t_f：下降沿时间（振幅的10%～90%值）
t_w：脉冲宽度（振幅的50%时间间隔，半高宽）
t_d：延迟时间（到振幅变化50%的时间）
过调量，下冲下垂（用振幅的百分数来表示）

图 6.5　脉冲波形的各个参数

下面介绍定义脉冲波形的各种参数。

在实际的脉冲波形中，电路的动作虽然很微小，但也要花费时间，所以可以定义振幅以外的变化部分、上升沿部分、下降沿部分的各段时间。

6.3　锯齿波的产生

锯齿波是脉冲波的一种，因其波形像锯条的齿而得名。对周期确定的脉冲进行积分，即可产生锯齿波。它常用于电视机、示波器等阴极射线管的扫描等。锯齿波可用密勒积分电路或自举电路来产生。

6.3.1　锯齿波产生电路

图 6.6 给出了锯齿波的发生原理及其输出波形。图中的电路是一积分电路。打开开关时，电容 C 上的充电电压 v_C 渐渐增大，其变化情况取决于电路的时间常数。此时的充电电压 v_C 为

$$v_C = V(1-\varepsilon^{-\frac{t}{CR}}) \tag{6.14}$$

合上开关时，电容 C 放电。此过程重复进行即可获得锯齿波。将此开关用晶体三极管代替，即得到图 6.7 所示的电路。该电路中，三极管的基极电压为正时，管子导通。据此，当给电路输入周期确定的脉冲波时，即可在输出端发生锯齿波。

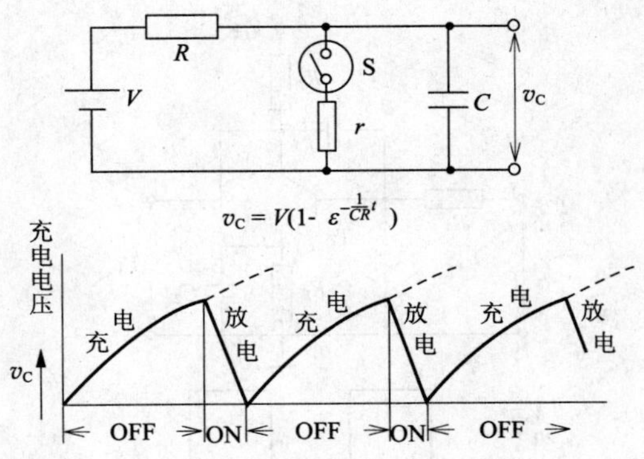

图 6.6 锯齿波的产生原理

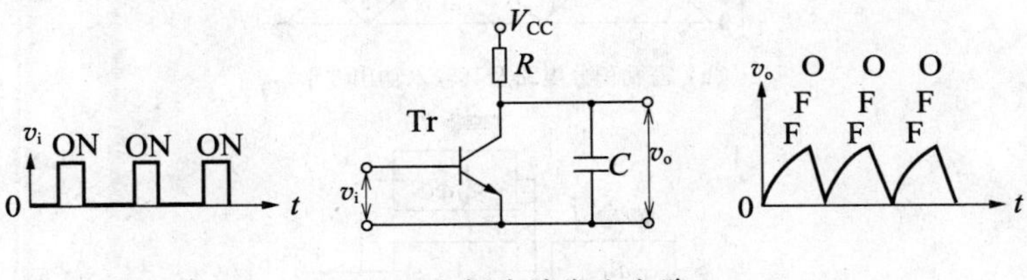

图 6.7 锯齿波发生电路

6.3.2 密勒积分电路

晶体管开关电路中，为改善其线性，可以增大 CR，但其缺点是输出电压太小。能够克服此缺点的电路是密勒积分电路。

图 6.8 给出了典型的密勒积分电路及其原理说明。此电路输入阻抗很大、输出阻抗比起 R_1 或 $1/j\omega C_1$ 很小时，流经 R_1 和 $1/j\omega C_1$ 的电流是近似相同的。这里，$-A$ 表示放大倍数为负，即相位错开 180°，这就是密勒效应。此时 $\dot{V}_3$ 为

$$\dot{V}_3=\frac{A\dot{V}_1}{1+(1+A)j\omega C_1 R_1}\dot{V}_1 \tag{6.15}$$

如图 6.9 所示，对一般的积分电路输入 $\dot{V}_i$ 时，其输出电压 $\dot{V}_o$ 仅为

$$\dot{V}_o=\frac{\dot{V}_i}{1+j\omega C_1 R_1} \tag{6.16}$$

比较式(6.15)与式(6.16)可知，时间常数、输出电压值均增大了约 A 倍，从而可以获得线性好幅值高的锯齿波。

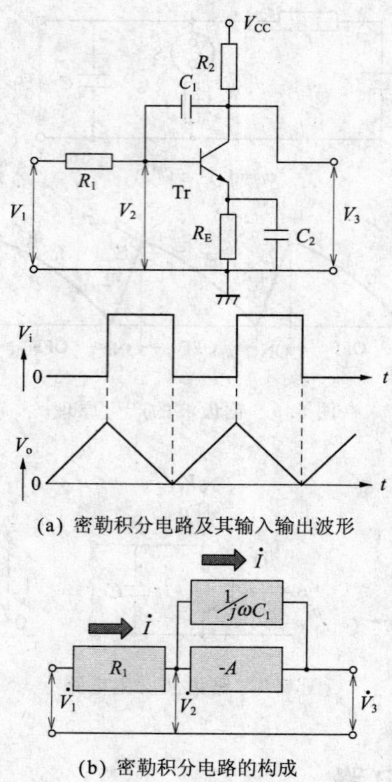

(a) 密勒积分电路及其输入输出波形

(b) 密勒积分电路的构成

图 6.8　密勒积分电路及其输入输出波形

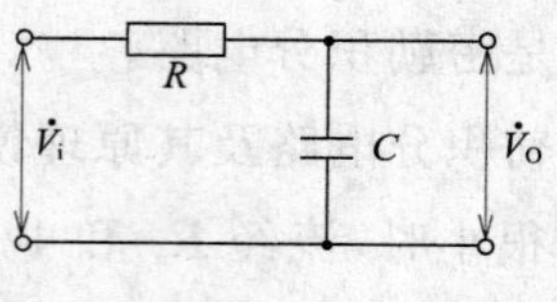

图 6.9　积分电路

6.3.3　自举电路

图 6.10 给出了典型的自举电路及其原理说明。Tr_1 管作为开关使用，Tr_2 管构成射极跟随放大电路。自举电路的时间常数 T_b 为

$$T_b = \frac{CR}{1-G} \tag{6.17}$$

射极跟随电路的放大倍数 G 近似为 1，因而

$$T_b \approx 8$$

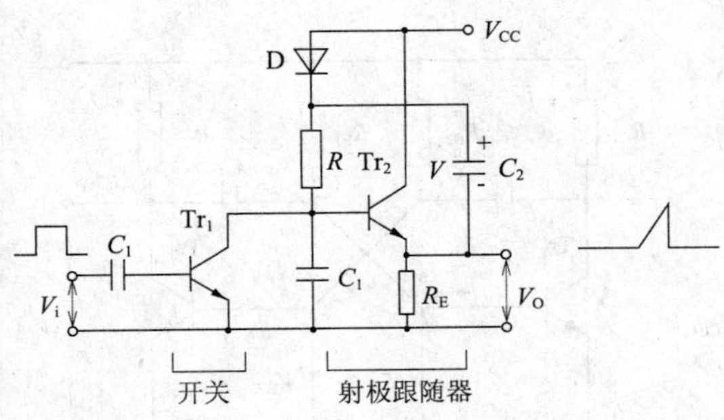

图 6.10 自举电路

6.4 多谐振荡器

多谐振荡器是使用两个反向放大器施以正反馈构成的自激振荡器。它是方波发生器、延时电路、计数器以及存储器等的基本组成电路。多谐振荡器按照电路的构成方式不同,可以分为无稳态、单稳态和双稳态三种。

6.4.1 无稳态多谐振荡器

无稳态多谐振荡器(astable multivibrator)亦称自激多谐振荡器,图 6.11 示出了其基本电路及各部波形。

电路中,施加电源电压 V_{CC}后,晶体管 Tr_1 和 Tr_2 反复轮流导通(ON)和截止(OFF),产生持续振荡。导通或截止状态取决于直流的平衡。对于无外部触发状态保持不变的称为稳态,而对于经过一定时间,状态自动从导通变为截止或由截止回到导通的,则称为暂稳态。

两个放大电路通过电容 C_1、C_2 和电阻 R_{B1}、R_{B2} 实现交流耦合,电路无稳态。两个暂稳态,按照电路时间常数所确定的周期,交互变化(Tr_1、Tr_2 反复轮流 ON 和 OFF)产生持续振荡。振荡的周期 T(s)为

$$T=0.69(R_{B1}C_1+R_{B2}C_2) \tag{6.18}$$

6.4.2 单稳态多谐振荡器

单稳态多谐振荡器(monostable multivibrator)亦称单触发多谐振荡器。图 6.12 示出了其基本电路及各部的波形。

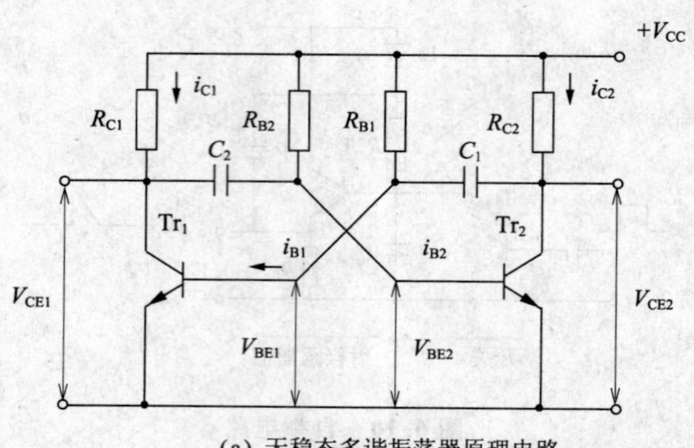

(a) 无稳态多谐振荡器原理电路

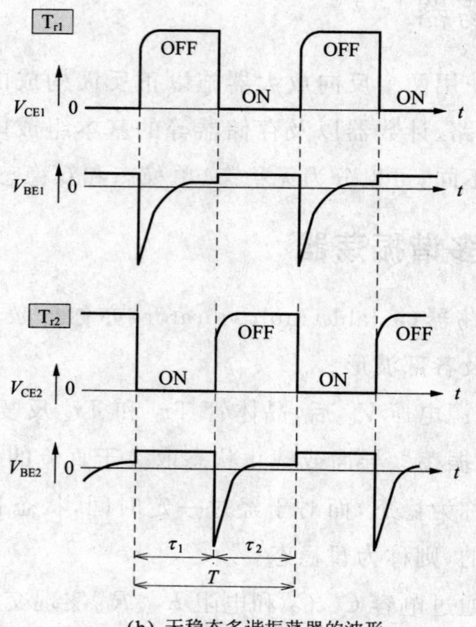

(b) 无稳态多谐振荡器的波形

图 6.11　无稳态多谐振荡器

两个放大电路，一个是通过 C_2R_3 交流耦合到对方，另一个则仅通过 R_4 直流耦合到对方。Tr_1 管的基极加有负压 $-V_{BB}$ 而截止，Tr_2 管则呈导通状态。从外部施加一负向触发脉冲时，Tr_2 管的基极变负而截止，Tr_1 管则因其基极电压上升而导通。经过一定的时间（由电路的时间常数 $\tau=C_2R_3$ 决定）后，电路自动返回到原来的稳定状态（Tr_1 截止，Tr_2 导通）。

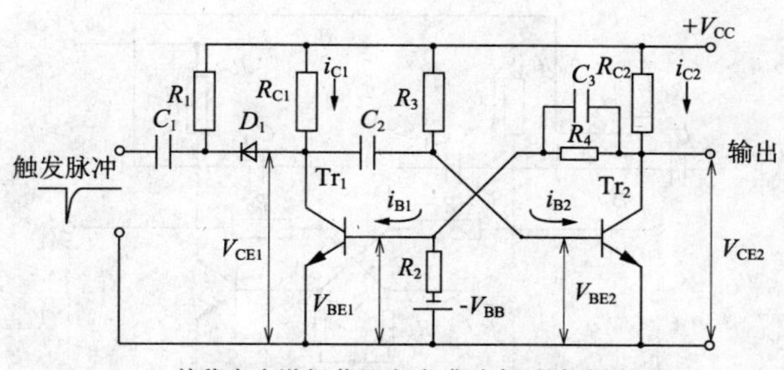

(a) 单稳态多谐振荡器电路(集电极-基极耦合型)

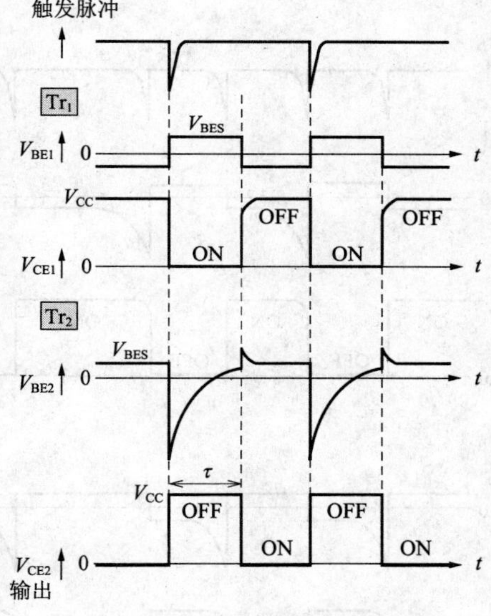

(b) 单稳态多谐振荡器的波形

图 6.12 单稳态多谐振荡器

6.4.3 双稳态多谐振荡器

双稳态多谐振荡器(bistable multivibrator)可以是集电极基极交互直流耦合的触发电路(flip-flop)型,也可以是发射极耦合的施密特触发电路型。这里,以集电极基极耦合型为例作一说明。图 6.13 示出了其基本电路与波形。

每给一个触发脉冲,Tr_1 管和 Tr_2 管的导通、截止状态交互变化一次。不给触发脉冲时,Tr_1 管和 Tr_2 管的导通、截止状态不变。

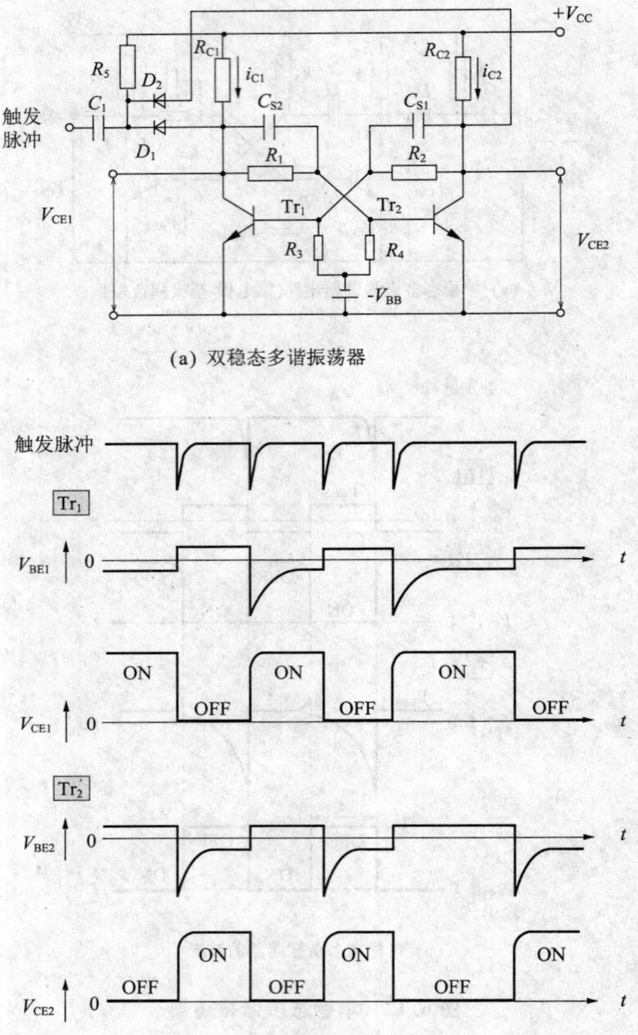

(a) 双稳态多谐振荡器

(b) 双稳态多谐振荡器的波形

图 6.13　双稳态多谐振荡器

6.5　施密特触发器

在图 6.14(a)的电路中，由晶体管 Tr_1 向晶体管 Tr_2 的耦合是通过 R_1、R_2 进行的，由 Tr_2 向 Tr_1 的耦合是通过 R_E 进行的，这个电路称为施密特触发器。

平时 Tr_2 是导通状态的，当 Tr_1 加上直流电压 E_0 时，就会变成截止状态。

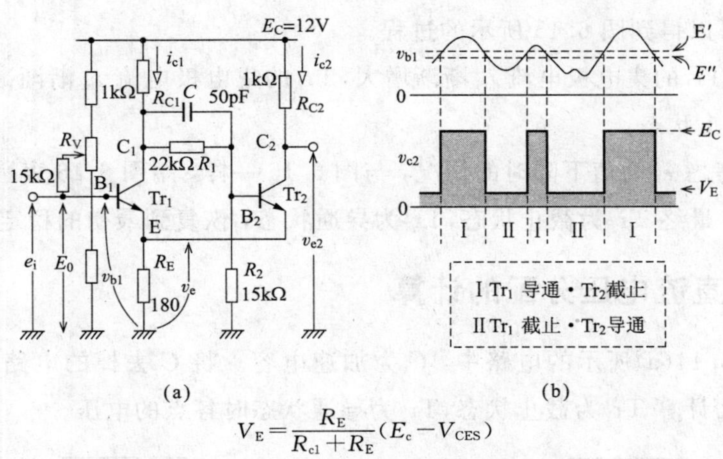

$$V_E = \frac{R_E}{R_{c1} + R_E}(E_c - V_{CES})$$

图 6.14　施密特触发器电路与波形

6.5.1　产生的波形

无论是什么样波形的电压 e_i 加到输入端，只要 $e_i + E_0$ 在 E' 到 E'' 电平之间，这个电路就会产生输出电压为 v_{c2} 的矩形波，如图 6.14(b)所示。电平 E' 与 E'' 的值不同，而且 $E'' < E'$。

所以，这个电路的主要应用如下。

① 由任意的波形产生矩形波。

② 测定任意波形的输入电压超过某个设定电平的时间宽度。

③ 比较输入波形与某个设定电平的大小。

通过调节 R_V，可以改变直流电压 E_0 的值。

6.5.2　电路的工作

在图 6.14(a)所示的电路中，最初设定 Tr_1 的基极 B_1 的电位比发射极 E 的电位低，Tr_1 为截止状态。此时 Tr_2 为导通状态并加上输入电压 e_i。考虑一下，由于加上 e_i，B_1 点的电位变高的情况。

B_1 点的电位仅比 E 点的电位高出 0.7V 时，集电极电流 i_{c1} 流过 Tr_1。因此 C_1 点的电位下降，B_2 点的电位下降，Tr_2 的集电极电流 i_{c2} 减少。这里，Tr_2 集电极电流的减少量比 Tr_1 集电极电流的增加量大(表示基极电流与基极-发射极电压关系的特性曲线)。因此发射极 E 点的电位下降。所以，Tr_1 的集电极电流越来越大，C_1 点的电位越来越低，这样就产生正反馈作用。将上述的内容进行整理，可以得到图 6.15 所示的过程。

这样，Tr_1 的集电极电流 i_{c1} 渐渐增大，Tr_2 的集电极电流 i_{c2} 渐渐减小，终于 Tr_2 到达截止状态。

下面考虑 e_i 的值下降时的情况，与图 6.15 一样，用图 6.16 表示其进行过程。这样，最终 Tr_1 为截止状态，Tr_2 为导通状态，恢复到最初的稳定状态。

6.5.3　直流电压分配的计算

在图 6.14(a)所示的电路中，C 为加速电容。将 C 去掉的电路如图 6.17 所示。下面计算 Tr_1 为截止状态，Tr_2 为导通状态时各点的电压。

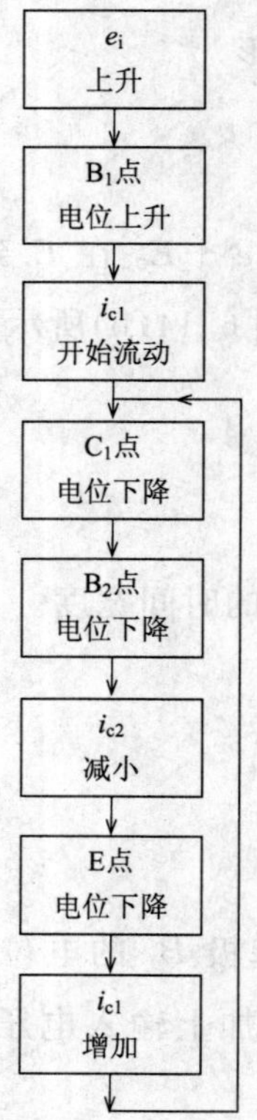

图 6.15　图 6.14(a)电路的 Tr_1 导通，Tr_2 截止的推移过程

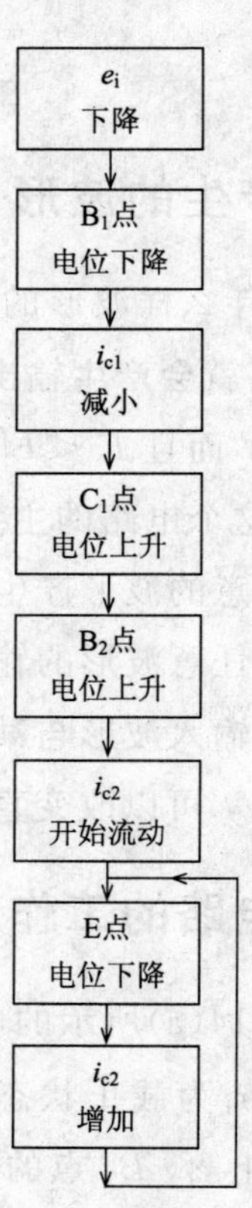

图 6.16　图 6.14(a)电路的 Tr_1 截止，Tr_2 导通的推移过程

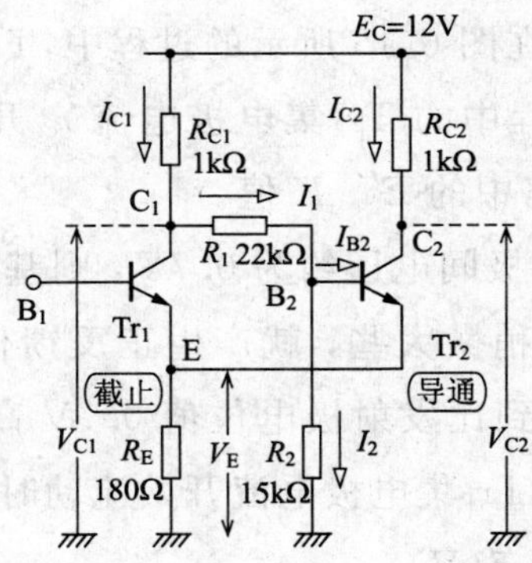

图 6.17 施密特触发器的直流电压分配的计算

1. 确定稳定状态

如果 Tr_2 为饱和导通状态，可以认为集电极-发射极间的电压 $V_{CES} \approx 0.2V$。从而得到 Tr_2 的集电极电流为

$$I_{C2}=\frac{12-0.2}{1+0.18}\approx 10(mA)$$

发射极电压为

$$V_E=0.18\times 10=1.8(V)$$

在此研究一下 Tr_2 为饱和状态的最初假设是否正确。求出流过 R_2、R_1 的电流 I_2、I_1 为

$$I_2=\frac{1.8+0.7}{15}\approx 0.167(mA)$$

$$I_1=\frac{12-(1.8+0.7)}{1+22}\approx 0.413(mA)$$

故 Tr_2 的基极电流 I_{B2} 为

$$I_{B2}=I_1-I_2=0.413-0.167=0.246(mA)$$

若基极电流按这个值流动，则晶体管处于饱和导通状态。结论是这个假定是正确的。

另外，可以计算出 C_1、C_2 点的电压分别为

$$V_{C1}=12-1\times 0.413=11.6(V)$$

$$V_{C2}=2.0(V)$$

2. 电平 E'、E'' 值的计算

在图 6.14(b)中，输出波形上升沿所产生的电压 E' 与下降沿产生的电压

E''是不同的。其理由是，在图 6.15 所示的过程中，Tr_1的集电极电流 i_{c1} 开始流动时的 E'值与图 6.16 过程中的 Tr_2集电极电流 i_{c2} 开始流动时的 E''值是不同的。下面计算图 6.14 电路中的 E'、E''值。

如果 Tr_1的基极-发射极间电压约为 0.7V，则基极电流流动，集电极电流开始流动。基极电流比它稍微大些，就产生正反馈作用。但是在此为了简单起见，认为基极电位上升到比发射极电位值 0.7V 高时，同时进行图 6.15 所示的过程。这样可以得到 Tr_1集电极电流开始流动时的基极电压 E'：

$$E' = V_E + 0.7 = 2.5(\text{V})$$

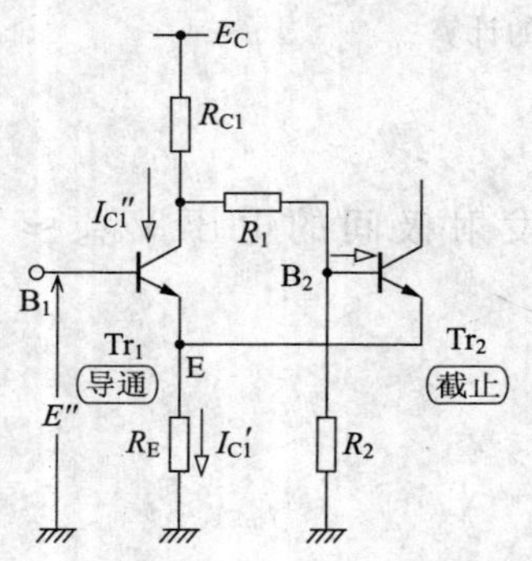

图 6.18　求 Tr_1由导通向截止恢复的 E''

这样，Tr_1 反转成导通状态，Tr_2 反转成截止状态。

现在将输入电压 e_i 值变小，Tr_1由导通状态退出，由此开始集电极电流减少，当它为 I_{c1}''时，Tr_2的基极-发射极间电压开始达到 0.7V，i_{c2}开始流动。

因此，由图 6.18 可知，

$$(E_C - R_{C1}I_{C1}'') \times \frac{R_2}{R_1 + R_2} - 0.7 \approx R_E I_{C1}''$$

由此可以求出 I_{C1}''为

$$I_{C1}'' \approx 7.11(\text{mA})$$

Tr_2的集电极电流 i_{c2}开始流动时，Tr_1的基极-发射极间电压 E''为

$$E'' = R_E I_{C1}'' + 0.7 = 1.98(\text{V})$$

这些 E'，E''是大概值，与实际的电平略有差别，但是 $E'' < E'$ 的结果是不变的。

6.5.4　施密特触发器在伺服电路中的应用

录像机中有一驱动录像头转筒的电机。将其转速变化造成的频率改变转换成直流电压取出，据此可对其转速进行校正。此校正电路称为录像头转筒转速伺服控制电路。在此伺服电路中，施密特触发电路的作用就是作为频率-电压(F-V)变换电路的一部分，将与电机转速成比例的频率信号(FG 输出)变换为方波。

图 6.19 示出了伺服电路的部分框图、F-V 变换电路框图以及波形的输出。

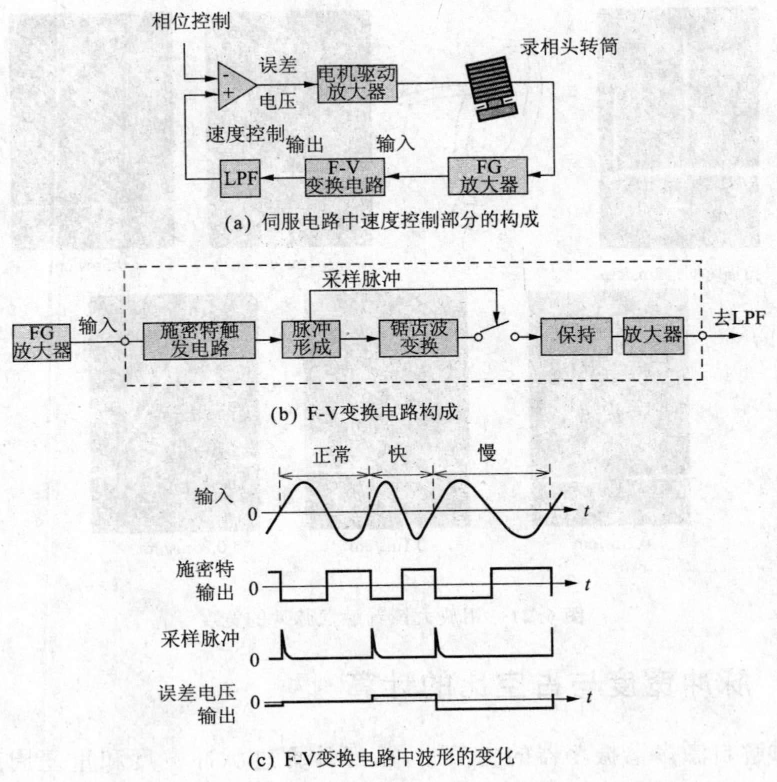

图 6.19 施密特触发电路在伺服电路中的应用

6.6 脉冲宽度与占空比

理想的脉冲和实际的脉冲如图 6.20 所示，图 6.21 示出了用放大镜观察到的触发脉冲的宽度。

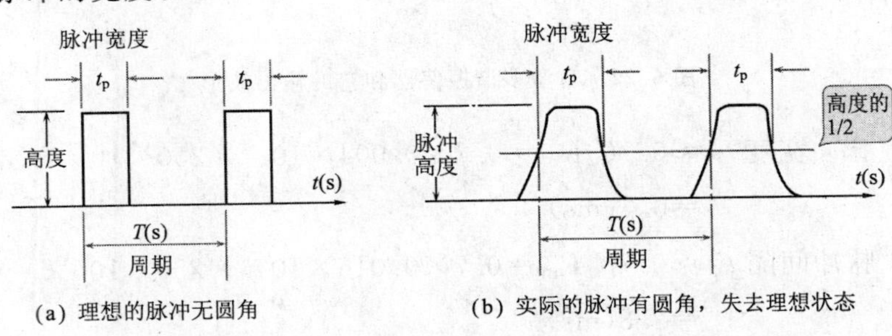

图 6.20 理想的脉冲和实际的脉冲

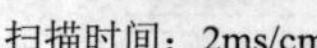

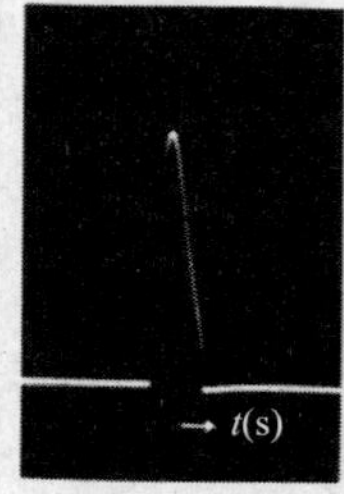

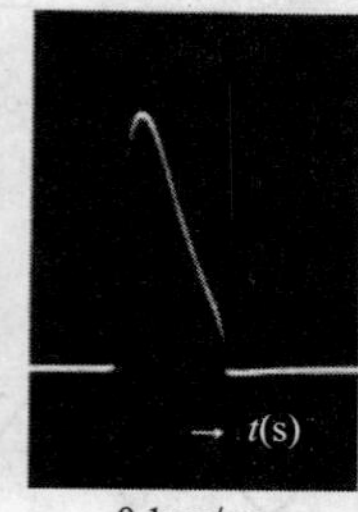

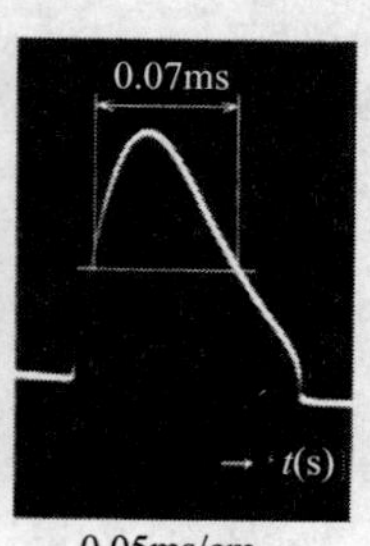

图 6.21　用放大镜看触发脉冲的宽度

6.6.1　脉冲宽度与占空比的计算

在讲解自激多谐振荡器的一节中，已经计算过脉冲宽度和重复周期，这里以图 6.22 为例，再计算一次。

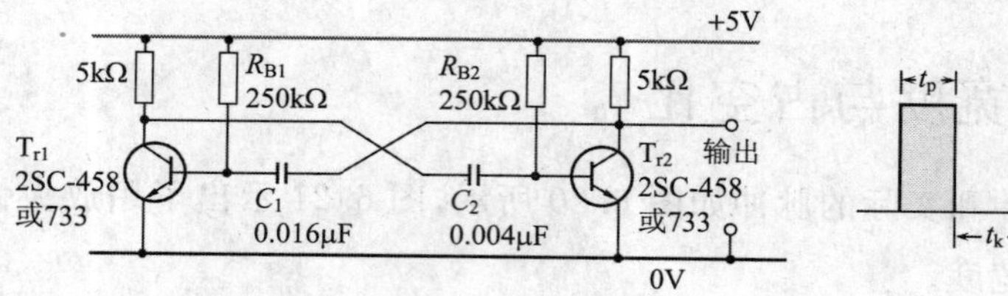

图 6.22　自激多谐振荡器和它的输出波形

脉冲宽度 $t_P \approx 0.7C_2R_{B2} = 0.7 \times 0.004 \times 10^{-6} \times 250 \times 10^3$

$= 0.7(\text{ms})$

脉冲间隔 $t_K \approx 0.7C_1R_{B1} = 0.7 \times 0.016 \times 10^{-6} \times 250 \times 10^3$

$= 2.8(\text{ms})$

重复周期 $T = t_P + t_K = 0.7 + 2.8 = 3.5(\text{ms})$

占　空　比 $D = t_P / T = 0.7/3.5 = 1/5$

占空比 D 又称冲击系数，用脉冲宽度 t_P 与重复周期 T 的比表示。

根据这种计算，前节双稳态多谐振荡器中学到的触发脉冲的占空比 D 是相当小的。

6.6.2 脉冲性能的掌握方法

图 6.20(a)所示脉冲是理想脉冲的形状，实际上是做不到的。

例如，即使自激多谐振荡器的输出是如图 6.23(a)所示的方波，当用示波器扩大其时间轴来观察时，则如图 6.23(b)所示，在方角部分，呈现圆角现象。再扩大来看时，如图 6.23(c)所示，前沿上升部分也呈现倾斜。

在严密地把握脉冲的性能时，脉冲宽度与占空比控制在什么数值并不明确，如图 6.24(a)所示。这里为更方便把握脉冲性能，有图 6.23(b)所示的定义。

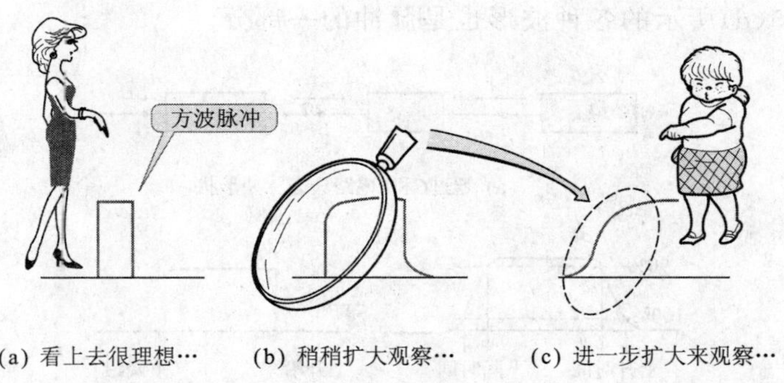

(a) 看上去很理想… (b) 稍稍扩大观察… (c) 进一步扩大来观察…

图 6.23 理想的脉冲存在吗

另外，大家已经看到触发脉冲的宽度相当狭窄，脉冲的宽度相当难测定，用时间轴扩大的示波器来观察，就看到如图 6.20 所示的照片。因此，用图6.24(b)的定义，这个照片上的脉冲宽度为 0.07ms。

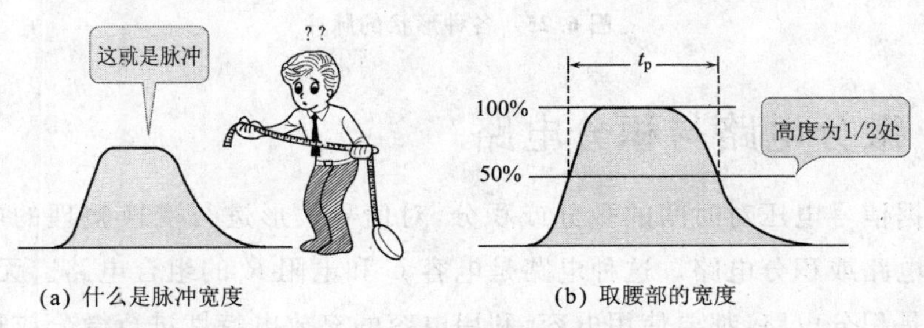

(a) 什么是脉冲宽度 (b) 取腰部的宽度

图 6.24 脉冲宽度的定义

6.6.3　方波的整形

多谐振荡器的输出脉冲如前节说明的那样，方角多少有些圆，即使如此还是近似于正方形。

但是计算机等的电子电路主要是由半导体、电阻及电容构成，而电路本身也存在电阻、电容及电抗的成分。因此，信号脉冲通过电路时，受积分电路、微分电路的影响，变成具有圆角的脉冲形状。

也即通过电子电路的脉冲，除了用多谐振荡器整形外，会失去原来形状。因此，如图 6.25(b)所示，上升及下降均为平坦的脉冲，可认为是正常的脉冲。

然而，失去原来形状的脉冲也可能给电路工作带来危害，因此在脉冲处理上用图 6.25(b)进行定义。为说明电路的工作，上升及下降部分用图 6.25(c)中所示的名称。

图 6.25(d)所示的各种波形也是脉冲的一部分。

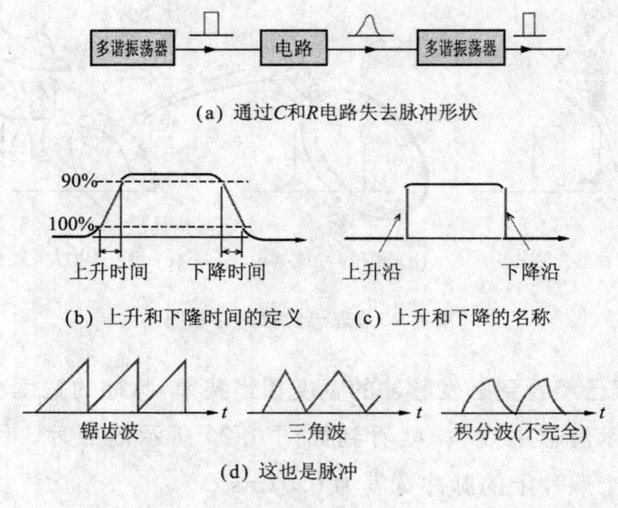

图 6.25　各种形状的脉冲

6.7　微分电路与积分电路

根据信号电压对时间的微分或积分，对信号波形进行变换整理的电路，称为微分电路或积分电路。这种电路是电容 C 和电阻 R 的组合电路。无论微分电路或是积分电路，都要使用电容，利用电容的充放电特性进行微分或积分。

6.7.1 微分电路

微分电路(differentiating circuit)指的是将电压变成对时间的微分值后进行输出的电路。其基本电路及输入输出的变化显示在图 6.26 中。

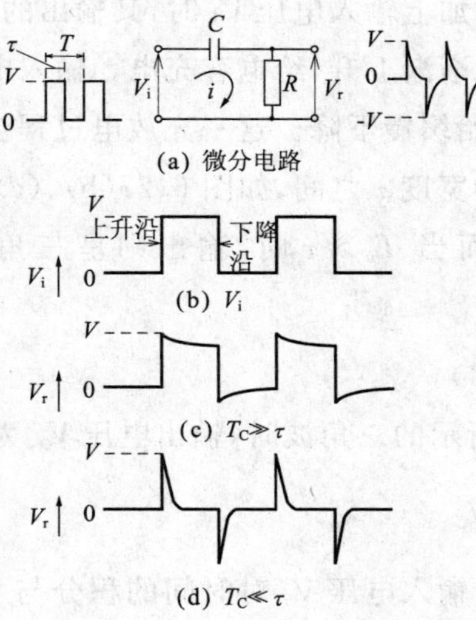

图 6.26 微分电路及其输入输出波形

将图 6.26(b)所示电压 V_i 作为输入电压加于图 6.26(a)的电路上，电容快速充电。输入电玉变为零时，电容器中所充的电荷开始放电，放电电流的方向与图 6.26(a)所标的方向相反，电阻 R 的两端出现负电压。图 6.26(a)电路的时间常数 T_c(s)按下式计算：

$$T_c = CR \text{ (s)} \tag{6.19}$$

时间常数 T_c 与脉冲宽度 τ(s)之间，当 $T_c \gg \tau$ 时，电路输出波形呈现缓慢的曲线变化，而当 $T_c \ll \tau$ 时，输出呈现急剧变化。

电阻 R 上的电压 V_r(V)为

$$V_r = V_i \varepsilon^{-\frac{1}{RC}} \tag{6.20}$$

而当 $T_c \ll \tau$ 时，如图 6.26(d)所示，输出电压 V_r 则为

$$V_r = R_i \approx RC \frac{dV_i}{dt} \tag{6.21}$$

即输出电压 V_r 近似为输入电压 V_i 对时间的微分与 RC 的乘积(不可能完全微分)。微分电路主要用于提取波形的上升沿和下降沿。

6.7.2　积分电路

积分电路(integrating circuit)指的是将输入电压变成对时间的积分值后进行输出的电路。其基本电路及输入输出的变化显示在图 6.27 中。由于电阻 R 在电路的输入端,因而当加上输入电压 V_i 时,其输出的上升沿并不像微分电路那样急剧变化,而是电位渐渐上升,给电容充电。输入电压变为 0 时,电容器开始放电,输出电压 V_c 开始缓慢下降。这一充放电过程会重复进行。

时间常数 T_c 和脉冲宽度 τ 之间,如图 6.27(b)、(c)、(d)所示,当 $T_c \ll \tau$ 时,输出波形呈方波变化,而当 $T_c \gg \tau$ 时,输出则呈三角波变化。输出电压 V_c(V)为

$$V_c = V_i(1-\varepsilon^{-\frac{1}{RC}}) \tag{6.22}$$

输出为图 4.15(d)所示的三角波时,输出电压 V_c 为

$$V_c \approx \frac{1}{RC}\int_0^t V_i \mathrm{d}t \tag{6.23}$$

即输出电压 V_c 近似等于输入电压 V_i 对时间的积分与 $1/RC$ 的乘积(不可能完全积分)。

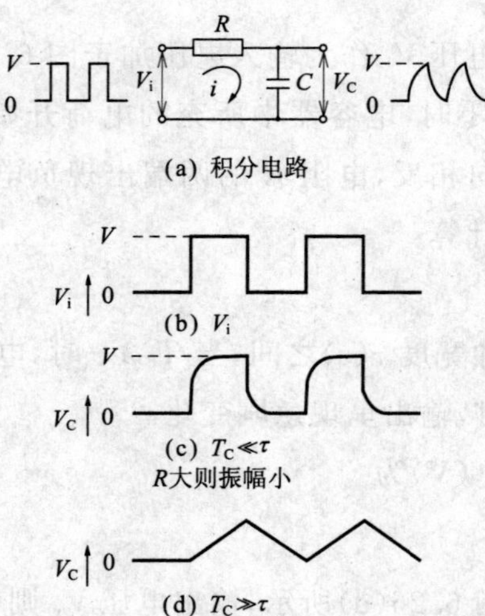

图 6.27　积分电路及其输入输出波形

【例题 6.1】　图 6.26(a)所示的微分电路中,$T_c \ll \tau$ 的情况下,如图 6.26(d)所示,输入电压 V_i 下降时输出电压变成负脉冲,试述其变化的理由。

【解答】 假设产生输入电压的电源内阻为0，无脉冲期间就相当于输入端短路，电容器上所充的电荷开始放电。$T_c \ll \tau$ 时，放电很急剧，V_i 下降前 V_r 已经为0，V_i 下降时，输出端则会产生负脉冲。

6.8 各种各样的整形电路

脉冲信号通过各种电路时，会因为波形畸变失真而引起误动作。因而需要采用整形电路对信号波形进行整形或者重新进行变化。整形电路亦称波形变化操作电路。这里，就截取、双向限幅、削波、钳位等电路进行说明。

6.8.1 截取电路（提取波形的顶部）

信号相对于某基准电平的上部或下部需要提取或削去时，使用的电路就是截取电路（clipper）。

图6.28(a)所示的截底，提取的是波形的顶部。输入信号 v_i 低于电池电压5V时，二极管导通，输出电压保持在5V。v_i 超过5V的部分，由于二极管截止，信号的顶部可以被取出。

图6.28(b)所示的截顶，提取的则是包含信号中心部分在内的某电平以下的信号波形。

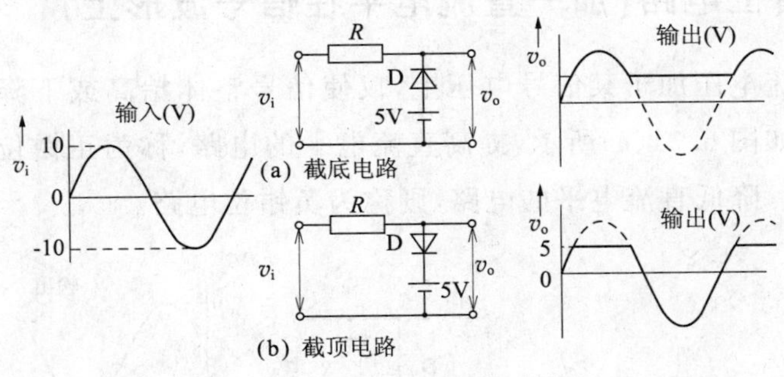

图6.28 截取电路

6.8.2 双向限幅电路（提取波形的中心部分）

图6.29所示的限幅电路，削去了输入信号的上部和下部，而将剩余的部分提取出来。输出电压的正负极限值的大小，取决于加在二极管上的直流电压值。图中，D_2 下的电池将信号的最大值限制在5V，而 D_1 下的电池则将信号的

最小值限制在$-5V$。

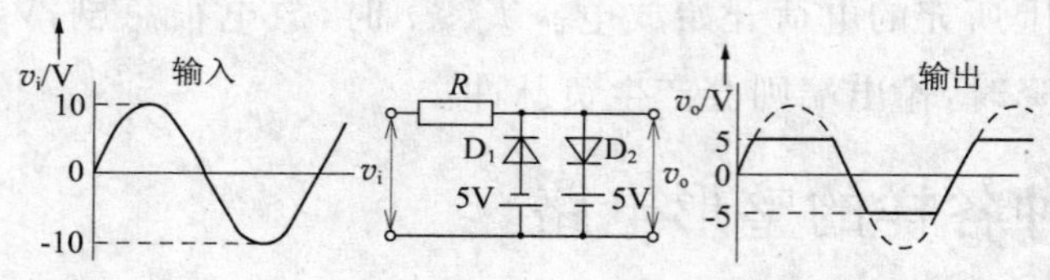

图 6.29　双向限幅电路

6.8.3　削波电路(切取波形中间的一部分)

削波电路是限幅电路的一种应用,用来提取输入信号中的一部分。图 6.30 示出了削波电路及其输入输出波形。图中切取的是信号中 5～8V 间的部分。

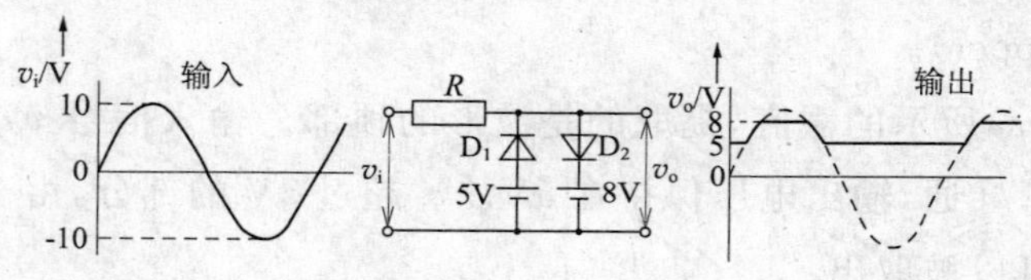

图 6.30　削波电路

6.8.4　钳位电路(加一直流电平在信号波形上)

将一直流电压加于某信号电压上,仅使信号整体抬高或下降的电路,称为钳位电路。如图 6.31(a)所示,提高直流电平的电路,称为正钳位电路,而如图 6.31(b)所示,降低直流电平的电路,则称为负钳位电路。

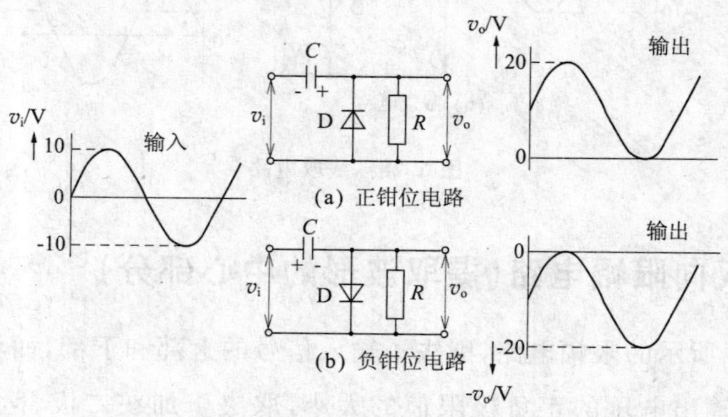

图 6.31　钳位电路

第 7 章

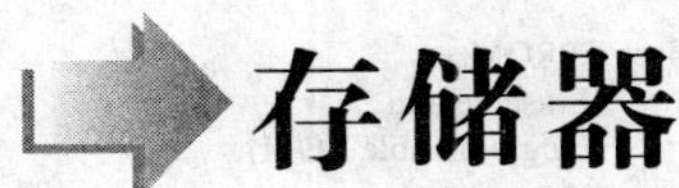

存储器

7.1 概 述

7.1.1 存储器芯片

图 7.1 是存储器 IC 芯片的基本结构。存储器芯片是可以保持写入的信息并能随时读出的记忆元件。其记忆的最小单位叫做存储单元,它是能记忆 1 位(表示“0”或“1”的 2 值单位)的元件。

在存储器芯片中,把这些内存单元依平面形状按一定规则排列成存储阵列,要想对该阵列进行读出或者写入,就需指定内存单元的行与列的位置,这是由行解码器与列解码器来实现的,还需要有控制写入数据与读出数据的 I/O 控制电路,这些就组成了存储器电路芯片。

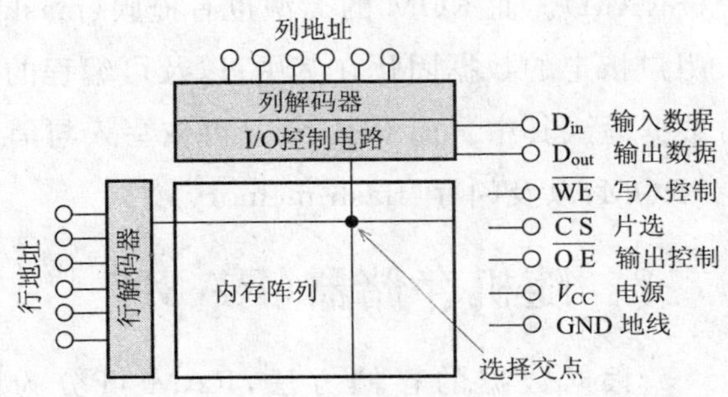

图 7.1 存储器的基本结构

要进行数据的读出(或写入)动作,就需从外部输入与想读出(或写入)的内存单元位置相应的行地址信号与列地址信号,指定读出或写入的写入控制信号,从若干个并列的存储芯片中选出一个要访问的芯片的片选信号以及输出控制信号等,才能对指定的存储

单元进行数据的读出(或者写入)。

7.1.2　存储器芯片的分类

存储器大致上可分类为 RAM 与 ROM 两种,如图 7.2 所示。

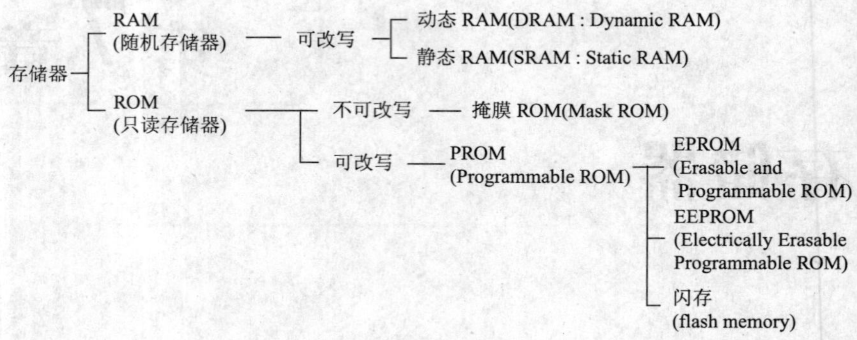

图 7.2　存储器的分类

RAM (random access memory)为随机存储器,速度快,可以随时进行数据的读写。而 ROM(read only memory)为只读存储器,写入数据时比较复杂,主要是用于读出的存储器。

RAM 为挥发性存储器,即电源切断后数据就被破坏了,而对于 ROM,即使切断电源后,所写入的数据仍被保存着,这是二者的最大区别,可依不同目的分别使用。

按照存储电路的种类,RAM 又可分类为动态 RAM(DRAM)与静态 RAM(SRAM)。而 ROM 的类型也有掩膜(mask)ROM,它在 IC 芯片制造时就把由用户指定的数据固化在其中;以及可编程的 ROM(PROM),即由用户自由地把数据写入其中。而 PROM 又可依写入与消去的原理不同被分为 EPROM,EEPROM,以及闪存(flash-memory)。

7.2　随机存储器(RAM)

根据数据的存储方法,RAM 可分为静态 RAM(SRAM)与动态 RAM(DRAM)两类。静态 RAM 与动态 RAM 的存储单元的代表性电路如图 7.3 所示。

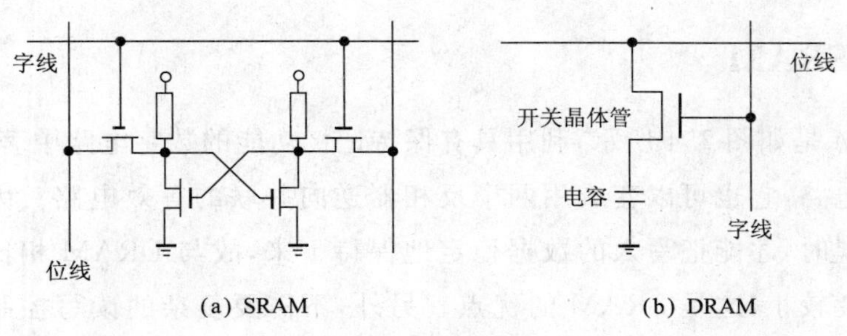

图 7.3　存储单元电路

SRAM 的电路单元是由两个反相器组合而成的触发器构成的。因此,只有当加上电源时,才能保存信息,这是它的主要特点。另外一个特点是,由于存储单元的动作稳定,故很容易实现高速存取。但是,由于组成触发器的 2 个反相器中,总有一个处于导通状态,故存在有直流电流流过的缺点。但是,由于采用了超高阻抗的负载,现在这个缺点几乎已被解决了。此外,由于存储单元的元件数较多,与 DRAM 相比,SRAM 的集成度较低,这是其不足之处。

DRAM 如图 7.3(b)所示,是由充电电容上的电荷来保持存储的。因没有直流电流流过,故功率消耗极低,另外构成存储单元的元件数很少,故其集成度可以很大,这是其长处。而电容 C 上的电荷会因漏电流而慢慢丢失,故需要在完全丢失前刷新再生(refresh),因此就会使芯片中的外围电路以及主板上的控制电路变得较为复杂,这是它的缺点。又因刷新时有动作电流流过,非动作时的平均电流与 SRAM 相比要变大许多,要让该电流减少会费去很大精力。

现在已设计出来许多能够最大限度发挥各种存储单元电路特长的外围电路,可根据 DRAM 与 SRAM 的各自特点制造出不同用途、不同功能的产品来。DRAM 与 SRAM 的性能比较见表 7.1 所示。

表 7.1　DRAM 与 SRAM 的比较

	集成度	写入时间	改　写	改写次数	电　源	读出时间
DRAM	◎	～10ms	◎	$>10^{15}(\infty)$	1	－10ms
SRAM	△	1～10ms	◎	$>10^{15}(\infty)$	1	1～10ms

注：写入时间/读出时间假定为 1Mb。

7.2.1 SRAM

SRAM是如图7.4所示，利用具有保持记忆功能的数字电路中著名的触发器组成的电路，它也可以变成用两个反相器逆向并联的等效电路。因此，仅当有电源加上时，才能把写入的数据稳定地保持下来，故与DRAM相比，其速度较快而功耗较小，这是SRAM的优点。另外，不需要复杂的读写控制电路，也是其特点。

此外，存储1bit的信息时，DRAM只需1个晶体管，而SRAM则需要4个晶体管，故不利于大容量化，每位的造价较高，这是其缺点。其产品用于以易于使用为重点的中速、低功耗产品方面以及高速度产品中。

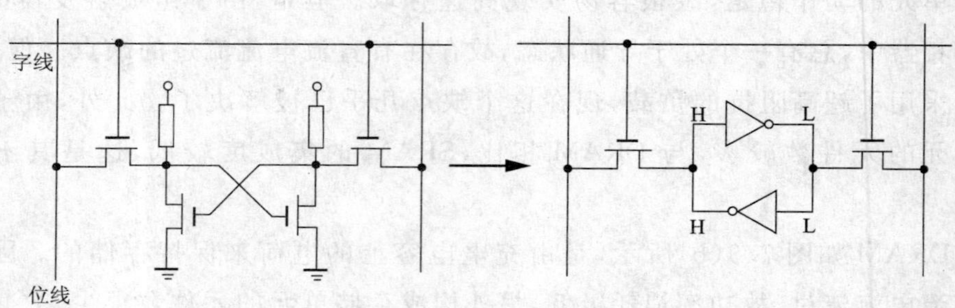

图7.4 SRAM的存储单元与等效电路

1. SRAM的动作

因中速产品容易使用，作为简便的存储器，被广泛地应用于微机的内存。最近又用于与电池一体化的存储卡和电子记事本、计算器、移动电话等方面。现以三菱电机制造的M5M5256(32K×8bit SRAM)为例，说明它的构造和使用方法，其框图和时序图如图7.5和图7.6所示。

其存储部分为8个512行×64列的模块并列而成(为提高性能，实际的芯片结构会更复杂一些，这里已稍作简化，以便讲解)。再次从各模块选择出1位，共计8位同时进行写入或读出。位的指定，由图7.5低位的9根地址信号线来确定行，由高位的6根地址线来确定列，依此来选择其交点的单元。另外，当把若干相同元件模块并列配置时，就把片选信号(S)当作元件选择信号。它也是一种地址信号。向存储单元写入或读出的控制则由W信号进行。写入时，用地址信号指定地址，当W信号为“L”时，就把DQ端子的数据写入。读出

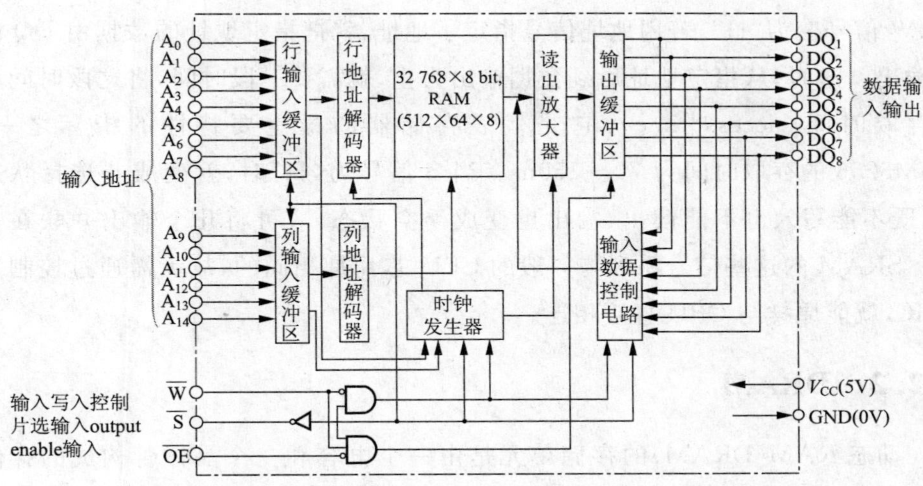

图 7.5 SRAM 的框图

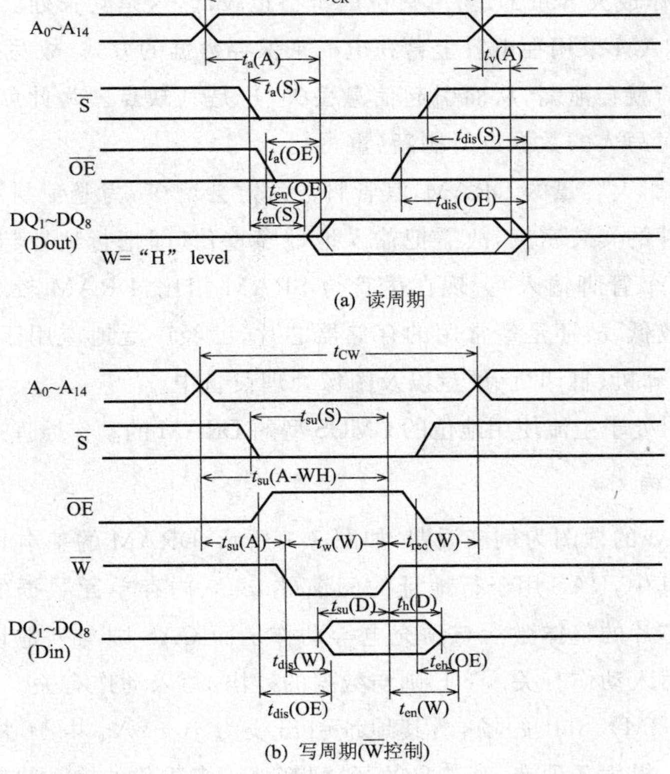

图 7.6 SRAM 的时序图

时,W 信号变为“H”,若用地址信号指定了地址,就把指定地址的数据由 DQ 端子输出。这时,从指定地址后到数据输出为止,就需要一段时间,将这段时间称为存取时间(access time),它是代表存储器的最重要特性的指标之一。M5M5256 的存取时间为 70～150ns。当 S 信号为“H”时,就变成非选择状态了,既不能写入也不能读出,输出也变成浮空状态,故可将几个输出并联在一起。SRAM 的这些信号系列与一般的 CPU 芯片是相同的,故无需通过控制用的 IC,就能原样与 CPU 直接相连。

7.2.2 DRAM

动态 RAM(DRAM)的存储单元是由一个电容和一个晶体管构成的存储元件。作为随机存储器的不同品种,SRAM 与 DRAM 的结构比较,如前面的图 7.3 所示。由该图可知,DRAM 存储单元的构造比 SRAM 的简单,故 DRAM 容易作成大容量的芯片,每位的价格也较低,这是其长处。

又因 DRAM 采用在电容上蓄积电荷来保存数据的方式,故写好数据后,过一段时间电荷就会泄漏,从而引起信息丢失,这是其缺点。为此就需在一定时间内不断地对写入的数据进行刷新(重写)。

另外,对于大容量的 DRAM,其管脚数肯定会增多,为避免封装体积过大,就要提高元件的实装密度,故需把输入地址多重化(即把行地址与列地址采用时分制,由一个管脚输入)。现在尽管与 SRAM 相比,DRAM 较难使用,但因其每位价格较低,故还是最常用的存储器芯片,已经广泛地应用于大型电子计算机、个人计算机、打印机、硬盘以及图像处理设备中。

这里仅对处于主流使用地位的 CMOS 型的 DRAM 的动作原理进行说明。

1. 结　构

以 DRAM 的框图为例来说明,如图 7.7 所示,DRAM 的基本时钟为 RAS、CAS、WE。其中,RAS 用于行地址的闩锁(latch)、内存单元数据的放大、刷新动作以及对芯片的整体激活与预充电等动作。而 CAS 则与列地址的闩锁、数据的读出与写入动作有关。WE 则与数据的读出/写入动作有关。

另外,在 2M×8bit 的场合,其地址引出线为 A_0～A_{10} 共 11 根用于行选,A_0～A_9 共 10 根用于列选,其各自的行/列都处于多重化的输入状态,故可以从 $2^{11}\times 2^{10}$＝2 097 152 个(2M 个字)的单元中,选择出任意一个字(8bit)来。

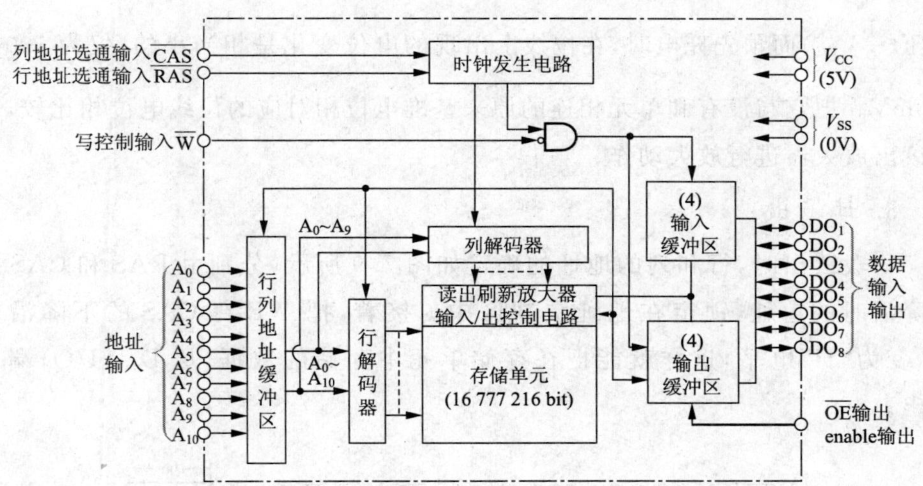

图 7.7 DRAM 的框图

2. 读出放大器

DRAM 的框图中的读出放大器的详细结构,如图 7.8 所示。利用由行地址解码器选择的字线电位的"H"电平,使开关晶体管导通,从而把在电容上蓄积的电荷转送到位线上去。

通常,位线的杂散电容比存储单元的电容大 10 倍左右。因此,为升到基准

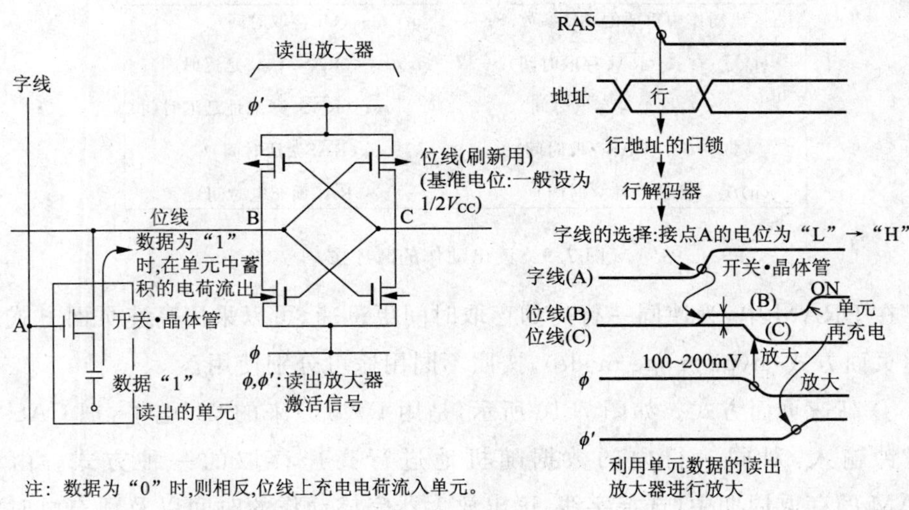

图 7.8 读出放大器的概念图

电压($\frac{1}{2}V_{CC}$)而预先充电时，在位线上出现的电位变化是相当小的，仅为100～200mV。把它与没有和单元相连的原来基准电位相对应的位线电位相比较，就需读出放大器进行放大动作。

3. 读　出

一般读出时，行和列的地址的确定如图7.9所示，分别由RAS和CAS的下降沿时的地址，锁定在地址缓冲区中。接着，把WE在CAS的下降沿前面，变为“H”电平，这样就能把在存储单元中存储的数据，从D_{out}(I/O)端子输出。

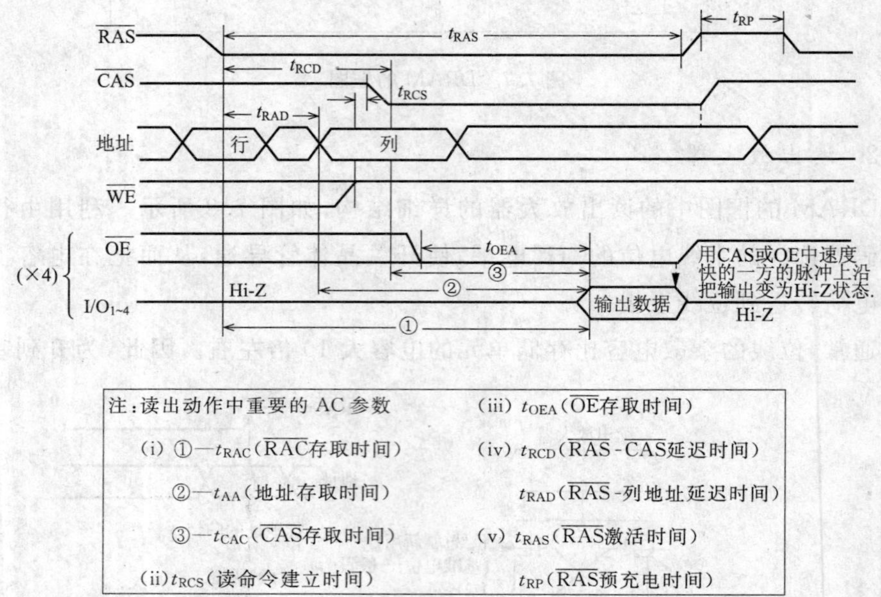

图7.9 读出动作的时序图

在DRAM中，为使同一行内的存取时间更迅速，可以采用高速页面方式或者超页面方式(hyper page mode)，按照不同用途可分别使用。

① 高速页面方式。如图7.10所示，是用RAS原来的“L”电平，把CAS当作时钟输入，对同一行内的数据随机地进行高速存取的一种方式。由于DRAM的存取周期中，选择字线、读出放大器完成动作的时间以及预充电时间占去大半，故省略了这些动作的高速页面方式，只需用标准方式的约1/3时间就能完成存取。

② 超页面方式。超页面方式与高速页面方式同样，如图 7.11 所示，也是用 RAS 原来的“L”电平，把 CAS 当作时钟输入，对同一行上的数据，随机地进行高速存取的方式。而且为了进一步提高存取速度，把高速页面方式中 CAS 为“H”时的 D_{OUT} 的输出变为高阻抗，在超页面方式中，如图 7.11 所示，确保数据的有效时间比页面周期时间更快速。超页面方式的页周期时间仅为高速页面方式的 1/2 左右。

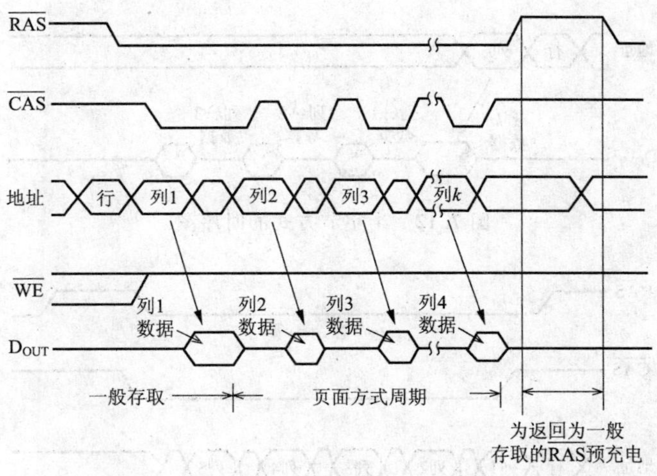

图 7.10 高速页面方式的时序图

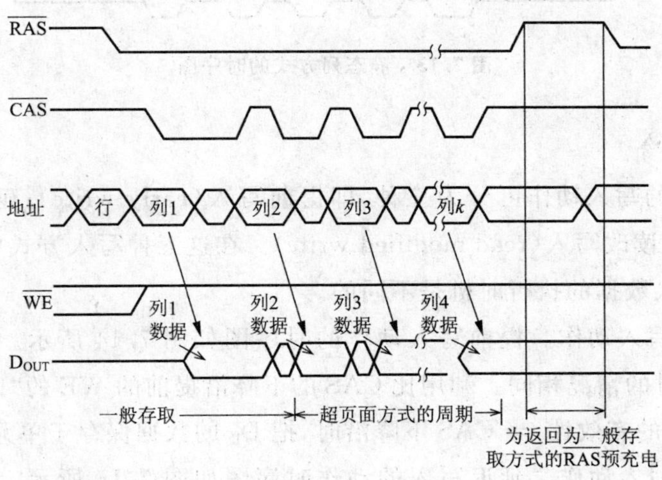

图 7.11 超页面方式的时序图

③ 半字节方式/静态列方式。过去常用的，与上述不同的同一行内高速存取的方式，还有半字节方式和静态列方式。但目前几乎已不再使用了。图 7.12、图 7.13 示出了这两种存取方式的时序图。

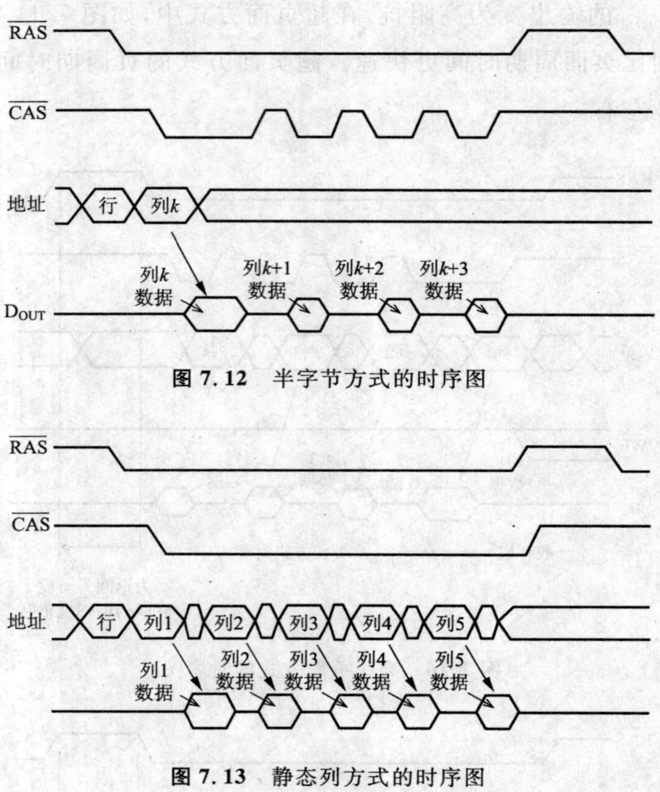

图 7.12　半字节方式的时序图

图 7.13　静态列方式的时序图

4. 写　入

DRAM 的写入动作可分为三种，即提前写入(early write)；延迟写入(delayed write)；读改写入(read modified write)。在这三种写入方式中，其写入命令和锁定输入数据的执行时机是不同的。

① 提前写入动作。提前写入动作的时序图如图 7.14 所示。其地址的设定与“读出”时的情况相同。利用比 CAS 的下降沿提前的 WE 的“L”电平，确认输入数据 D_{IN} 的有效性，当 CAS 下降沿时，把 D_{IN} 的数据保存于单元中。

② 延迟写入动作。延迟写入的动作时序图如图 7.15 所示。地址的设定与“读出”相同。利用比 CAS 的下降沿滞后的 WE 的“L”电平，把 WE 的下降沿时到达的 D_{IN} 的数据保存在单元中。

③ 读改写入。正如该名称所表示的,读改写入就是先把单元中的数据读出后,将其修改后再写回去的动作。其时序图如图 7.16 所示。

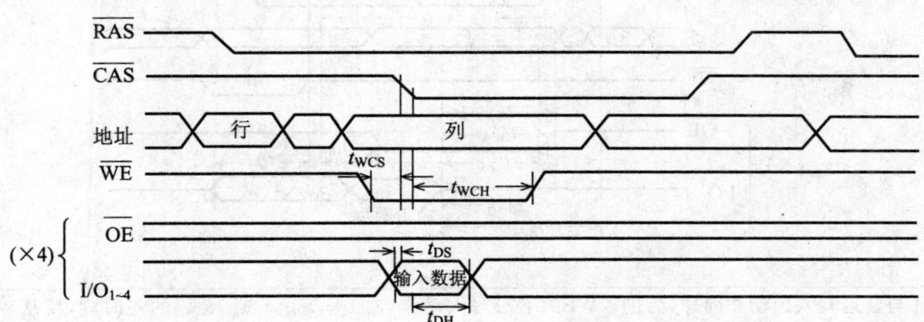

注:① 为用$\overline{CAS}$的下沿锁定写入命令,输入数据,把$\overline{CAS}$的下沿时钟分配规定如下:

t_{WCS}:写命令建立时间

t_{WCH}:写命令保持时间

t_{DS}:数据建立时间

t_{DH}:数据保持时间

② 在提前写入周期中,对于×1b 的数据 D_{out} 为 Hi-Z 状态,对×4b 时,即使$\overline{OE}$为"L",输出仍为 Hi-Z 状态。Hi-Z:表示高阻抗状态。

图 7.14 以提前方式写入的动作时序图

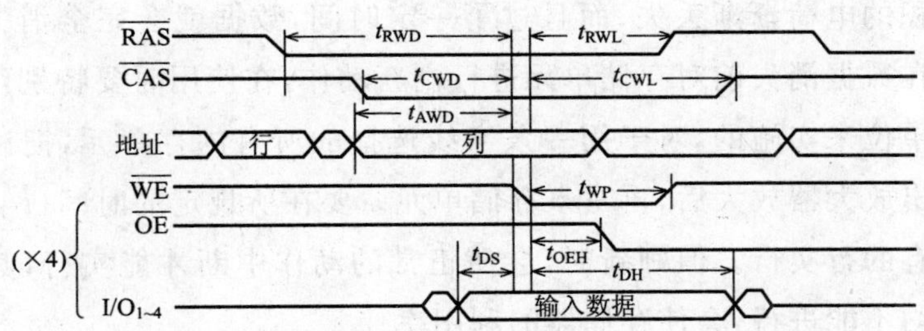

注:① 由于在$\overline{WE}$的下沿开始写入动作,$\overline{WE}$的下沿时,则规定:

t_{DS}:数据建立时间

t_{DH}:数据保持时间

而$\overline{WE}$时钟,则规定为

t_{WP}:写命令脉冲宽度

t_{RWL}:写一$\overline{RAS}$读时间

t_{CWL}:写一$\overline{CAS}$读时间

② 对于×4bit 的情况,为使输出数据与输入数据不互相冲突,必须设定 OE="H"(或者 $t_{OEH} \geqslant t_{OEH}$(min)),因此,以此种方式进行的写动作,又称为 OE 控制写)。

图 7.15 以延迟方式写入的动作时序图

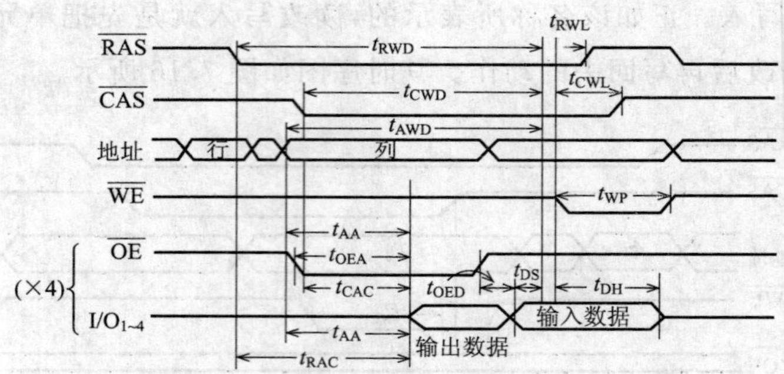

注：① 与延迟写入的动作同样，为进入$\overline{WE}$的下沿写入动作，对 t_{DS}，t_{DH}，t_{RWL}，t_{CWL} 的各时刻，要从$\overline{WE}$的下降沿开始规定。

② 因输出确定后 WE 的动作才会开始，故确定，

t_{RWD}：$\overline{RAS}$-$\overline{WE}$延迟时间

t_{CWD}：$\overline{CAS}$-$\overline{WE}$延迟时间

t_{AWD}：地址-$\overline{WE}$延迟时间

③ 对于×4bit，为避免输入数据与输出数据的冲突，要在$\overline{OE}$的上升沿之后以及 t_{OED}之后才输入数据。

图 7.16 利用读改方式写入的动作时序图

5. 刷新动作

DRAM 的数据是利用在电容上蓄积的电荷来存储的，但由于 pn 结的漏电流会使蓄积的电荷渐渐丢失，而且过了一定时间，数据就会完全消失干净。为此就必须在数据消失前对存储单元进行刷新动作，在使用时要特别注意。刷新是以行为单位来实施的，对于用一条字线选择的所有内存单元，把读出的位线数据经读出放大器放大后，再写入存储单元。要在所规定的时间(t_{REF})内，将此动作对所有的行实行。但刷新时，会使正常的动作中断才能实行，其间读出或写入动作均不能进行，会使存储器的利用率变差。

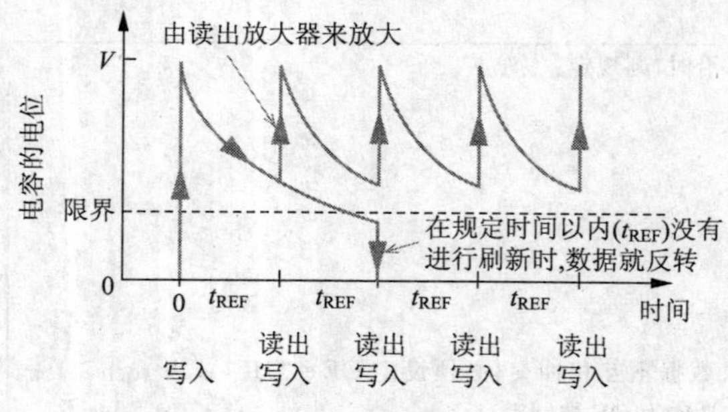

图 7.17 DRAM 的刷新

图 7.17 所示是 DRAM 刷新功能的状态图。一般的 DRAM 中，交点的设定都按使其利用率能达到 95%以上来进行。另外，因刷新动作会使通常动作被中断，故需要有刷新控制电路，它由地址计数器(用于产生刷新地址)与刷新时序(产生刷新必要时间

的请求信号)所组成。为使存储系统更简化。现在已将这些控制电路置于DRAM芯片内,作为自刷新功能而成为标准配置了。

7.3 只读存储器

只读存储器(ROM)是一种不具挥发性的存储器,和DRAM与SRAM不同,即使切断电源也能保存住所存储的信息。不挥发性存储器的读出时间与DRAM和SRAM差不多相同,其读出次数也没有限制,但写入时却有各种制约,因此也叫做ROM(Read Only Memory,只读存储器)。它又可分为在制造时就将数据固定写入的mask ROM以及可让用户自己写入的可编程ROM(PROM)。按照写入方式的不同,可将PROM进一步分类为EPROM,EEPROM与flash memory(闪烁存储器)。各种ROM的性能比较表如表7.2所示。

表 7.2 ROM的比较

	集成度	写入时间	改　写	改写次数	电　源	读出时间
Mask ROM	◎	～week	×	0	1	～10ms
EPROM	○	～min	△	～100	2	～10ms
OTPROM	○	～min	×	0	2	～10ms
EEPROM	△	～s	○	～10 000	1	～10ms
Flash Memory	○	～s	○	～10 000	1 or 2	～10ms

注:写入时间/读出时间,假定为1Mbit。

7.3.1 mask ROM

mask ROM,又称掩膜ROM,是一种在IC芯片制造阶段就把用户所要求的数据写入的不挥发性存储器。由于它的芯片不需要有写入功能,故其容量有可能做得较大。为了更大容量化,就要尽可能把每位的存储元件(记忆单元)做得小一些,并希望尽可能切断来自其他存储元件的不良影响。因此,mask ROM中采用单管存储单元,它是半导体存储器中集成度最高的存储器。例如,在同一制造过程中,mask ROM的集成度可达到DRAM的2～4倍。这时,是由电流是否流过所访问的存储单元所对应的2值状态来记忆信息的。

mask ROM由实现只读动作的方式来决定存储单元的结构,如图7.18所示。

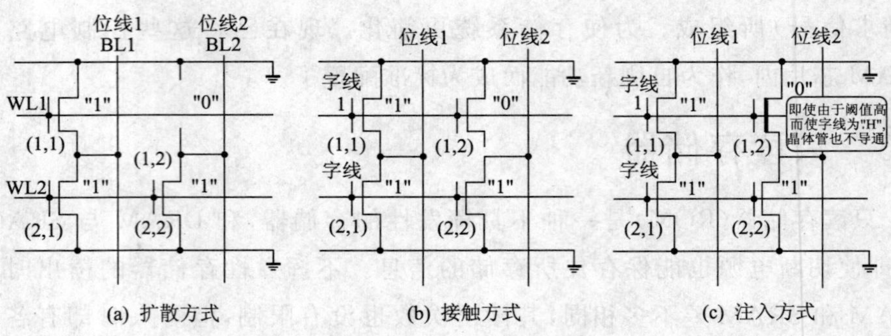

图 7.18 NOR 型 mask ROM 的单元等价电路

① 扩散方式。利用存储单元的形成与否。

② 接触方式。利用存储单元与读出(位)线连接与否。

③ 注入方式。利用在存储单元的晶体管阈值电压上追加大小差值等的方法。

①、②中，与位线的连接变为开路，而在③中，因存储器晶体管为 OFF，没有电流流过，将此定义为数据“0”。

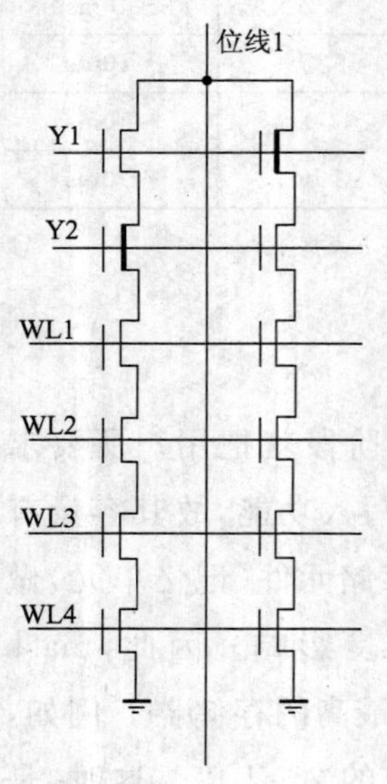

图 7.19 NAND 型 mask ROM 的单元等价电路(4 段相连)

mask ROM 的存储单元结构与动作如下所示。以读出(2,1)的存储单元的情况进行说明。首先为选择该存储单元，把字线 WL2 置为“H”，把位线 BL_1 当作电流源连接在读出放大器上。未选择的字线 WL_1 为“L”，位线 BL_2 为开路。这时，存储单元为 ON，通过存储单元有电流流过 BL_1-GND。将其由读出放大器，把电压变换为“H”，变为数据“1”。在读出(1,2)的存储单元的场合，同样，把字线 WL_1 置为“H”，把位线 BL_2 当作电流源接在读出放大器上。未选择的字线 WL_2 为“L”，位线 BL_1 为开路。图 7.18(a)、图 7.18(b)中，与位线的连接变为开路。在图 7.18(c)中，因存储器晶体管为 OFF 状态而没有电流流过，将其定义为数据“0”。

图 7.18 所示的存储单元阵列的配置方式为，位线与各个存储单元直接相连，称为 NOR 型 ROM。这种 NOR 型 ROM，可以抑制妨碍存取时间的寄生电阻和

杂散电容,但由于存储单元与位线的相连部分以及存储单元的 GND 配线等占用了一定面积,故很难提高集成度。这是其缺点之一。

要解决这个缺点,方法之一是如图 7.19 所示,把若干(8 段或 16 段)段存储单元串联后再接到位线上去,将其称为 NAND 型 ROM。这时,共用一个位线接点的存储单元,不选择时也为 ON。因此,NAND 型中,并不采取像 NOR 型的扩散方式和接触方式那样,让存储单元开路,而是如注入方式那样,与写入数据相应,用存储晶体管的阈值(V_{th})正负来区分的方法。即只要非选择字线上,给出"H"电平,则不论存储晶体管的阈值如何,皆为 ON。

7.3.2 EPROM 和 OTPROM

EPROM(electrically programmable ROM)是可重写的不挥发性存储器,称为电可改写 ROM。它由阈值(V_{th})能作可逆变化的存储晶体管构成。用电子式方法写入,而消除数据时,只需用紫外线照射芯片表面即可。为此,在 EPROM 的封装上,开有能透过紫外线的石英玻璃窗口。EPROM 的存储单元的代表是如图 7.20 所示的迭层栅式门单元,它是把控制栅叠积在电气上相互绝缘的电极(浮栅)上形成的。这种存储单元中,浮栅极形成于沟道之上,在这个电极上注入或引出电荷,都会使 V_{th} 产生变化。由于浮栅是用绝缘膜包围起来的,一旦注入了电荷,就能长时间保持。

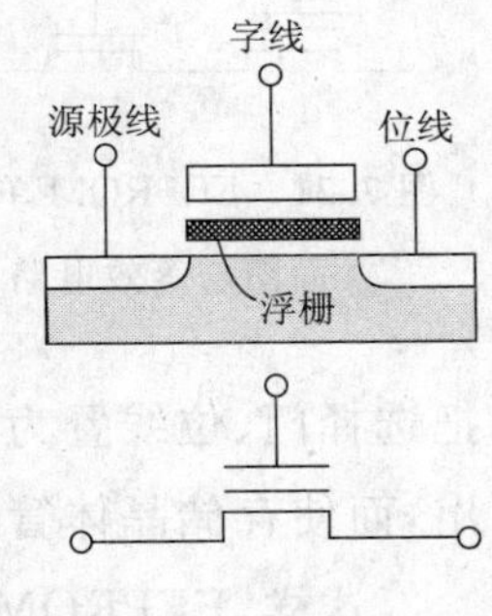

图 7.20 EPROM 的单元断面图与等价电路

写入时,是由在控制栅极与漏极间施加高电压来进行的。由于在控制栅极加有高电压,故浮栅极的电位因电容耦合而变高了,致使部分电子加速移向控制栅极(电子注入效率提高使写入速度加快),并注入浮栅极,存储单元的 V_{th}(因 N_{ch})也向高方移动(OFF 侧)。

另外,消去时因紫外线的照射而将能量传给了浮栅中的电子,当超过绝缘膜的壁垒后,就放出到基板或控制栅上去。而存储单元的 V_{th} 也就移动到低方(ON 侧)。

OTPROM(one time PROM)是指为降低造价而生产的没有石英玻璃窗口

的 EPROM，用户只能进行一次性写入的只读存储器。

7.3.3　EEPROM

如图 7.21 所示，EEPROM(electrically erasable programmable ROM)是电可改写(写入/消除)的不挥发性存储器。近年来才实用化，是具有与 EPROM 同样历史的存储器件。其不挥发的存储机制也与 EPROM 差不多，利用在沟道上形成的蓄电层的电荷来改变存储晶体管的 $\overline{V}_{th}$。这个蓄电层又有浮栅型与 MNOS 型两种，它们在写入或消除时皆需采用高电压，利用隧道现象来移动蓄电层的电荷。

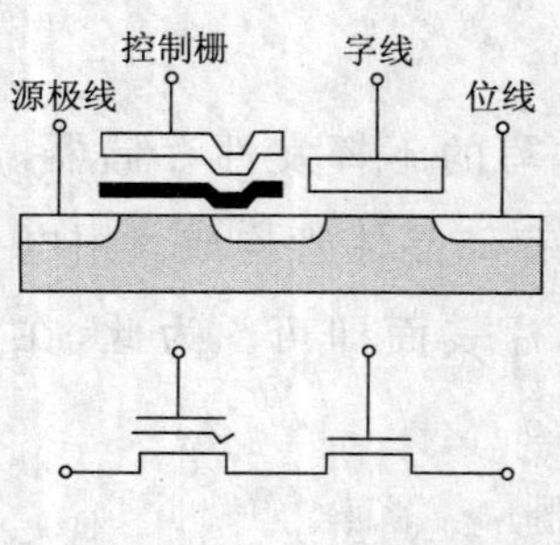

图 7.21　EEPROM 单元断面图与等效电路

浮栅型的代表性产品是 FLOTOX(floating gate tunneling oxide)，如图 7.21 所示。其存储单元，因写入或消除操作时均要利用隧道效应，必须采用非选择时能切断高电压的结构。因此，1 位的存储单元就需由选择晶体管和存储晶体管两个元件组成。

FLOTOX 型的动作如下所述。消除数据时，要把选择门、控制栅极置为高电压，把源极线接地，让位线开路或接地，以便把电子注入浮栅极区，而使存储晶体管的阈值向较高的方向移动。当写入数据时，要把选择门、位线置为高电压，控制栅极接地，源极线开路，以便从浮栅把电子引出，而使存储晶体管的阈值向较低的方向移动。

这样，EEPROM 中是用 2 个晶体管构成 1 位，实现高度集成化比较困难。但是，由于写入与消除数据时，能利用隧道现象，在芯片内部可使用升压电源，具有用 5V 单一电源即可工作的优点。还具有对每个字节都能改写的灵活性，可以满足 IC 卡等应用的要求。

7.3.4　闪　存

闪存(flash memory)也与 EEPROM 一样，都是电可改写(写入/消除)的不挥发性存储器，消除可以是以整个芯片或者以块为单位消去，这是其特征。写入机制是利用热电子注入方式，而消去则利用隧道现象。常用于数码相机、数字式录音机或电子记事本中，其体积仅有邮票大小。所谓 flash 是指数据可以轻易地被一起消除。

图 7.22 是其代表性的存储单元，即叠栅电路单元的示意图。该单元与EPROM 一样，也是只由一个晶体管构成，故便于提高集成度。写入数据时，也像 EPROM 那样，在栅极、漏极加以高电压，把源极接地，将热电子注入浮栅中。消除数据时，源极接以高电压，栅极接地，漏极开路，利用隧道效应，从浮栅把电子引出。因此，其栅氧化层比 EPROM 的薄，当设定 IC 制造条件或工作电压时，应当注意这一点。

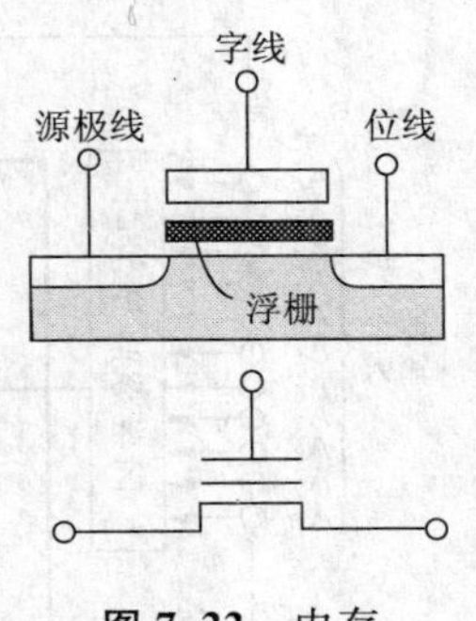

图 7.22 内存的单元断面图与等效电路

闪存具有容量大、价格低的优势，而且体积小巧，可以原样装在印制电路板上，具有既可写入也能消除数据的特征。因此近年来，EPROM 有被闪存取代的趋势。目前单片闪存容量已达 512Mb，是一种有巨大商业价值的存储芯片技术。

7.4 专用存储器

专用存储器(application specific memory)是在通用存储器的传统制造工艺的基础上，把某些面向专门用途的功能、性能也一起作进存储器芯片中。通过将一部分系统功能芯片化(ON Chip)，达到高性能化、高速化的目的，从图像专用存储器，到个人计算机的主存储器，已迅速地应用于各个领域。

7.4.1 视频 RAM

在个人计算机和工程工作站等设备中使用的图像处理用的存储器系统，需要把显示器显示用的数据高速连续地读出来，同时 CPU 也能抽空把数据写入内存。过去是通过设在外部的串行存储器进行这种动作的。而将这种串行存储器也制作在存储器的芯片中，就形成了所谓视频存储器(VRAM)。因其同时拥有 CPU 用与图像用的两个端口，故也称为双口存储器。

VRAM 的基本结构如图 7.23 所示。

VRAM 是由能将显示用的数据串行高速输出的串行存取存储器(SAM)与存储图像数据的 DRAM 组成。在 DRAM 中保存的图像数据，以行为单位一起传送给 SAM 后，再串行高速输出。要改写图像数据时，只需改写 DRAM 中的数据即可。DRAM与SAM的动作是相互独立的，由于显示动作并不妨碍数据的改写，故利用VRAM就能实现高性能的图像专用存储器系统。

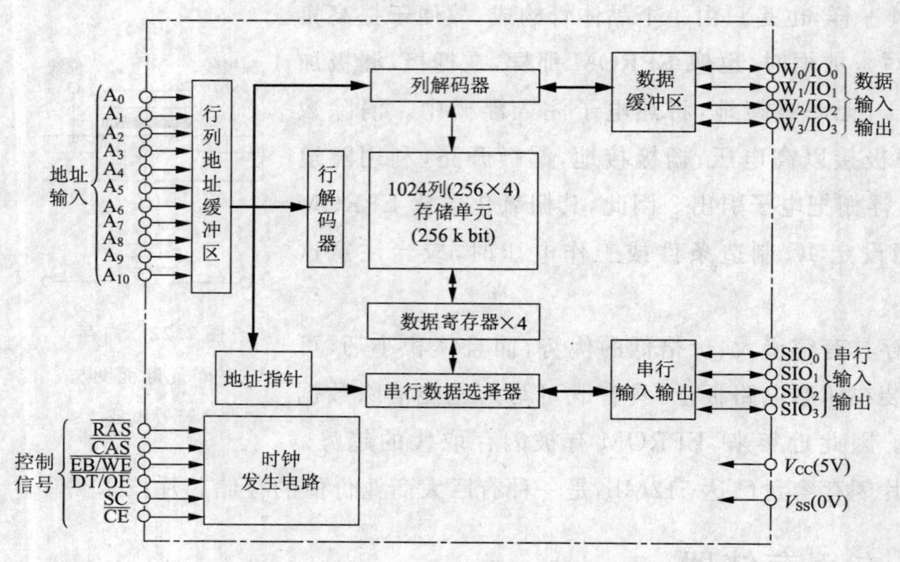

图7.23　VRAM的框图

7.4.2　同步DRAM

所谓同步DRAM，是指通过流水线(pipeline)操作，可使数据的传送速度比传统的DRAM高出4～5倍之多的一种存储器，其瞬间存取时间可以实现到10ns以下。今后很可能发展成为DRAM存储器的主流产品。同步DRAM的框图如图7.24所示。

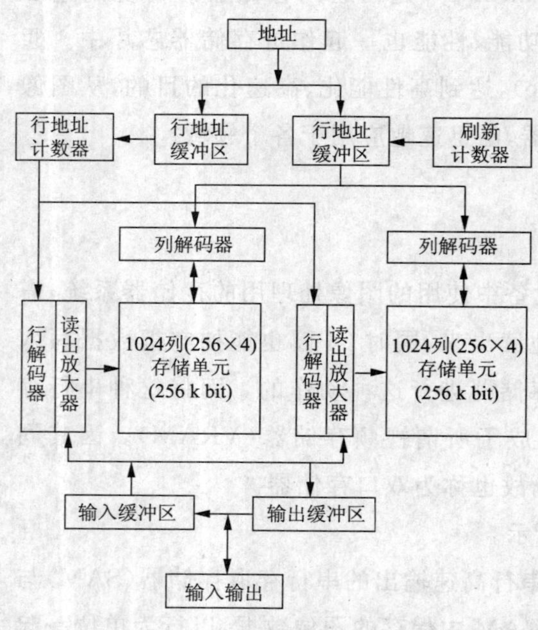

图7.24　SDRAM的框图

1. 特　征

① 它是时钟同步式的存储器。其CLK信号采用从外部来的时钟输入信号，同步DRAM的动作全部由该时钟信号来同步。

② DRAM 由若干个存储排(bank)组成。其存储单元阵列由若干组(group)排组成,它们皆可独立访问,通过选排信号可以选择要访问的排。

③ 可由命令来设置动作模式。同步 DRAM 的动作,是由命令来控制的。命令可由 CS、RAS、CAS、WE 各个脉冲的组合来定义,利用外部时钟信号的上升沿来取入。

④ 突发(burst)存取的长度、CAS 的等待时间(latency)是可编程指定的。所谓突发存取长度,是指用一次读/写命令能够连续输入输出数据的长度,可以设定为 1/2/4/8。而 CAS 的等待时间,是指从输入读出命令到数据输出所需要的时钟脉冲的数目,可设定为 1/2/3。CAS 等待时间要遵守规定的 CAS 存取时间,必须利用时钟频率来设定。

关于这些的说明,如图 7.25 所示。

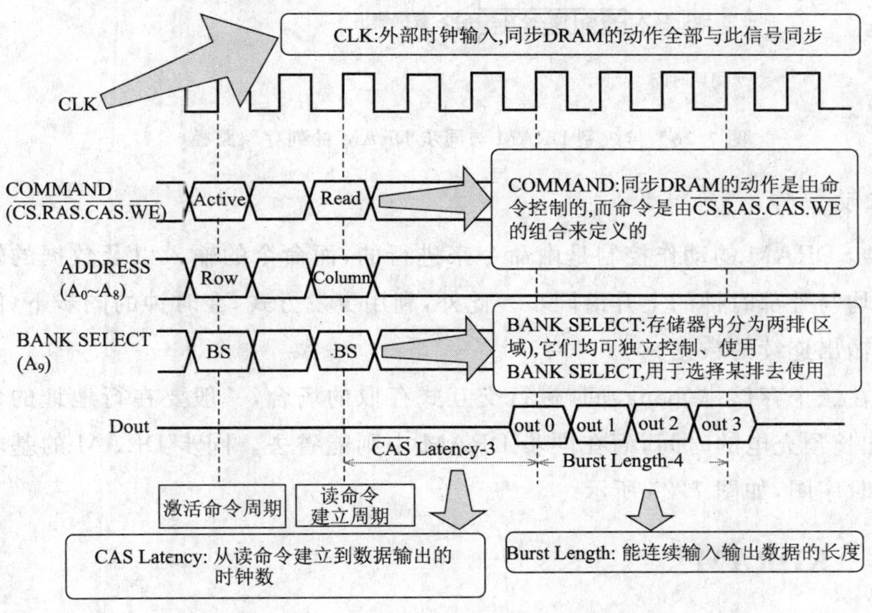

图 7.25 SDRAM 的动作

2. 高速传送的原因

在传统的一般 DRAM 中,从地址输入到与该地址相应的数据被输出为止,均不能输入下一个地址。为此到数据输出的存取时间与数据传送的周期时间相等,因此数据传送的速率很难提高。而在同步 DRAM 中,列存取途径被分割成 3 段流水线(pipe line),各个流水线均能以外部时钟为同步来接受传递数据。

这样一来，就可能在外部时钟的同步下，用比存取时间更短的周期时间进行地址的输入与数据的输出。

传统的 DRAM 与同步 DRAM 的地址输入的不同之处，如图 7.26 所示。

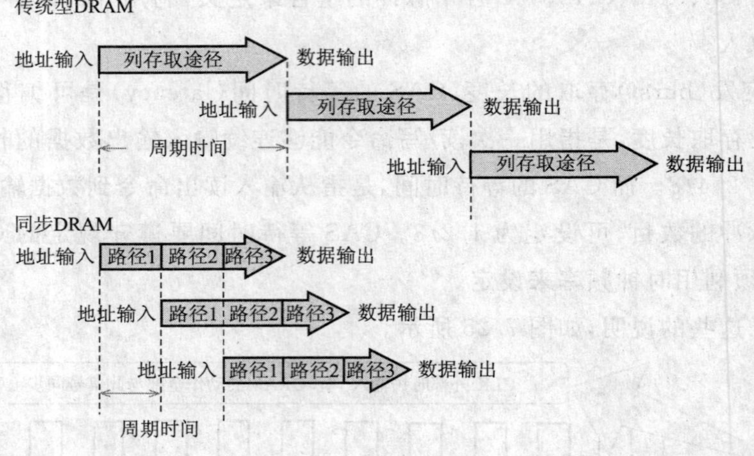

图 7.26　传统型 DRAM 与同步 DRAM 的列存取路径

3. 动　作

同步 DRAM 的动作控制是由命令来进行的，而命令的输入以及数据的输入输出均与外部时钟的上升沿同步。此外，利用突发方式，在时钟的同步下，能够输入输出连续的数据。

当在二个存储排(bank)间，进行交互式存取的场合，一般要在行地址的切换时，加长预充电的时间，而在同步 DRAM 中则能省去。同步 DRAM 的基本动作的时序图，如图 7.27 所示。

7.4.3　RDRAM

所谓 RDRAM，是指采用美国 Rumbus 公司提出的超高速接口技术制造的 DRAM，使用传统的 DRAM 处理技术就能实现 500MB/s 的传送能力。

RDRAM 是由 DRAM 的单元阵列部分与可高速动作的 Rumbus 接口部分组成。DRAM 阵列部分的读出放大器当作高速缓存(cache)来使用，经常存放着最后存取的最新数据。当进行刷新周期的动作时，刷新后，在内部自动地从 DRAM 单元把数据取出来，再写回读出放大器；从外部而言，一般是当作快存(cache)的功能(RDRAM 为美国 Rumbus 公司的商标)。

在 Rumbus 接口部分，其设备内部的时钟与从外部输入的时钟是同步的，内部设有能产生周期为正确地输入时钟的 1/2 周期的时钟电路。RDRAM 的框图如图 7.28 所示。

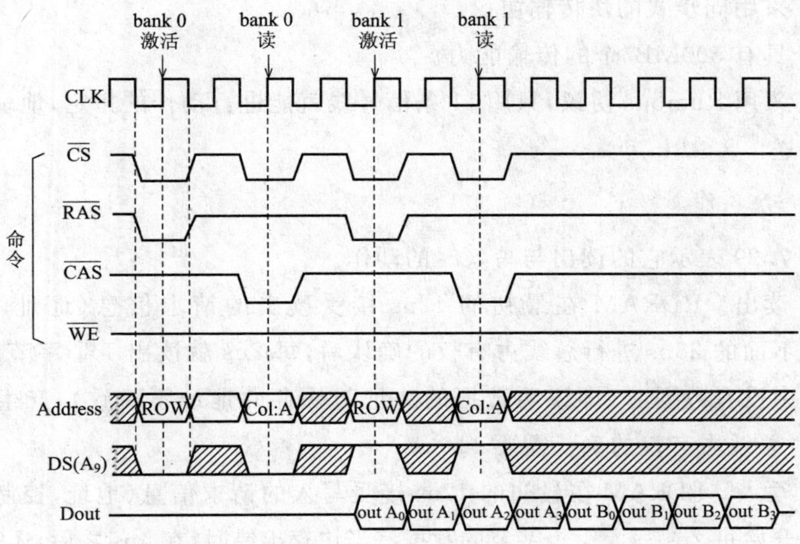

图 7.27 SDRAM 的操作实例(突发存取/2bank 动作)

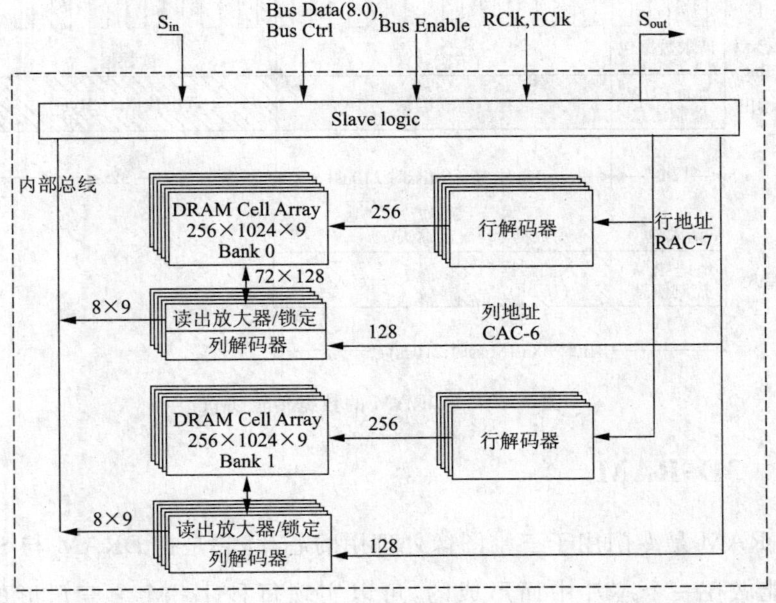

图 7.28 RDRAM 的框图

1. 特 征

① 为缩短执行等待时间，把读出放大器当作高速缓冲存储器使用。

② 采用同步式的块传输协议。

③ 具有 500MB/个的传输能力。

④ 采用 Rumbus 协议，只用 11 条信号线就能进行动作的指定，地址以及数据的传送。

2. 动 作

图 7.29 表示它的读出与写入时的动作。

① 读出。RDRAM 在最初的 12ns 接受读出的请求信息（地址、控制信息），在下面的 28ns 进行总线占有权的确认后，每 2ns 就读出 1 个字节的数据。当快存中没有数据时（即说明数据的地址与快存的地址不一致），产生快存错误，这时总线占有权的确认需要 116ns。

② 写入。RDRAM 在最初的 12ns 接受写入的请求信息（地址，控制信息），4ns 后，开始每 2ns 写入 1 个字节的数据。当快存出错时，在 4ns 之后，还需 92ns。

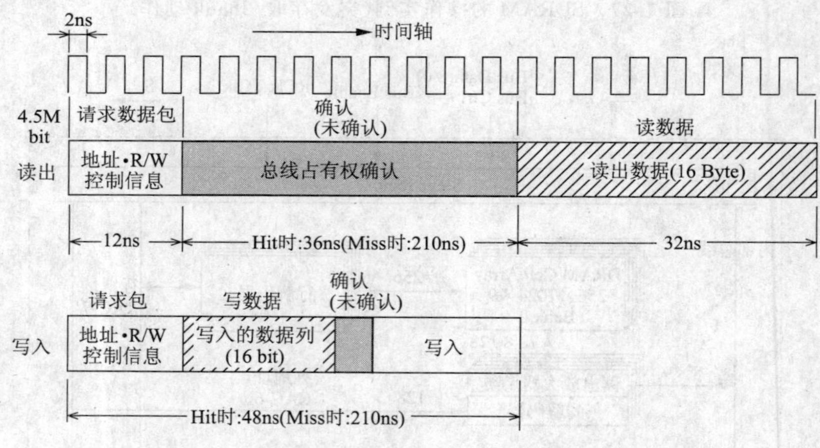

图 7.29 RDRAM 的数据传输协议

7.4.4 3D-RAM

3D-RAM 是专门用于三维图像处理用的芯片，它是把 DRAM 与 SRAM 的运算功能做在一个芯片中而形成的，可以实现每秒 1.8M 个三角形的高速扫描。这种描画性能，与一般的由 VRAM 组成的芯片相比，速度大约快了 10 倍。

3D-RAM 的框图如图 7.30 所示。

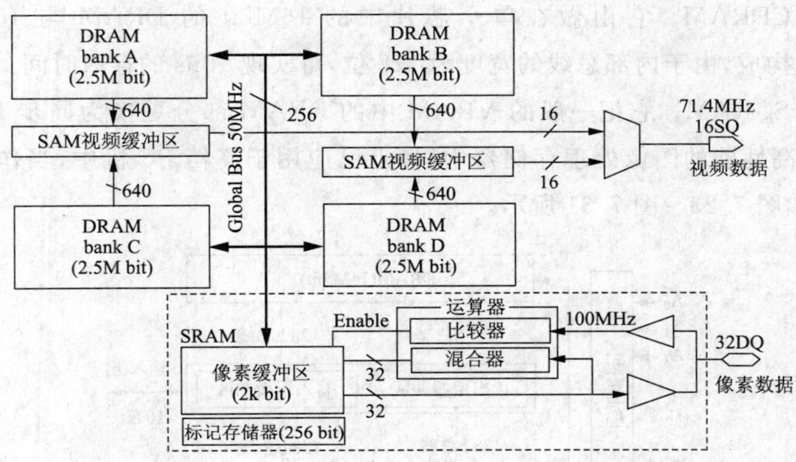

图 7.30 3D-RAM 的框图

1. 结 构

3D-RAM 是由 10Mbit 的 DRAM，1kbit 的视频缓冲区（SAM)，2kbit 的 SRAM 与 20k 门的运算部件（ALU)组成。而 DRAM 由 4 个 bank 组成，可存放每帧(frame)为(1280×1024)像素的 8 个位面(plane)的数据。两个 DRAM 的 bank 共用一个 SAM，以两路交错的时钟为 71.4MHz 的同步信号把视频数据高速输出。SRAM 是在变更显示数据时，当作像素高速缓冲存储器使用，而 DRAM 与 256 位宽的总线相连接。运算部件(ALU)则用于进行三维图像所需的 α 混合配比以及 Z 缓冲处理并进行栅格运算等。

2. 特 征

① 由于 DRAM 与运算部件(ALU)作于单个芯片中，故可以高速地更新显示数据。

② 当把二个图形进行重合处理时，具有必要的 AND、OR、NAND 等栅格操作的功能。

③ 当把二个图形重合时，具有必要的颜色配比功能和 32 位共面等的运算能力。

7.4.5 其他专用存储器

最近，又出现了许多用于图像处理的专用存储器，下面选择两种进行简单的说明，图 7.31 是它们的结构。

① CDRAM。它由做在单个芯片中的 16Mbit 的 DRAM 与 16kbit 的 SRAM 构成，由于内部总线的宽度为 128 位，可实现 10ns 的存取时间。

② SGRAM。它把一般的 VRAM 中的 DRAM 部分更换为同步 DRAM，可用于高性能的图像处理存储器中，最近已应用于高档 PC 机中，当作图像存储器，如图 7.23～图 7.31 所示。

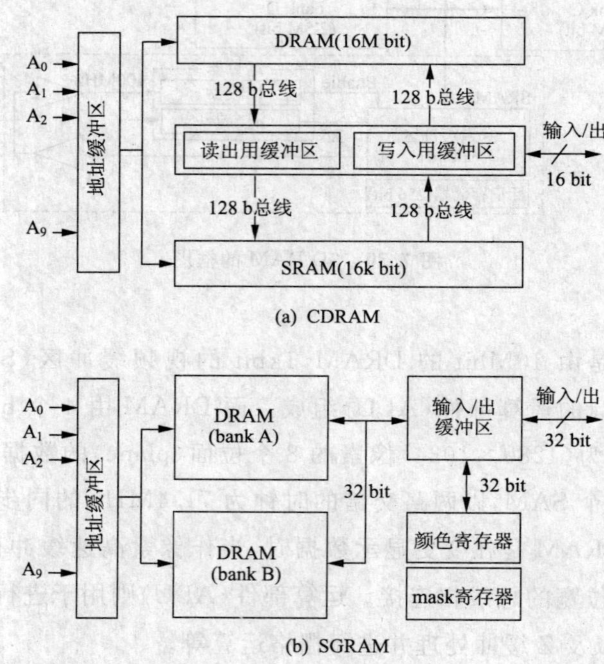

(a) CDRAM

(b) SGRAM

图 7.31 专用存储器

第8章

可编程逻辑器件及其应用

可编程逻辑器件是指可由用户编程、配置的逻辑器件，它包括可编程只读存储器(PROM：Programmable Read-Only Memory)、可编程逻辑阵列(PLA：Programming Logic Array)、可编程阵列逻辑(PAL：Programming Array Logic)、通用阵列逻辑(GAL：General Array Logic)、可擦除可编程逻辑器件(EPLD：Erasable Programmable Logic Device)、复杂可编程逻辑器件(CPLD：Complex Programmable Logic Device)和现场可编程逻辑阵列FPGA。可编程逻辑器件的发展和应用不仅简化了电路设计，增加了设计的灵活性，降低了成本，缩短了开发周期，提高了系统的可靠性和保密性，而且给数字设计带来了"硬件设计软件化"的一次革命。

8.1 可编程逻辑阵列器件

可编程逻辑阵列(PLA)器件是20世纪70年代中期推出的PLD产品，它由可编程的与阵列和可编程的或阵列组成。PLA的典型阵列结构如图8.1所示。PLA的容量为与阵列数和或阵列数的乘积，图8.1所示的PLA的容量为8×4。

由于PLA的电路是由可编程与阵列和可编程或阵列构成的，因此，用PLA可以实现组合逻辑函数；若在PLA电路中加入触发器，则可用PLA实现时序逻辑函数。

1. 用PLA实现组合逻辑函数

用PLA实现组合逻辑函数时，首先根据要求写出组合逻辑电路的输出函数表达式并化简，然后根据化简后的表达式确定 PLA 芯片的类型，画出阵列图即可。

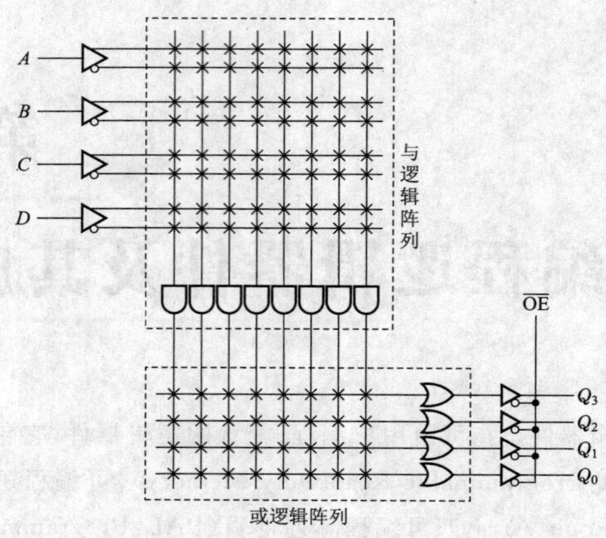

图 8.1　PLA 典型阵列结构图

【例题 8.1】　试用 PLA 实现 4 线-2 线优先编码器的设计。表 8.1 为此优先编码器的功能表，其中，输出信号 Q_2 表示输入信号是否有效，当 $Q_2=1$ 时表示有效；输出信号 Q_1，Q_0 表示有效输入信号的二进制编码。

表 8.1　4 线-2 线优先编码器功能表

输入				输出		
A	B	C	D	Q_2	Q_1	Q_0
×	×	×	0	1	1	1
×	×	0	1	1	1	0
×	0	1	1	1	0	1
0	1	1	1	1	0	0
1	1	1	1	0	0	0

【解答】

① 首先根据编码器的功能表写出输出函数的逻辑表达式。

$Q_2=\overline{D}+\overline{C}D+\overline{B}CD+\overline{A}BCD$　　$Q_1=\overline{D}+\overline{C}D$

$Q_0=\overline{D}+\overline{B}CD$

② 化简逻辑表达式。

$$Q_2=\overline{D}+\overline{C}+\overline{B}+\overline{A} \qquad Q_1=\overline{D}+\overline{C} \qquad Q_0=\overline{D}+\overline{B}C$$

③ 根据逻辑表达式确定 PLA 芯片。

通过编码器的逻辑表达式可知，选用的 PLA 芯片要包含 5 个与门，3 个或门，因此，可选用容量为 6×3 的 PLA 芯片，该芯片的阵列图如图 8.2 所示。

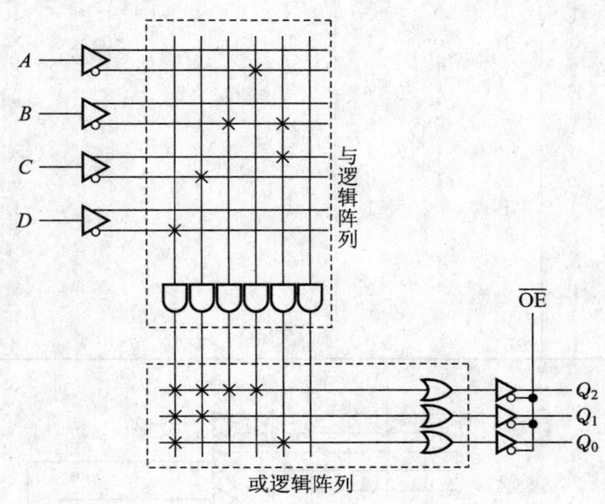

图 8.2 4 线-2 线优先编码器的 PLA 阵列图

2. 用 PLA 实现时序逻辑函数

采用 PLA 设计时序逻辑函数时，先根据要求导出触发器的驱动方程及电路的输出方程，然后选择合适的 PLA 芯片的类型，画出阵列图即可。

【例题 8.2】 试用 PLA 实现 JK 触发器构成的 3 位二进制同步可逆计数器的设计。要求当输入 $X=1$ 时，实现加计数；$X=0$ 时，实现减计数，且清 0 信号$\overline{\text{CR}}$低电平有效。

【解答】

① 首先根据给定的功能写出 JK 触发器的驱动方程。

3 位二进制同步可逆计数器的状态转换表及驱动信号真值表如表 8.2 所示。

根据表 8.2 利用卡诺图化简法可得到 JK 触发器的驱动方程：

$$J_0=K_0=1 \quad J_1=K_1=\overline{X}\cdot\overline{Q_0}+XQ_0$$

$$J_2=K_2=\overline{X}\cdot\overline{Q_1}\cdot\overline{Q_0}+XQ_1Q_0$$

② 根据逻辑表达式确定 PLA 芯片。

根据得出的触发器驱动方程，可画出图 8.3 所示的 PLA 阵列图。

表 8.2　3 位二进制同步可逆计数器的状态转换表及驱动信号真值表

输入	现态			次态			驱动信号					
X	Q_2^n	Q_1^n	Q_0^n	Q_2^{n+1}	Q_1^{n+1}	Q_0^{n+1}	J_0	K_0	J_1	K_1	J_2	K_2
1	0	0	0	0	0	1	1	×	0	×	0	×
1	0	0	1	0	1	0	×	1	1	×	0	×
1	0	1	0	0	1	1	1	×	×	0	0	×
1	0	1	1	1	0	0	×	1	×	1	1	×
1	1	0	0	1	0	1	1	×	0	×	×	0
1	1	0	1	1	1	0	×	1	1	×	×	0
1	1	1	0	1	1	1	1	×	×	0	×	0
1	1	1	1	0	0	0	×	1	×	1	×	1
0	0	0	0	1	1	1	1	×	1	×	1	×
0	1	1	1	1	1	0	×	1	×	0	×	0
0	1	1	0	1	0	1	1	×	×	1	×	0
0	1	0	1	1	0	0	×	1	0	×	×	0
0	1	0	0	0	1	1	1	×	1	×	×	1
0	0	1	1	0	1	0	×	1	×	0	0	×
0	0	1	0	0	0	1	1	×	×	1	0	×
0	0	0	1	0	0	0	×	1	0	×	0	×

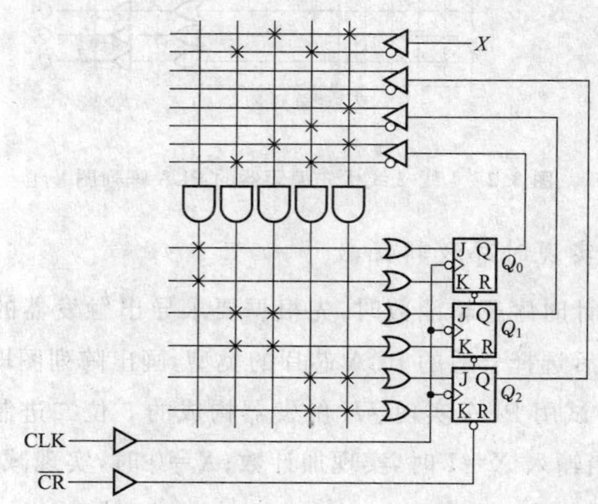

图 8.3　3 位二进制同步可逆计数器的 PLA 阵列图

8.2　可编程阵列逻辑器件

可编程阵列逻辑(PAL)器件是 20 世纪 70 年代末推出的 PLD 产品，它由可编程的与阵列和固定的或阵列组成，使用双极型工艺制造，采用熔丝编程方式。PAL 器件的工作速度很高，且输出结构种类多，设计比 PROM 灵活，便于完成多种逻辑功能，同时又比 PLA 工艺简单，易于编程和实现。

8.2.1 PAL 器件的基本结构

图 8.4 所示为 PAL 器件的基本阵列结构图，这是一个有 4 个输入端，6 个与门，4 个输出端的 PAL 器件。

由图中可看出，与阵列是可编程的，用户在使用时可将不需要的交叉点处的熔丝烧断，只留下需要的熔丝。或阵列是固定不变的。图 8.5 所示为某编程后的 PAL 的器件的阵列结构图。

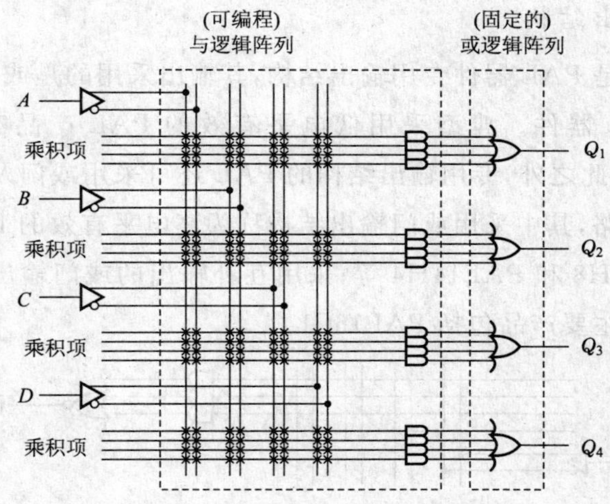

图 8.4 PAL 的器件基本阵列结构图

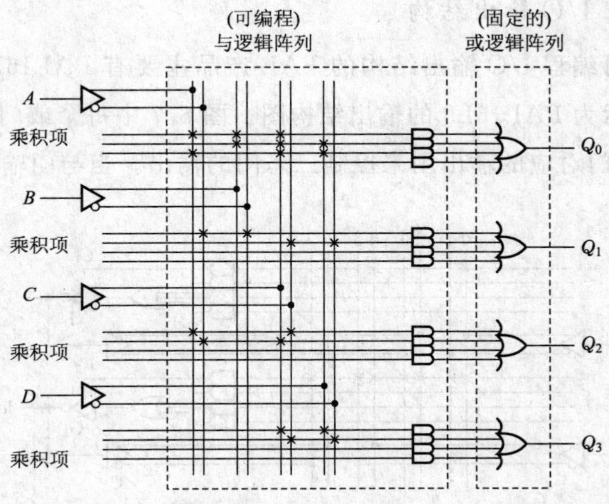

图 8.5 编程后的 PAL 器件阵列结构图

由图 8.5 可得出该电路输出函数表达式为：

$$Q_0 = ABC + BCD + ACD \qquad Q_1 = \overline{A} \cdot \overline{B} + \overline{C} \cdot \overline{D}$$

$$Q_2 = A\overline{C} + \overline{A}C \qquad Q_3 = CD + \overline{C} \cdot \overline{D}$$

8.2.2　PAL 器件的输出结构

PAL 有几种固定的输出结构，通过选定不同的 PAL 芯片型号，可确定不同的输出结构。下面我们就来介绍几种 PAL 的输出结构。

1. 专用输出结构

图 8.6 所示是 PAL 器件专用输出结构，其输出采用的是或非门，因此是低电平有效的 PAL 器件。典型采用低电平有效的 PAL 产品有 PAL10L8 和 PAL14L4 等。除此之外，专用输出结构的 PAL 还可采用或门及互补输出的或门作为输出门电路，其中采用或门输出结构称为高电平有效的 PAL 器件，主要产品包括 PAL10H8 和 PAL14H4 等；采用互补输出的或门输出结构称为互补输出 PAL 器件，主要产品包括 PAL16C1。

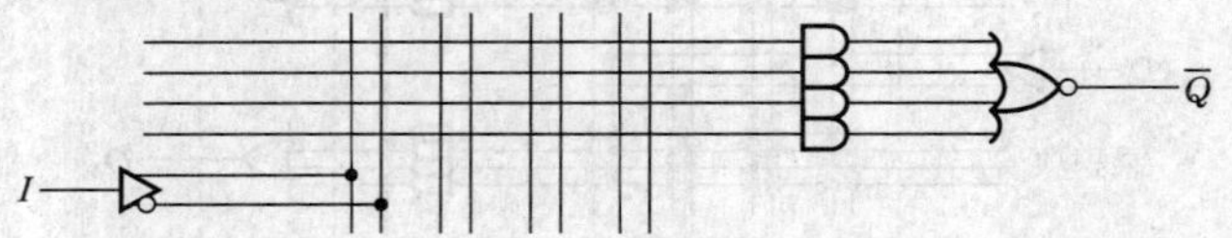

图 8.6　专用输出结构

2. 可编程 I/O 输出结构

输出属于可编程 I/O 输出结构的 PAL 产品主要有 PAL16L8、PAL20L10 等。图 8.7 所示为 PAL16L8 的输出结构图。图 8.7 中每个或门可包含 3 个与项，最上面的与门对应的输出用来控制三态门的输出。当与门输出为“1”时，即

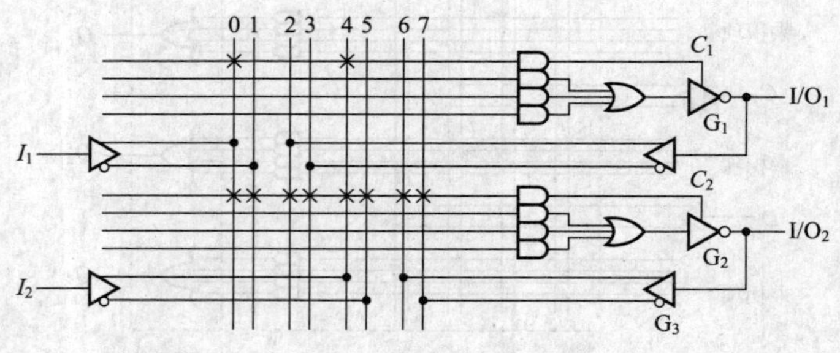

图 8.7　可编程 I/O 输出结构

$I_1 = I_2 = 1$ 时，三态门 G_1 选通，I/O_1 引脚作为输出端，将三态门 G_1 的输出反馈到与阵列的输入端，使三态门 G_2 禁止，处于高阻输出状态，此时 I/O_2 引脚作为输入端使用，将加在 I/O_2 上的信号通过门 G_3 反馈到与阵列的输入端。

3. 寄存器输出结构

寄存器输出结构如图 8.8 所示，当时钟脉冲的上升沿到来时，D 触发器将或门的输出储存起来，触发器的 Q 端将储存的信号经过三态缓冲器送到输出端，触发器的 $\overline{Q}$ 端将输出信号反馈到与阵列中，这样使原始输出状态被记忆下来，可实现移位、计数等逻辑功能。具有寄存器输出结构的 PAL 产品主要包括 PAL16R8，PAL16R 等。

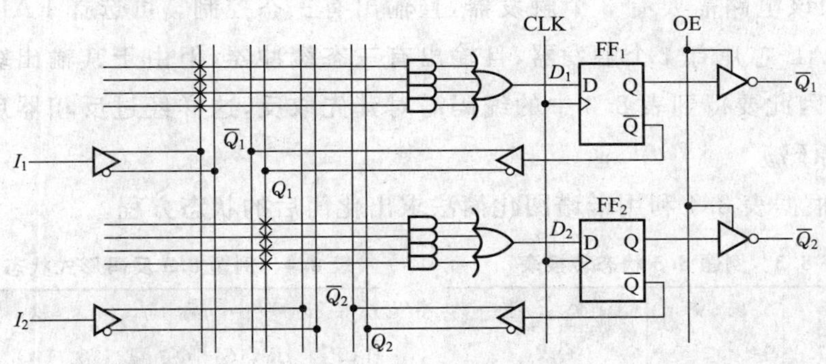

图 8.8 寄存器输出结构

4. 异或输出结构

图 8.9 所示是异或输出结构的 PAL，异或输出结构的特点是由或阵列输出的信号在进入触发器之前先进行异或运算。属于这种输出结构的产品主要有 PAL16X4，PAL20X8 等。

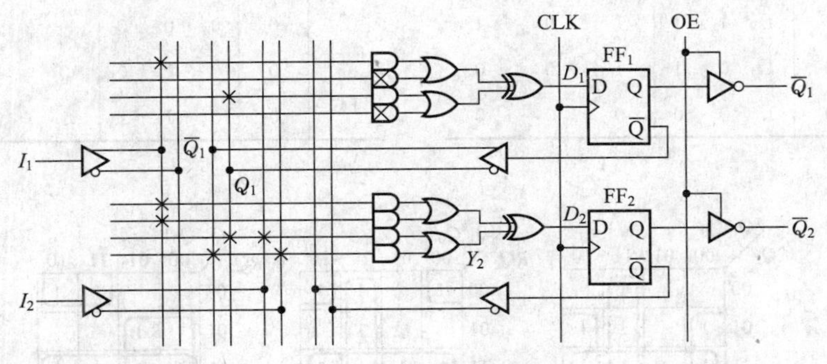

图 8.9 异或输出结构

8.2.3　PAL 器件的应用

用 PAL 器件设计电路时，首先根据要求确定功能表，然后通过逻辑功能表写出输出函数表达式并化简，最后选择合适的 PAL 芯片画出阵列图即可。下面通过实例来具体说明用 PAL 器件设计电路时的过程。

【例题 8.3】 用 PAL 器件设计一个 3 位循环码计数器，其状态转换表如表 8.3 所示。表中 R 为置 0 信号，要求设计的计数器对输出可进行三态控制。

【解答】

① 由于已知该设计电路的状态转换表，因此可直接选择 PAL 器件。由表 8.3 可知该电路需要有 3 个触发器，且输出有三态控制。可选择 PAL16R4 芯片，该 PAL 芯片有 4 个触发器，且输出有三态缓冲器，但由于其输出缓冲器是反相器，因此要得到表 8.3 中的编码需对其先取反，这样经过反相器反相后才能得到原码。

② 根据表 8.4 利用卡诺图化简法求出化简后的状态方程。

表 8.3　例题 8.3 状态转换表

CP	R	现态 Q_2^n	现态 Q_1^n	现态 Q_0^n	次态 Q_2^{n+1}	次态 Q_1^{n+1}	次态 Q_0^{n+1}
↑	1	×	×	×	0	0	0
↑	0	0	0	0	0	0	1
↑	0	0	0	1	0	1	1
↑	0	0	1	1	0	1	0
↑	0	0	1	0	1	1	0
↑	0	1	1	0	1	1	1
↑	0	1	1	1	1	0	1
↑	0	1	0	1	1	0	0
↑	0	1	0	0	0	0	0

表 8.4　例题 8.3 反码形式状态转换表

CP	R	现态 Q_2^n	现态 Q_1^n	现态 Q_0^n	次态 Q_2^{n+1}	次态 Q_1^{n+1}	次态 Q_0^{n+1}
↑	1	×	×	×	1	1	1
↑	0	1	1	1	1	1	0
↑	0	1	1	0	1	0	0
↑	0	1	0	0	1	0	1
↑	0	1	0	1	0	0	1
↑	0	0	0	1	0	0	0
↑	0	0	0	0	0	1	0
↑	0	0	1	0	0	1	1
↑	0	0	1	1	1	1	1

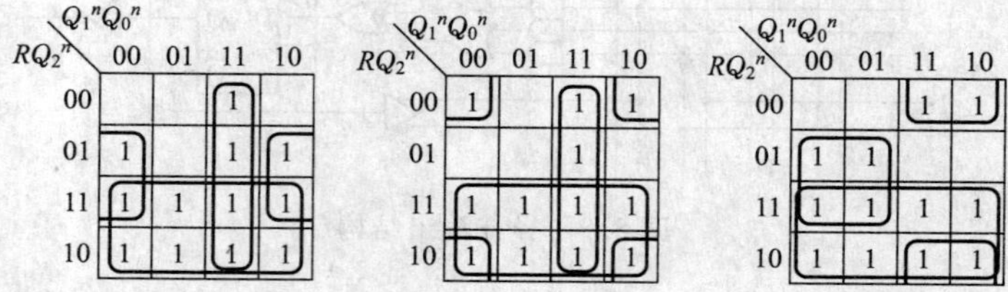

$$Q_2^{\,n+1}=R+Q_1^{\,n}Q_0^{\,n}+Q_2^{\,n}\,\overline{Q_0^{\,n}}$$

$$Q_1^{\,n+1}=R+Q_1^{\,n}Q_0^{\,n}+\overline{Q_2^{\,n}}\cdot\overline{Q_0^{\,n}}$$

$$Q_0^{\,n+1}=R+\overline{Q_1^{\,n}}Q_2^{\,n}+Q_1^{\,n}\,\overline{Q_2^{\,n}}$$

PAL16R4 芯片采用 D 触发器，根据状态方程可得出触发器的驱动方程：

$$D_2=Q_2^{\,n+1}\quad D_1=Q_1^{\,n+1}\quad D_0=Q_0^{\,n+1}$$

③ 根据触发器的驱动方程可画出编程后的 PAL16R4 逻辑电路图，如图 8.10 所示。

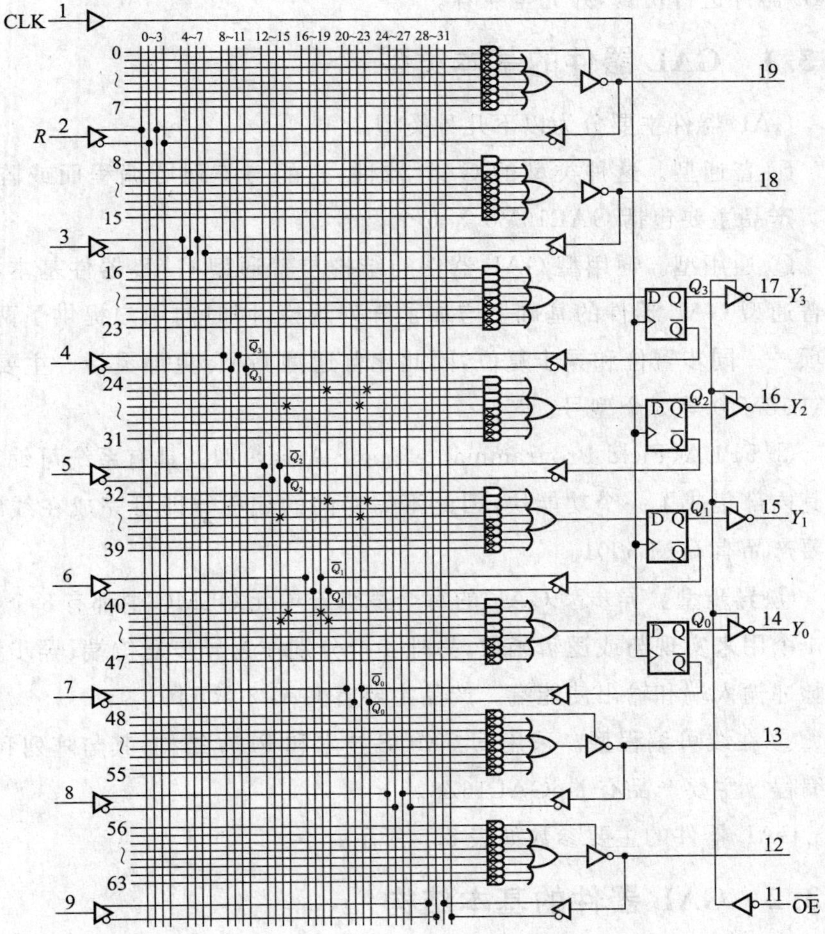

图 8.10 编程后 PAL16R4 的逻辑电路图

8.3　通用阵列逻辑器件

通用阵列逻辑(GAL)器件是 20 世纪 80 年代初由 Lattice 公司发明的，它在 PAL 的基础上采用输出逻辑宏单元(OLMC：Output Logic Macro Cell)的形式和 E^2CMOS 工艺结构。

GAL 器件比 PAL 器件使用更加灵活，它克服了 PAL 一旦编程便不能改写的缺点，具有可擦除、可重新编程、可重新组合结构及数据可长期保存的优点。用 GAL 器件既可设计组合逻辑电路也可设计时序逻辑电路，同时可对 PAL 器件进行仿真，并完全兼容。

8.3.1　GAL 器件的基本类型

GAL 器件主要分为以下几种类型。

① 普通型。这种类型的 GAL 器件，它的与阵列可编程而或阵列固定连接。产品主要包括 GAL16V8 等 6 个型号。

② 通用型。通用型 GAL 器件的结构与普通型 GAL 器件基本相同，只是在普通型 GAL 器件的基础上增加了阵列规模，同时向用户提供了两个专用乘积项——同步置位和异步复位，因此比普通型 GAL 更加灵活。主要产品包括 GAL18V10 等 3 个型号。

③ FPLA(Field Programmable Logic Array)型。具有系统可编程能力，由于其内部集成了一个功能块，因此不需专门的编程器即可完成在线编程任务。主要产品有 GAL6001。

④ 异步型。异步型 GAL 的每个逻辑宏单元 OLMC 中都有 8 个乘积项，其中 4 个用来实现与或逻辑函数，另外 4 个分别作为异步复位端、异步置位端、时钟脉冲输入端和输出使能端。产品主要有 GAL20RA10。

⑤ 在线可编程型。采用 E^2CMOS 技术和 PLA 结构，其与阵列和或阵列均可编程。主要产品有 ispGAL16Z8。

GAL 器件的主要参数如表 8.5 所示。

8.3.2　GAL 器件的基本结构

下面以 GAL16V8 为例来介绍 GAL 器件的基本结构。GAL16V8 的逻辑结构如图 8.11 所示。

表 8.5 GAL 器件主要参数表

器件类型		引脚数	最大传输延时/ns	电源电流 Icc/mA	最多可用输入数	最多可用输出数	阵列规模
普通型	GAL16V8	20	15,25,35	45,90	16	8	64×32
	GAL20V8	24	15,25,35	45,90	20	8	64×40
	GAL16V8A	20	15,25,20,10	55,90,115	16	8	64×32
	GAL20V8A	24	15,25,20,10	55,90,115	20	8	64×40
	GAL16V8B	20	7,5,10	115	16	8	64×32
	GAL20V8B	24	7,5,10	115	20	8	64×40
通用型	GAL18V10	20	15,20	115	18	10	96×36
	GAL22V10	24	10,15,25	130	22	10	132×44
	GAL26CV12	28	15,20	130	26	12	122×52
异步型	GAL20RA10	24	12,15,20,30	100	20	10	80×10
FPLA 型	GAL6001	24	30,35	150	21	10	78×6432
在线可编程型	ispGAL16Z8	28	20,25	90	16	12	64×32

由图 8.11 可知，GAL16V8 主要由输入缓冲器、输出三态缓冲器、可编程与阵列、输出逻辑宏单元(OLMC)及输出反馈/输入缓冲器组成。

其中，引脚 2～9 固定作为 8 个输入缓冲器的输入引脚，引脚 12～19 作为 8 个输出三态缓冲器的输出引脚。

可编程与阵列由 8×8 个与门构成，每个与门有 32 个输入端，分别代表 8 个输入的原变量和反变量，以及 8 个输出反馈信号的原变量和反变量。因此整个与阵列的规模为 64×32。

8 个或阵列分别包含于 8 个 OLMC 中，由图可知此或阵列是固定的。

除上述几个主要组成部分外，GAL16V8 的引脚 1 作为时钟脉冲 CP 的输入端，引脚 11 作为输出使能端 OE 的输入端，引脚 10 作为接地端，引脚 20 作为电源连接端(引脚 10 和 20 未在图 8.11 中标出)。

8.3.3 GAL 器件的输出逻辑宏单元 OLMC

GAL 器件和 PAL 器件最大的差别就在于 GAL 器件有一种灵活且可编程的输出结构——输出逻辑宏单元 OLMC。OLMC 内部结构框图如图 8.12 所示，由图 8.12 可知，OLMC 包括或门阵列、异或门、D 触发器和 4 个数据选择器

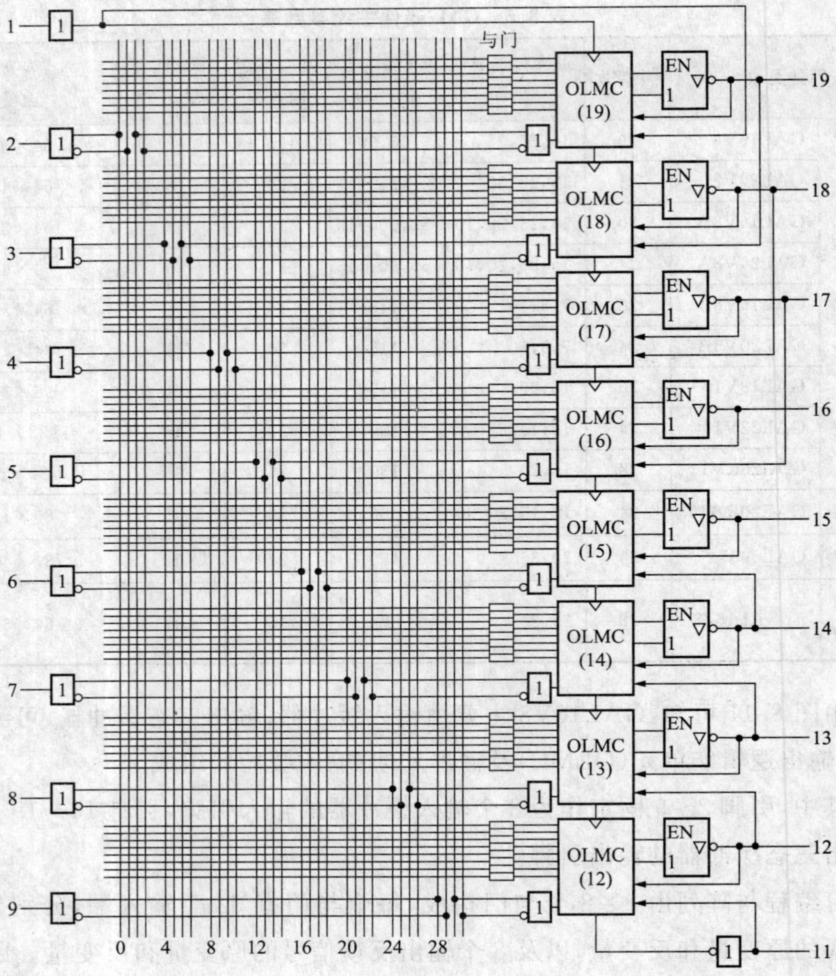

图 8.11　GAL16V8 的逻辑结构图

(MUX)。4 个数据选择器包括乘积项数据选择器 PTMUX、反馈数据选择器 FMUX、输出数据选择器 OMUX 和三态数据选择器 TSMUX。

乘积项数据选择器 PTMUX 是一个 2 选 1 的数据选择器，它用来选择与阵列的第一个乘积项。当控制信号 AC0 和 AC1(*n*)经过门 G_1 后，若使 $G_1=1$ 则选择与阵列的第一个乘积项送到或门输入端；若使 $G_1=0$ 就选择低电平。

反馈数据选择器 FMUX 是一个 4 选 1 的数据选择器，用来决定送到与阵列的反馈信号的来源，它利用控制信号 AC0，AC1(*n*)和 AC1(*m*)的取值，从 4 路不同信号，地电平、触发器反相输出端 $\overline{Q}$、本级 OLMC 输出和相邻 OLMC 输

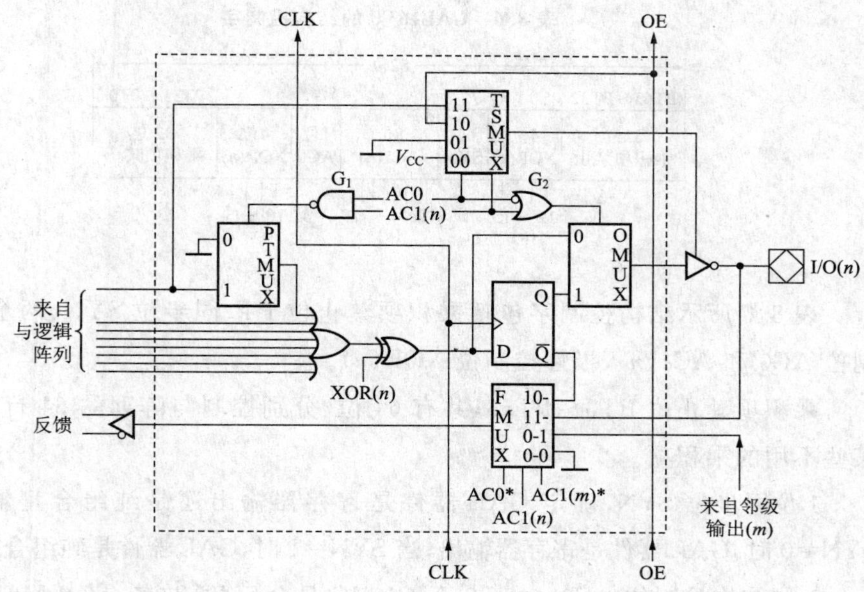

图 8.12 OLMC 内部结构框图

出中选择一个反馈到与阵列的输入端。AC1(*m*)中的 *m* 是相邻 OLMC 的编号。

输出数据选择器 OMUX 是 2 选 1 的数据选择器，从触发器的输入信号 *D*（异或门的输出信号）和触发器 *Q* 端输出信号这两个信号中选择一个，作为本单元的输出。当控制信号 AC0 和 AC1(*n*)经过门 G_2 后，使 G_2 输出为 0，则选择触发器的输入信号 *D* 送到输出三态缓冲器；若使 G_2 输出为 1，则选择触发器 *Q* 端输出信号送到输出三态缓冲器。

三态数据选择器 TSMUX 是 4 选取数据选择器，它用来选择输出三态缓冲器的使能端信号。当控制信号 AC0＝AC1(*n*)＝0 时，选择 V_{CC} 信号（高电平）送到三态门使能端；当 AC0＝0，AC1(*n*)＝1 时，选择接地信号（低电平）送到三态门使能端；当 AC0＝1，AC1(*n*)＝0 时，选择 OE 信号送到三态门使能端；当 AC0＝AC1(*n*)＝1 时，选择与阵列的第一个乘积项送到三态门使能端。

综上所述，OLMC 在相应的控制下，具有不同的电路结构。因此，GAL 器件比 PAL 器件功能更强、应用更方便。

图 8.12 中的 SYN，AC0，AC1(*n*)和 XOR(*n*)等控制信号是由结构控制字来实现的。GAL16V8 的结构控制字如表 8.6 所示。

表 8.6　GAL16V8 的结构控制字

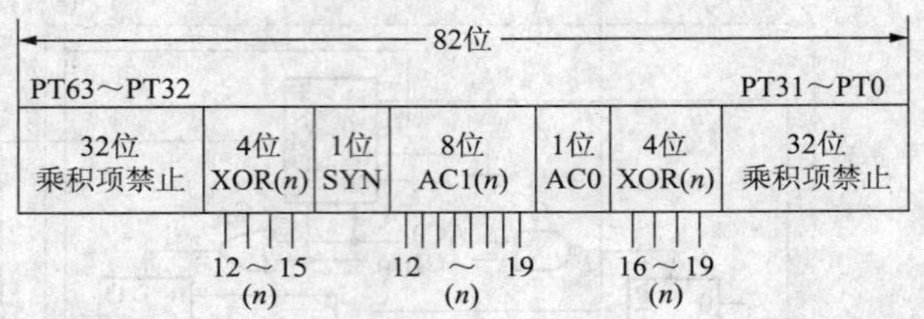

表 8.6 所示结构控制字包括乘积项禁止位 PT、同步位 SYN、两个结构控制位 AC0 和 AC1(n)、极性控制位 XOR(n)。

乘积项禁止位 PT0～PT63，共有 64 位，分别控制与阵列的 64 行，以屏蔽某些不用的乘积项。

1 位同步位 SYN，确定 GAL 器件是寄存器输出还是纯组合型输出。当 SYN=0 时，GAL 器件是寄存器输出；当 SYN=1 时，GAL 器件是纯组合型输出。

1 位结构控制位 AC0，对于 8 个 OLMC 是公用的，与各个 OLMC(n)中的 AC1(n)配合使用来控制 OLMC(n)中的各个多路开关。

8 位结构控制位 AC1(n)，对于每个 OLMC 来说是单独的。

8 位极性控制位 XOR(n)，控制异或门的输出极性。当 XOR(n)为 0 时，异或门的输出 O(n)低电平有效；XOR(n)为 1 时异或门的输出 O(n)高电平有效。

8.3.4　GAL 器件的工作模式

在结构控制字的作用下，GAL 的输出逻辑宏单元可以有 5 种组态，即 5 种工作模式。只有理解 OLMC 的 5 种工作模式，才能编制出正确的源程序。正确的源程序经过 GAL 编译程序(例如，ABEL 软件)编译后，才能生成正确的控制字和JEDEC文件，使 GAL 的各 OLMC 置成符合要求的电路结构，以完成设计任务。图 8.13 给出了 GAL 器件的 5 种工作模式的简化电路，下面以 GAL16V8 为例说明该 5 种工作模式。

1. 专用输入模式

SYN，AC0，AC1(n)=101 时，相应单元的 OLMC 的电路结构为专用输入模式。该方式中，OLM 是组合逻辑电路。1、11 脚和2～9脚一样，可作为普通的数据输入使用；输出三态门禁止工作使 I/O 端不能作为输出，只能借用邻级的反馈开关作组合电路的反馈输入使用。由于 GAL16V8 的 15、16 脚

(GAL20V8 的 18,19 脚)因无反馈开关而不能作反馈输入使用,即不是 101 方式,它们只能作组合输出的 100 方式。

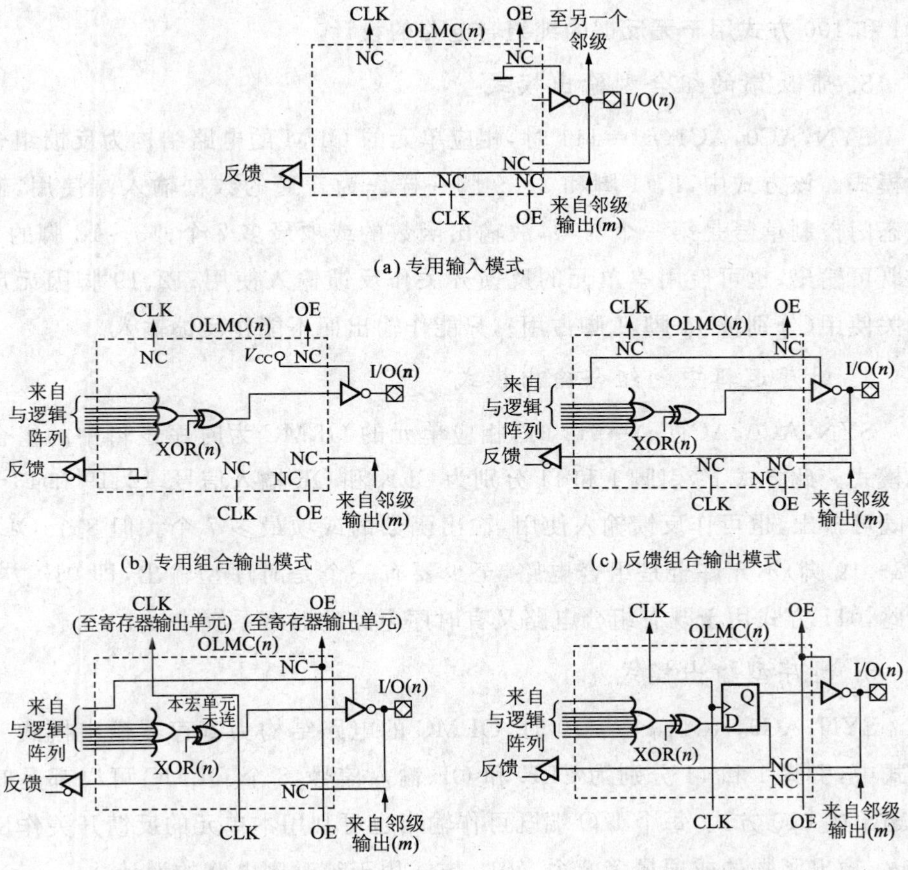

(a) 专用输入模式

(b) 专用组合输出模式

(c) 反馈组合输出模式

(d) 时序电路中的组合输出模式

(e) 寄存器输出模式

图 8.13　5 种工作模式下的简化电路(图中 NC 表示不连接)

2. 专用输出模式

SYN,AC0,AC1(n)=100 时,相应单元的 OLM 的电路结构为专用输出模式。该方式中,OLM 是组合逻辑电路。1、11 脚和2～9脚一样,作为普通的数据输入使用;输出三态门控制信号接 V_{CC},输出始终允许;相应的 I/O 只能作纯组合输出,不能作反馈输入使用,输出函数的或项最多 8 个。

从以上 101 和 100 两种方式可知,一个 GAL 芯片的 8 个 OLM(以

GAL16V8 为例，即 12～19 脚）可以都用作纯组合输出（皆为 100 方式），但 8 个 OLM 不可以都用作纯组合输入（皆为 101 方式），起码必须有 15、16 脚是作 100 方式输出端，也就是说，101 方式必须和 100 方式并存时，GAL 芯片才有意义。101 和 100 方式用于无反馈的纯组合电路的设计。

3. 带反馈的组合型输出模式

SYN，AC0，AC1(n)＝111 时，相应单元的 OLM 的电路结构为反馈组合输出模式。该方式中，1、11 脚和 2～9 脚一样作为普通的数据输入端使用，输出三态门控制信号是第一个与项，故输出函数的或项最多 7 个；13～18 脚的 I/O 端既可输出，也可使用本单元的反馈开关作反馈输入使用；12、19 脚因无反馈开关使用（分别被 11 脚，1 脚占用），只能作输出而不能作反馈输入。

4. 时序逻辑中的组合输出模式

SYN，AC0，AC1(n)＝011 时，相应单元的 OLMC 为时序逻辑中的组合输出模式。此方式下，引脚 1 和 11 分别为 CLK 和 OE 输入信号；12、19 和 13～18 脚既可输出，也可作反馈输入使用，输出函数的或项最多 7 个。但 8 个 OLMC（12～19 脚）不允许全是组合电路，至少要有一个是时序型输出，即 010 方式。因此，011 方式用于既有组合电路又有时序电路的数字系统中。

5. 时序型输出模式

SYN，AC0，AC1(n)＝010 时，OLMC 的电路结构为寄存器输出模式。该方式中，引脚 1 和 11 分别为 CLK 和 OE 输入信号，8 个 OLMC 可以都是时序型输出的 010 方式，每个 I/O 端既可作输出也可利用本单元的反馈开关作反馈输入，输出函数的或项最多 8 个。010 方式用于纯时序电路的设计。

8.3.5 GAL 器件应用

除个别 GAL 器件，如 ispGAL16Z8 可在线编程外，其他 GAL 器件要使用专门的编程器进行编程。对 GAL 编程是指让与阵列中的耦合元件具有预定的连接关系，并通过设置控制字使 GAL 有预定的输出结构。下面举例说明 GAL 器件的设计过程。

【例题 8.4】 用 GAL16V8 和编程软件设计一组基本逻辑门电路。六个基本逻辑门是与门、或门、与非门、或非门、异或门、同或门。各逻辑门的逻辑表达式为：

$F_1=A_1B_1$ $F_2=A_2+B_2$ $F_3=\overline{A_3\cdot B_3}$

$F_4=\overline{A_4\cdot B_4}$ $F_5=A_5\oplus B_5$ $F_6=A_6\odot B_6$

【解答】 由表达式可知，该逻辑电路需要12个输入端和6个输出端，可以采用1片GAL16V8实现该逻辑电路。可将GAL16V8的8个输出缓冲器引脚中的6个(13～18)作为该电路的输出端引脚；由于GAL16V8只有8个专用输入端引脚(2～9)，所以可将作为时钟脉冲CP输入端的引脚1和作为输出使能端OE输入端的引脚11作为输入端引脚，同时将剩余的2个输出引脚12和19作为专用输入结构。

用ABEL-HDL语言写出设计源文件，并用ispEXPERT软件仿真。六个基本逻辑门的设计源文件如下：

```
MODULE BASIC_GATES          //模块开头，MODULE为关键词，BASIC_GATES
                              为模块名。
TITLE' BASICGATES'          //标题语句，TITLE为关键词，为DOC文件提供
                              标题，可缺省。
IC1 DEVICE'P16V8S';         //器件说明语句，DEVICE为关键词，IC1是用
                              户定义的代号，'……'内给出器件牌号。
A1,B1,A2,B2 PIN 19,1,2,3;   //管脚节点说明语句，PIN为关键词，PIN前是
                              信号名称，PIN后为对应的器件管脚。
A3,B3,A4,B4  PIN  4,5,6,7
A5,B5,GND   PIN  8,9,10
A6,B6,F6,F5  PIN  11,12,13,14
F4,F3,F2,F1  PIN  15,16,17,18
EQUATIONS                   //逻辑功能描述部分，EQUATIONS为关键词，
                              表示给出逻辑表达式。
F1= A1&B1                   //& 表示与运算
F2= A2# B2                  //# 表示或运算
F3= ! (A3&B3)               //! 表示非运算
F4= ! (A4# B4)
F5= A5 $B5                  //$ 表示异或运算
F6= (A6! $B6)               //! $ 表示同或运算
TEST_VECTORS([A1,B1,        //测试部分，TEST是关键词。
```

```
A2,B2,A3,B3,A4,B4,                 //当 A1,B1,A2,B2,A3,B3,
A5,B5,A6,B6]                         A4,B4,A5,B5,A6,B6=
                                     000000000000 时,则输出 F1,
—> [F1,F2,F3,F4,F5,F6])              F2,F3,F4,F5,F6= 001101。
INPUT—> OUTPUT                       其余各组依此类推。
[0,0,0,0,0,0,0,0,0,0,0,0]- >[0,0,1,1,0,1]
[0,1,0,1,0,1,0,1,0,1,0,1]- >[0,1,1,0,1,0]
[1,0,1,0,1,0,1,0,1,0,1,0]- >[0,1,1,0,1,0]
[1,1,1,1,1,1,1,1,1,1,1,1]- >[1,1,0,0,0,1]
END BASIC_GATES
```

ABEL-HDL 设计的基本单位是模块。一个模块由以下几个部分组成。

1. 标志部分

头部(标志部分)放在模块最前边,由 MODULE 语句开始,指出本模块的名字。可选语句 TITLE 也属于头部。TITLE 是关键字,后边跟着一个字符串,对模块进行简要说明。

2. 说明部分

说明部分是对本模块使用的标志符(代表信号、常量等)进行说明。标志符是一个名字,它标志器件名、功能块、器件引脚、输入输出信号等。

3. 逻辑描述部分

关键字 EQUATIONS 指明逻辑描述部分的开始,其作用是用逻辑等式、真值表、状态机等具体描述模块的逻辑功能。

4. 测试部分

测试部分由关键字开始,它用于逻辑等式的模拟,给出输出值与输入值的映射关系。

5. 结束部分

结束部分用 END 语句关闭本模块。

编程后的 GAL16V8 阵列图如图 8.14 所示。

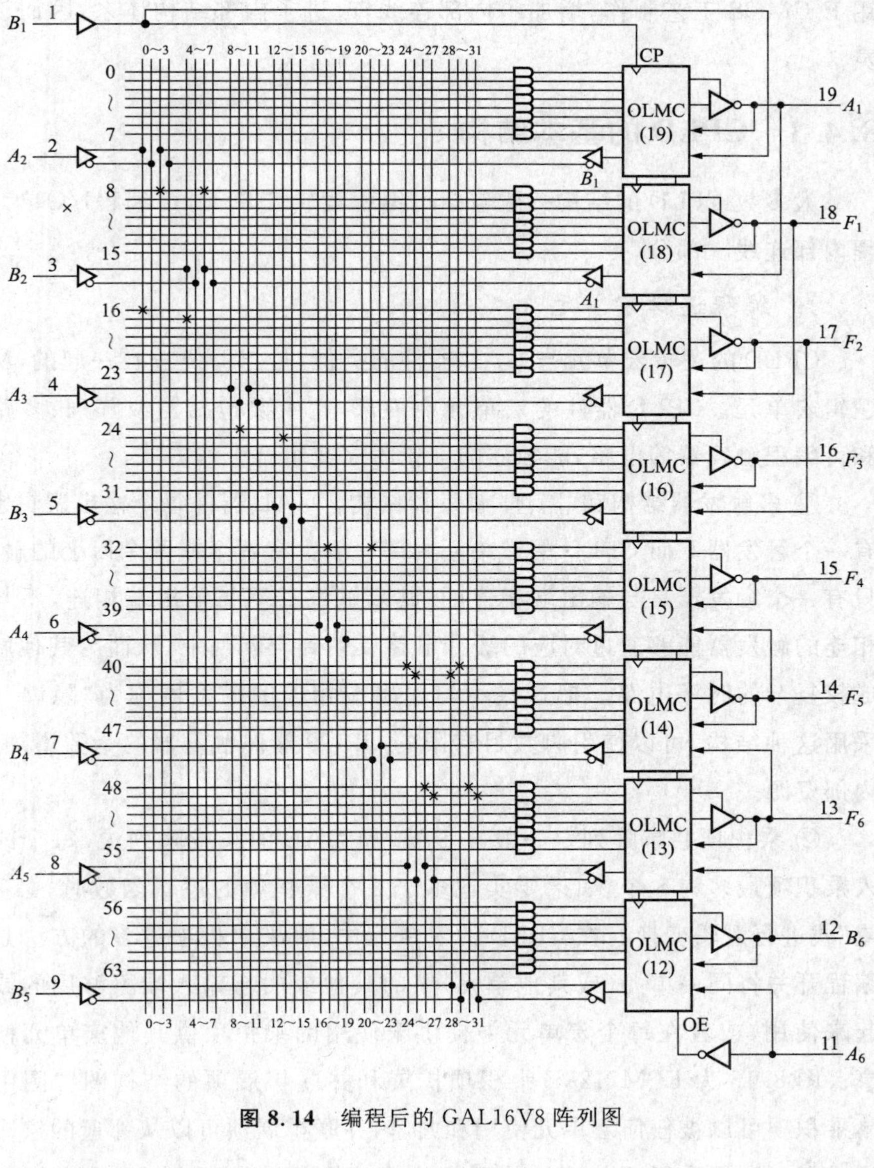

图 8.14 编程后的 GAL16V8 阵列图

8.4 复杂可编程逻辑器件

前面讲的 PAL 和 GAL 都属于低密度 PLD，虽然结构简单，设计灵活，但由于规模较小，难以实现复杂的逻辑功能。随着集成电路工艺水平的提高，PLD 逐渐向高密度、低功耗、高速度的方向发展，20 世纪 80 年代末 Lattice 公司推出一系列具备系统可编程能力的复杂可编程逻辑器件 CPLD。CPLD 采用 E^2CMOS 工艺制作，增加了内部连线，改进了内部结构体系，因而设计更加灵活。

8.4.1 CPLD 的基本结构

大多数 CPLD 的结构一般包括可编程逻辑宏单元，可编程I/O单元和可编程内部连线三部分。

1. 编程逻辑宏单元

CPLD 的逻辑宏单元与 GAL 器件的类似，是与 I/O 连在一起的，称为输出逻辑宏单元。CPLD 器件的宏单元在内部，它主要包括与或阵列、多路选择器和可编程触发器等电路，能独立的配置时序或组合工作方式。

① 多触发器结构和“隐埋”触发器结构。GAL 器件每个输出逻辑宏单元只有一个触发器。而 CPLD 的宏单元内部一般含有两个或两个以上的触发器，但只有一个触发器是与输出端相连的，其余触发器不与输出端相连，不与输出端相连的触发器能够通过对应的缓冲电路反馈到与阵列中，从而与其他触发器构成较复杂的时序电路。把这些不与输出端相连的触发器称为“隐埋”触发器。采用这种结构，可以使引脚数目有限的 CPLD 器件触发器的个数增加，以增加内部资源。

② 乘积项共享阵列。一般在 PAL 和 GAL 的与或阵列中，每个或门的输入乘积项最多为 8 个，如果要实现多于 8 个乘积项的逻辑函数时，必须将“与-或”式进行逻辑变换。在 CPLD 的宏单元中，解决乘积项过多的方法是借助可编程开关将同一单元(或其他单元)中的其他或门与输入端不够用的或门联合起来使用，或者在每个宏单元中提供未使用的乘积项供其他宏单元使用和共享。图 8.15 为 EPM7128E 乘积项扩展和并联扩展项的结构图。图中每个共享乘积项可以被任何宏单元使用和共享，并联扩展项可以从邻近的宏单元中借用或门。利用乘积项共享结构可提高资源利用率，并可实现快速复杂的逻辑函数。

③ 异步时钟和时钟的选择。CPLD 器件克服了一般 GAL 器件只能实现同步时序电路的不足，其触发器的时钟可以实现异步工作方式，一些 CPLD 器件中的触发器不可以通过数据选择器或时钟网络进行选择。CPLD 中触发器的

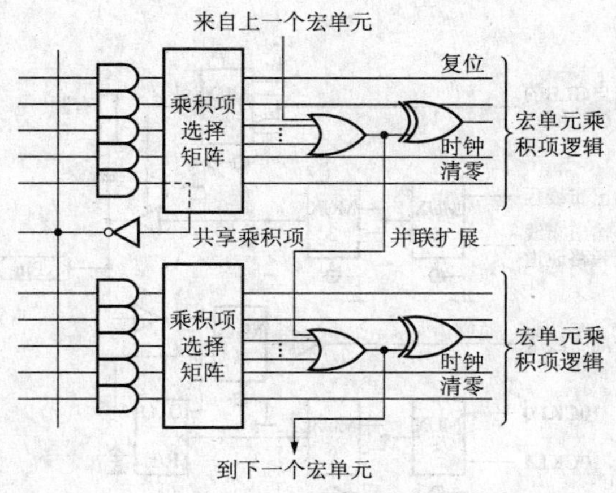

图 8.15 EPM7128E 乘积项扩展和并联扩展项的结构图

异步清零端和异步置位端可以用乘积项来控制。

2. 可编程 I/O 单元

CPLD 中的可编程 I/O 单元也可称为 IOC,是内部信号到 I/O 引脚的接口部分。

由于阵列型 CPL 大部分的端口都是 I/O 端口,而且系统的输入信号经常要锁存,因此 I/O 通常作为一个独立的单元来处理。图 8.16 为 Lattice ispLSI1016 的 IOC 结构图。

从图 8.16 可知,该 IOC 电路由输入缓冲器、输入寄存器/锁存器、三态输出缓冲器和几个可编程的数据选择器组成。图 8.16 中的触发器有两种工作方式,当 R/L 为高电平时,该触发器为边沿触发器;当 R/L 为低电平时,该触发器被置为锁存器。数据选择器 MUX1 用于选择三态输出缓冲器的工作状态;MUX2 用来选择输出信号的传送通道;MUX3 用来选择输出极性;MUX4 用于选择输入方式;MUX5 和 MUX6 用来选择时钟脉冲的来源和极性。根据数据选择器的不同状态组合,就可得到各种 IOC 组态。

3. 可编程内部连线

可编程内部连线在各逻辑宏单元之间及逻辑宏单元和 I/O 单元之间提供连接网络。每个逻辑宏单元通过可编程连线阵列接收专用输入或输入端的信号,并将宏单元的信号反馈到其需要到达的目的地。

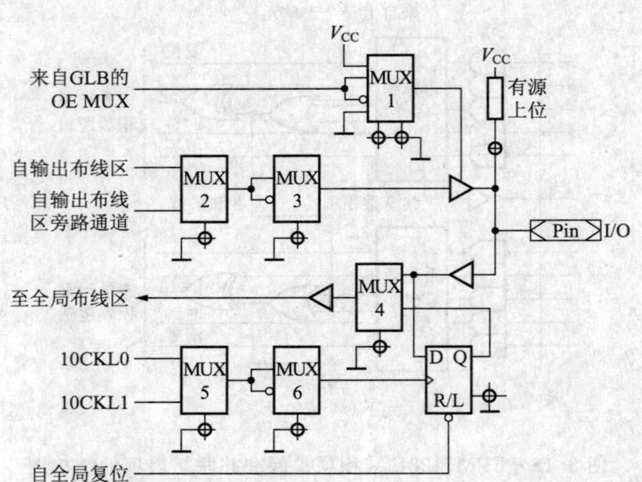

图 8.16 Lattice ispLSI1016 的 IOC 结构图

（-⊕-代表 E^2CMOS 单元）

8.4.2 CPLD 典型器件及其应用

CPLD 内部的可编程逻辑宏单元都是采用 E^2CMOS 结构，用 CPLD 实现各种逻辑功能主要由可编程逻辑宏单元来控制，下面以 ispLSI 器件为例来说明对 CPLD 编程的过程。

1. ispLSI 器件 E^2CMOS 单元的编程方法

ispLSI 器件都有一个预先设定的 E^2CMOS 单元阵列，设该阵列的行数为 n，每行的数据位数是 m，则编程的总位数为 $m\times n$。图 8.17 为 ispLSI1016 器件的E^2CMOS单元阵列图。

编程时，首先将行地址信号从串行数据输入端 SDI 输入，通过数据分配器 DMUX 送到地址移位寄存器 ASR。送入地址移位寄存器中的行地址信号只有 1 位为 1，其余各位均为 0。开始时，地址信号中的 1 位于 ASR 的第 0 行，这时只能对第 0 行的 E^2CMOS 单元进行编程。当行地址送完后开始送编程数据，首先送第 0 行的编程数据，先将第 0 行的 80 位的编程数据 L0000～L0079 通过数据分配器 DMUX 送到 DSRH，开始对第 0 行的左边 80 位E^2CMOS单元进行编程；然后将第 0 行中另外 80 位编程数据 L0080～L00159 通过数据分配器 DMUX 送到 DSLH，开始对第 0 行的右边 80 位 E^2CMOS 单元进行编程。对第

0 行编程完毕后，地址移位寄存器 ASR 中的 1 下移到第 1 行，将第 1 行中的编程数据 L00160～L00319 送到 DSRH 和 DSLH 中，开始对第 1 行的 E^2CMOS 单元进行编程。依此类推，可对该器件上 95 行的各E^2CMOS单元进行编程。

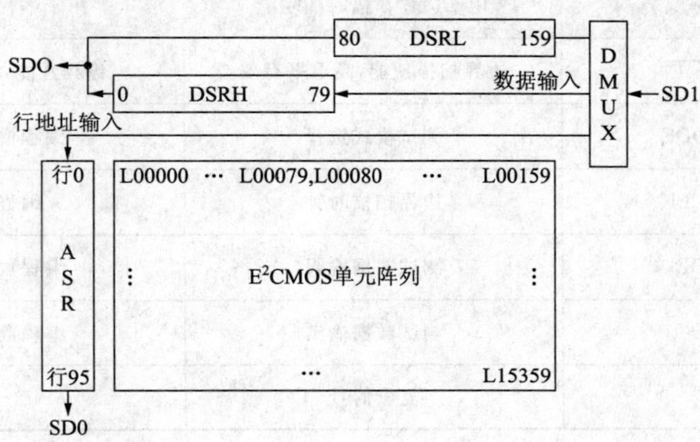

图 8.17 ispLSI1016 器件的 E^2CMOS 单元阵列图

2. ispLSI1000 及 2000 系列器件的编程接口

图 8.18 所示为 ispLSI1000 及 2000 系列器件在系统编程时使用的接口电路。图中，$\overline{\text{ispEN}}$为编程使能信号，SCLK 为串行时钟输入信号，MODE 为模式控制信号，SDI 为串行数据及命令输入端，SDO 为串行数据输出端。

只有当编程使能信号$\overline{\text{ispEN}}$=1 时，其他信号端都为高阻状态，ispLSI 器件正常工作，SCLK、MODE 和 SDI 有正常输入信号的功能，这种工作模式称为正常工作模式；当$\overline{\text{ispEN}}$=0 时，各种编程数据和控制信号通过编程电缆直接送到 ispLSI 器件的 SCLK，MODE 和 SDI 端，使控制器件内部的一个“编程状态机”完成编程。编程后的数据通过 SDO 送出到计算机进行校对。上述工作模式称为编程模式，在编程模式下，所有I/O引脚和编程时不用的引脚都处于高阻状态。

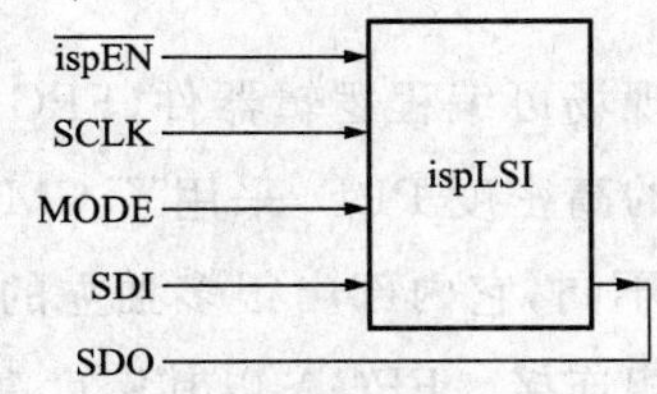

图 8.18 ispLSI 器件编程时的接口电路

3. ispLSI3000 及 3000 以上系列器件的编程接口

从 ispLSI3000 系列开始，在系统可编程器件都增加了边界扫描测试功能，而器件的编程端口设计成与测试端口复用的形式。各端口的定义和功能如表 8.7 所示。

表 8.7 边界扫描测试端口与编程端口复用关系

端口引脚	用于边界扫描时的功能	用于编程时的功能
$\mathrm{BSCAN}/\overline{\mathrm{ispEN}}$	边界扫描使能,高电平有效	编程性能,低电平有效
TMS/MODE	测试模式选择	编程模式选择
TCLK/SCLK	边界扫描时钟	编程时钟
TDI/SDI	测试数据输入	编程数据输入
TDO/SDO	测试数据输出	编程数据输出
$\overline{\mathrm{TRST}}$	复位信号	—

从表 8.7 中可看出,当 $\mathrm{BSCAN}/\overline{\mathrm{ispEN}}=0$ 时,器件处于编程状态,此时引脚 TMS/MODE,TCLK/SCLK,TDI/SDI,TDO/SDO 的功能分别与 ispLSI 1000 系列的各引脚功能相同;当 $\mathrm{BSCAN}/\overline{\mathrm{ispEN}}=1$ 时,器件处于边界扫描测试状态。

8.5 现场可编程逻辑器件

8.5.1 概　述

现场可编程逻辑器件(FPGA)是 1985 年由 Xilinx 公司推出的。这是一种新型的高密度 PLD,采用了 CMOS-SRAM 工艺制作。FPGA 的结构同阵列型 PLD 不同,它内部由很多独立的编程逻辑模块组成,各逻辑模块之间可以灵活的互相连接。FPGA 以其密度高、编程速度快、设计灵活和可再配置设计能力等优点,受到普遍欢迎和广泛发展。

8.5.2 FPGA 器件的基本结构

FPGA 具有掩模可编程门阵列的通用结构,主要由逻辑功能块排列成阵列组成,由可编程的互连资源连接这些逻辑功能块来实现不同的设计。下面以 Xilinx 的 FPGA 为例分析其基本结构。

图 8.19 所示为 FPGA 的基本结构图。FPGA 通常由三种可编程电路和一

个用于存放编程数据的静态存储器 SRAM 组成。三种可编程电路包括可编程逻辑块(CLB:Configurable Logic Block)、互连资源(IR:Interconnect Resource)和输入/输出模块(IOB:I/O Block)。

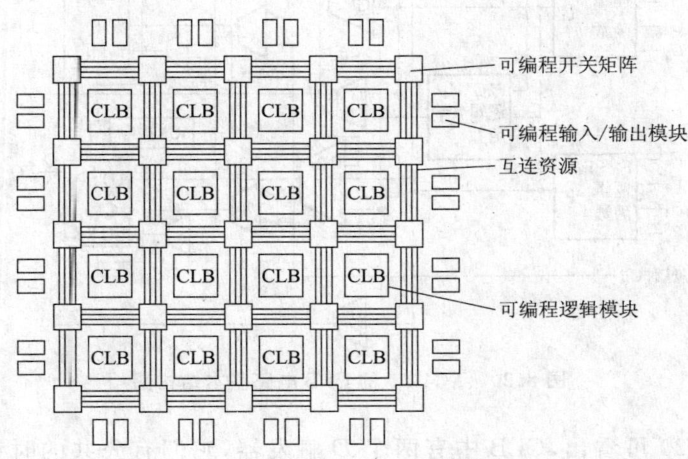

图 8.19 FPGA 的基本结构图

可编程逻辑块 CLB 是实现逻辑功能的基本单元,通常是按规则排列成阵列,并散布于整个芯片;可编程互连资源 IR 包括各种长度的连线线段和一些可编程连接开关,它们将各个 CLB 之间或 CLB、IOB 之间以及 IOB 之间连接起来,构成特定功能的电路;可编程输入/输出模块 IOB 用来完成芯片上的逻辑与外部封装脚的接口,IOB 通常排列在芯片的四周。

1. 可编程逻辑块 CLB

CLB 是 FFGA 中最主要的组成部分,它由逻辑函数发生器、触发器和数据选择器等电路构成,图 8.20 所示为 XC4000 的 CLB 电路的基本结构图。

图 8.20 中 CLB 的三个逻辑函数发生器分别为 G、F 和 H,对应的输出端为 G′,F′和 H′。其中,逻辑函数发生器 G 有 4 个输入变量 G_4,G_3,G_2 和 G_1;F 也有 4 个输入变量 F_4,F_3,F_2 和 F_1。F 和 G 是完全独立的,可实现 4 输入变量的任意组合逻辑函数。逻辑函数发生器 H 有 3 个输入信号,其中,2 个信号为函数发生器 G 和 F 的输出信号 G′和 F′,另 1 个输入信号为来自信号变换电路的输出 H_1。H 可实现 3 输入变量的任意组合函数,通过将 3 个逻辑函数发生器组合,可最多实现 9 变量的组合逻辑函数。

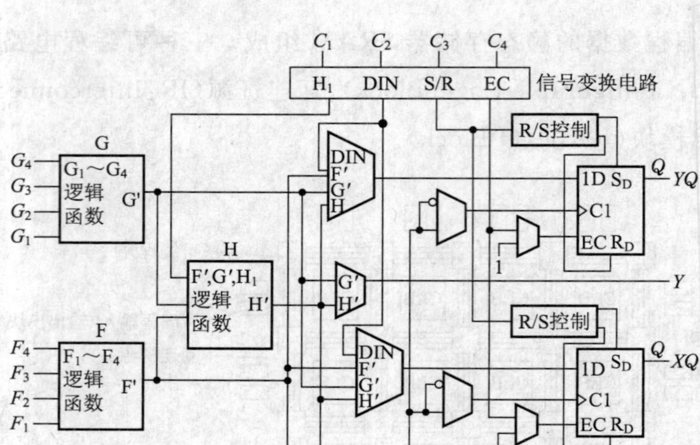

图 8.20　XC4000 的 CLB 电路基本结构图

从图 8.20 可看出，CLB 中有两个 *D* 触发器，它们有公共的时钟脉冲输入端和时钟使能输入端。R/S 控制电路可以对两个触发器进行异步复位和异步置位。每个 *D* 触发器既可以是上升沿触发也可以是下降沿触发。触发器的输入信号从三个逻辑函数发生器的输出信号 G′，F′和 H′以及信号变换电路送来的 DIN 这 4 个信号中选择 1 个，触发器的输出信号从 XQ 和 YQ 端输出。

CLB 的逻辑函数发生器 G 和 F 都属于查找表结构，它的工作原理类似于 ROM。当信号变换电路设置存储功能无效时，F 和 G 作为组合逻辑函数发生器使用，4 个控制信号 G_4，G_3，G_2 和 G_1 分别将图 8.20 中的 H_1，DIN，S/R（异步复位/置位）和 EC（使能）信号接入 CLB 中，作为函数发生器的输入可控制信号；当信号变换电路设置存储功能有效时，F 和 G 作为器件内部存储器使用，这时 8.20 中的 H_1，DIN 信号变为两个数据输入信号 D_0 和 D_1/A_4，而 S/R 信号变为写使能信号 *WE*。4 个控制信号 G_4，G_3，G_2 和 G_1 分别将 WE，D_1/A_4，D_0 和 *EC*（不用）信号接入 CLB 中，作为存储器的写使能、数据信号或地址信号此时 $G_1 \sim G_4$ 和 $F_1 \sim F_4$ 输入相当于地址输入信号 $A_1 \sim A_4$，以选择存储器中的特定存储单元。

2. 可编程 I/O 模块 IOB

IOB 用来连接器件引脚和内部逻辑阵列，主要由输入触发器、输入缓冲器和输出触发/锁存器组成，图 8.21 所示为 XC4000 系列的 IOB 结构图。

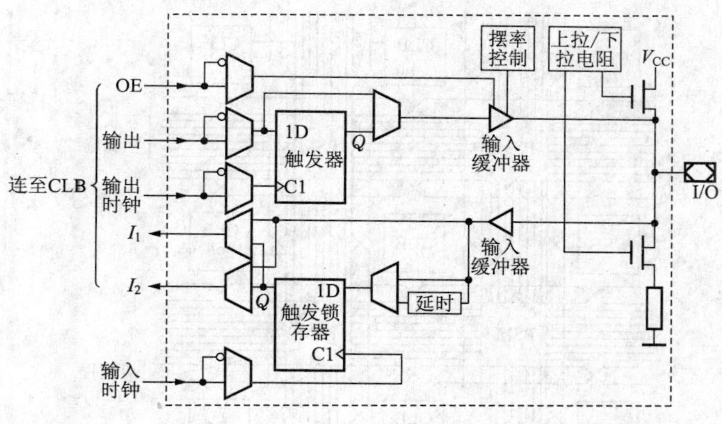

图 8.21 XC4000 系列的 IOB 结构图

若将 IOB 控制的引脚定义为输入，则通过该引脚的输入信号被送入输入缓冲器。缓冲器的输出一路可以送到 MUX，另一路经过延时后先送到输入通路 D 触发器，然后送到数据选择器。通过编程给数据选择器不同的控制信息，来确定送到 CLB 阵列的 I_1 和 I_2 是来自输入缓冲器还是来自触发器。

若将 IOB 控制的引脚定义为输出，CLB 阵列的输出信号 OUT 也有两条传输路径，一条经过 MUX 送到输出缓冲器，另一条是先存入输出通路 D 触发器，再送到输出缓冲器。输出缓冲器既可接受 CLB 阵列送来的 OE 信号控制，使输出引脚有高阻状态，也可受转换速率控制电路的控制，使它可以高速或低速运行。

IOB 的输出端有两个 MOS 管，它们的栅极均可编程，使 MOS 管导通或截止，来改善输出波形和负载能力。

3. 可编程互连资源 IR

IR 主要由很多金属线段构成，这些金属线段带有可编程开关，通过自动布线来完成各种电路的连接。图 8.22 所示为可编程互连资源结构图，在图 8.22 中利用一条单长选线，将两个相邻的 CLB1 和 CLB2 互连，利用一条双长选线，可将两个相隔的 CLB3 和 CLB4 互连。

单长选线和双长选线提供了相邻 CLB 之间的快速互连和复杂互连的灵活性，但传输信号每通过一个可编程开关矩阵 PSM，就会增加一次延时，因此 FPGA 内部延时与器件结构和逻辑布线有关。

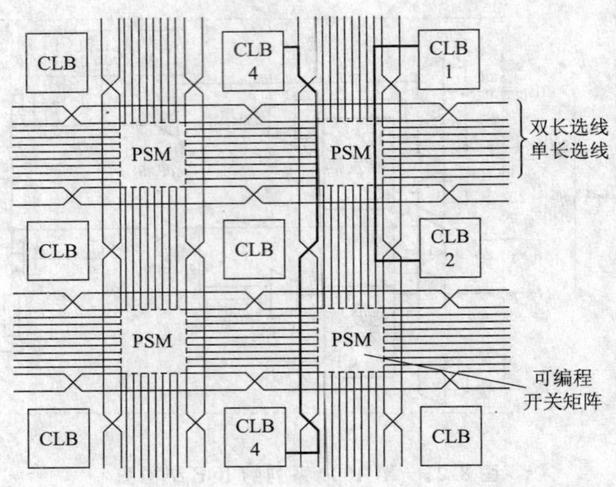

图 8.22　可编程互连资源结构图

8.5.3　FPGA 应用举例

【例题 8.5】　用 FPGA 实现静态 RAM。

【解答】　若用 FPGA 实现 16×2 RAM 时，可将 CLB 中的输入变量 G_4～G_1 和 F_4～F_1 连接到外部地址输入，F'和G'为 RAM 的 2 根位线，不同的地址输入组合可实现对 16 个字节中任何 1 个字的寻址。这时，信号变换电路的输出信号 H'作为 RAM 的读/写控制信号 WE；而 DIN 和 S/R 信号变为 RAM 的 2 位数据输入信号 D_1 和 D_0。

若用 FPGA 实现 32×1 RAM，则输入变量 G_4～G_1 和 F_4～F_1 连接不变，将 D_1 改为第 5 根地址信号线，只剩余 D_0 作为数据输入线。输出 F′和 G′可通过 CLB 的 X，Y 端输出，或者通过 CLB 的触发器输出。图 8.23 所示为用 CLB 实现上述静态 RAM 的逻辑电路图。

【例题 8.6】　用 FPGA 构成 2 位移位寄存器，要求该移位寄存器具有移位、并行置数的功能，并且有输出三态使能控制。

【解答】　图 8.24(a)为用 1 个 CLB 构成的 2 位移位寄存器的逻辑电路图。从图 8.24(a)中可知，移位输入数据 SHIFT IN 和相邻的 CLB 触发器的输出端相连接，移位输出数据 SHIFT OUT 被送到另一个相邻的 CLB 操作数据选择器。CLB 间隙的水平长线 BUS_i 和 BUS_{i+1} 用来输出 2 位并行置数数据，这两根双向长线既可以作为数据输入线，也可以作为数据输出线。图 8.24 中 2 个 D

触发器的输出端分别经过三态门与 BUS_i 和 BUS_{i+1} 相连，由公共的使能信号 OE 控制。

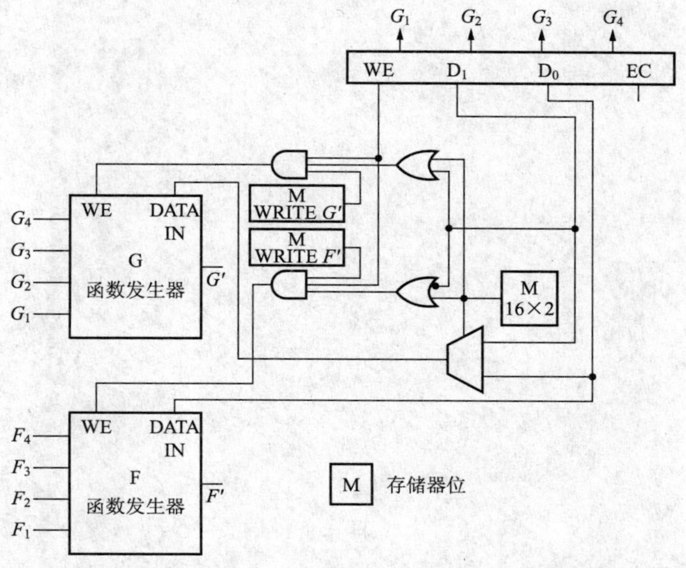

图 8.23 Y 用 CLB 实现静态 RAM 的逻辑电路图

用一个 CLB 可构成 2 位移位寄存器，则 n 个 CLB 可实现 $2n$ 位移位寄存器，图 8.24(b)为由 8 个 CLB 构成的 16 位移位寄存器。

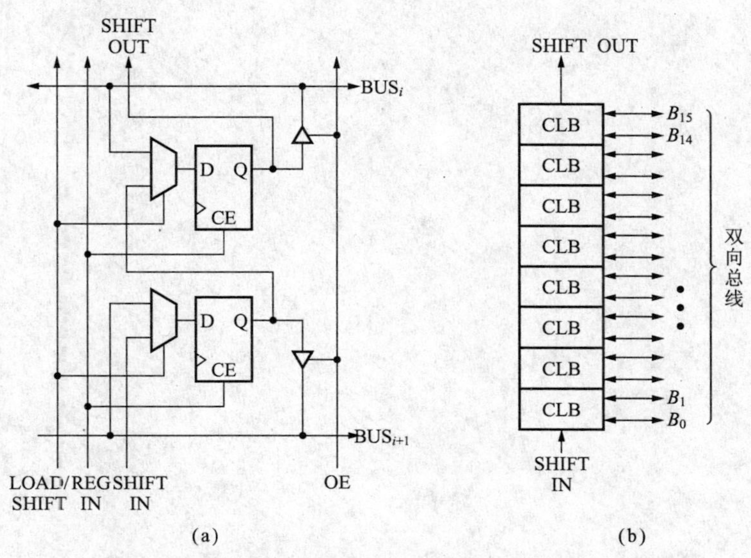

图 8.24 用 CLB 构成移位寄存器的逻辑电路

第9章

数-模和模-数转换

9.1 数-模(D/A)转换

9.1.1 D/A 转换电路的原理

D/A 转换电路有将并列的数字量转换为模拟量的并联型和将串行的数字量转换为模拟量的串联型。

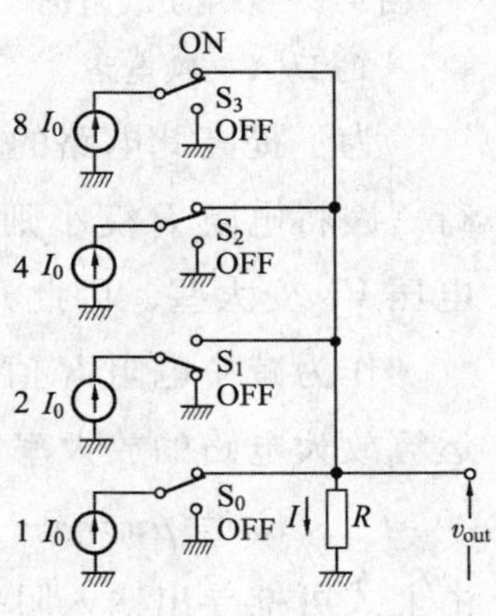

图 9.1 D/A 变换电路的原理

图 9.1 是 4 位并联型 D/A 转换电路的原理图。如图所示将加有 2^n 位权的电流源，通过 $S_0 \sim S_3$ 的开关门连接到电阻 R 上，按照数字量的各位是 1 还是 0，来决定开关门 $S_0 \sim S_3$ 是 ON 还是 OFF。例如，数字量为 1101 时，开关 $S_0 \sim S_3$ 的状态如图所示，因为此时流过电阻 R 的电流 I 为

$$I = 8I_0 + 4I_0 + 0I_0 + 1I_0 = (8+4+0+1)I_0 = 13I_0$$

而模拟输出 v_{out} 为

$$v_{out} = RI = 13R_0 I$$

于是就得到了与数字量 $1101(=13_{10})$ 成比例的模拟量。

在实际的 D/A 转换电路中，为得到具有 2^n 位权的电流需使用阻抗电路网。这种阻抗电路网有的采用负载阻抗法，有的采用梯形阻抗电路网的方法。另外

开关门电路用晶体管和 FET 组成。

9.1.2　采用负载阻抗的 D/A 转换电路

图 9.2 所示为采用负载阻抗的 D/A 转换电路。图中选用的电阻 R 要比电阻 R_0，$1/2R_0$，…，$1/8R_8$ 的并联合成电阻小很多，因此可以认为当开关 $S_0 \sim S_3$ 闭合时，在各个电阻上流过的电流 I_0，I_1，I_2，I_3 分别为

$$I_0 \approx V_R/R_0$$

$$I_1 \approx 2V_R/R_0$$

$$I_2 \approx 4V_R/R_0$$

$$I_3 \approx 8V_R/R_0$$

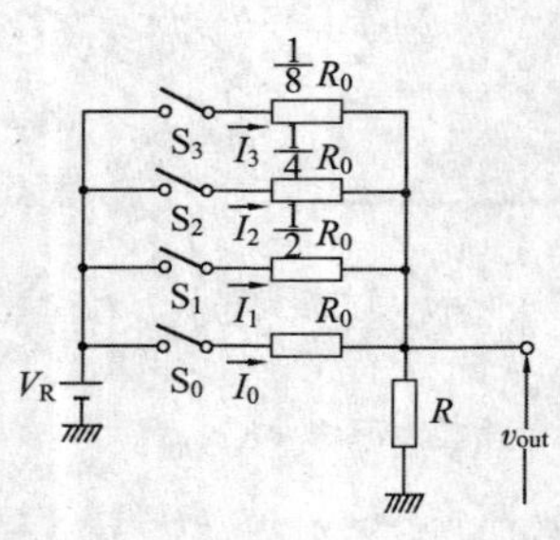

图 9.2　采用负载阻抗的 D/A 转换电路

而流过电阻 R 的电流是这些电流的总和，v_{out} 就是与数字量成比例的模拟量。

例如，数字量为 0101（=5）时，则有下式成立：

$$v_{out} = R(I_2 + I_0) = R(4+1) \cdot V_R/R_0$$
$$= 5RV_R/R_0$$

为了提高此电路的精度，就必须使 R 与负载电阻的合成值之比十分小才行。因将电阻 R 变小则输出电压 v_{out} 也变小了，要使 v_{out} 变大些，就必须使基准电压 V_R 变大些。因此开关门要选用能耐受高电压切换的元件。

作为减小电阻 R 值的方法，有图 9.3 所示采用运算放大电路的方法。现设运算放大电路的放大率为 μ，运算放大器本身的阻抗为无限大，则

$$R_0 i = \mu v_i + v_i$$

由上式可推导出输入阻抗 R 为

$$R = \frac{v_i}{I} = \frac{R_0}{1+\mu}$$

因 μ 多为 100（倍）以上，故 R 值就变得十分小了。图 9.3 虚线框内的电路称为模拟加法电路。

使用带位权的电阻电路，其高位的电阻值是相当小的，为此必须选用高精度的电阻，此外也有必要采用多种阻抗。

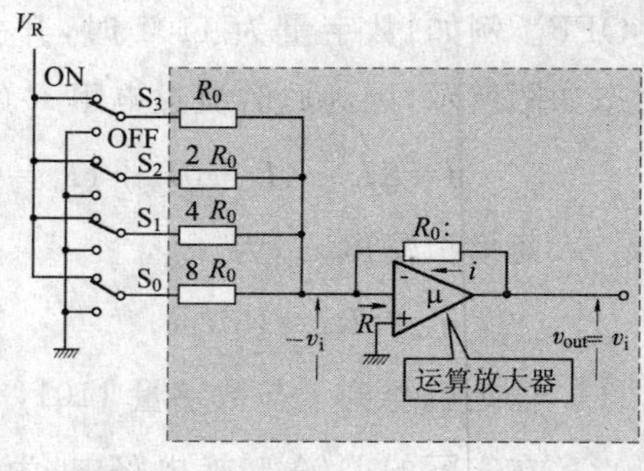

图 9.3　采用模拟加法电路的 D/A 转换电路

9.1.3 梯形 D/A 转换电路

图 9.4 所示为叫做 R-2R 型的 4 位梯形 D/A 转换电路。在该电路中，当开关 S_0～S_3 为 ON 时，基于以下理由，电阻 R_8 上流过的电流分别为 $I/16$、$I/8$、$I/4$、$I/2$、I，v_{out}就成为与数据量成比例的模拟量了。

在图 9.4 中的 a 点和接地点之间，只连接着电阻 R_8，从 a 点向下方接地点看去的阻抗值为 $2R$。从 b 点向下看的阻抗值，若认为电压源的内阻为 0，则不管 S_3 为 ON 或 OFF，都有 R_3 与 R_8 并联连接，再与 R_7 串联，其合成电阻值也是 $2R$。

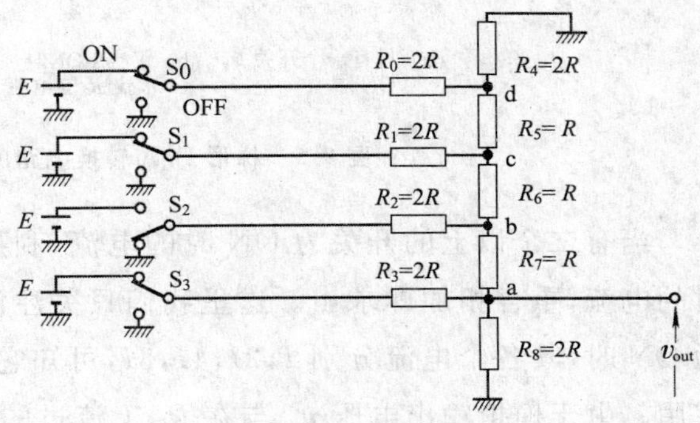

图 9.4 D/A 转换电路

同样，从 c 点向下看的电阻，为 R_2 与从 b 点下看的电阻值 $2R$ 并联后再与 R_6 串联，其合成值仍为 $2R$，同样可知从 d 点向下看的电阻值也是 $2R$。

另一方向，从 d 点向上看到的电阻值为 $R_4=2R$，从 a 点向 d 点看见的，与反向从 d 点向 a 点方向看见的一样，故可知从各点向上看见的电阻值皆为 $2R$。由此可知，图中所示的电路，a～d 点从上下两个方向所见到的电阻值全部为 $2R$。因此，以将各个开关 ON 时的任一开关作为中心，可获得其等价电路，如图 9.5(a)所示，流过开关的电流 I_s 为

$$I_s=\frac{E}{2R+\dfrac{1}{1/R_s+1/R_s'}}=\frac{E}{2R+\dfrac{1}{1/2R+1/2R}}=\frac{E}{3R}$$

即流过所有开关的电流都相同。另外，将此电流 2 等分，就是在 R_s、R_s'上流过的 $I_s/2$ 电流。

当图 9.5(b)中只有 S_3 为 ON 时，在 R_3 上流过的电流变为 $16I$，R_8 上流过的电流为 $8I$。若如图 9.5(c)所示，只有 S_2 为 ON 时，R_2 上流过的电流为 $16I$；R_7 上的电流为 $8I$；R_3，R_8 上流过的电流变为 $4I$。经过完全相同的讨论可知，只有 S_1 为 ON 时，R_8 上的电流为 $2I$；只有 S_0 为 ON 时，R_8 上的电流为 I。

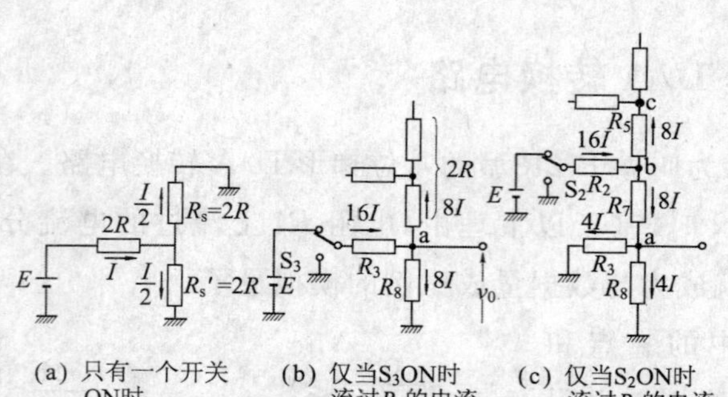

图 9.5　梯形 D/A 转换电路的等价电路

当有二个以上的开关为 ON 时的电流，利用叠加原理，为将各个开关 ON 时的电流，重合相加即求出。这里我们只关注流经 R_8 上的电流，S_0，S_1，S_2，S_3 为 ON 时，其各个电流分别 I，$2I$，$4I$，$8I$，可知它们能作为二进制数各位的位权使用。由于模拟输出电压 v_{out} 与在 R_8 上流过的电流成比例，故 v_{out} 即为将数字量转换为模拟量的变换值。梯形 D/A 转换电路只用 2 种电阻就能构成，相当方便。

实际的 D/A 转换电路中所用的开关，是用晶体管或 FET 做成的。在这种电路中，模拟输出电压的精度与开关的内部阻抗和不均匀性(offset)直接相关，必须选择与阻抗电路网相比，具有非常小的内阻的开关元件，尤其是高位的内阻的影响是很大的，请给予十分注意。

9.1.4　串联型 D/A 转换电路

如图 9.6(a)所示，是从最低位 LSB 开始，按顺序依时间的先后，串行输入的数字量脉冲变换为模拟量的电路，图 9.6(b)为循环型 D/A 转换电路。

开关 S_D 是根据输入位是 1、还是 0 来决定为 ON、还是 OFF 的开关，S_0，S_s' 当奇数位时为 ON。而当偶数位时，S_E，S'_E 为 ON。但是，最低位 LSB 时，S_{LSB} 和 S_0 皆为 ON，最高位 MSB 为奇数位时 S_{MSB} 与 S_0' 为 ON，MSB 为偶数位时，S_{MSB} 与 S_E' 为 ON。C_0，C_E 分别是用于记录偶数位的位数为奇数位的位数时的模拟电压值的模拟存储器(电容器)，C_A 是用于记录 D/A 转换完成时的模拟电压值的模拟存储器。

在运算放大器 A_1 的输入端，由于连接着两个阻值相等的电阻 R_i，R_f，故输入电压 V_i 和模拟电压 V_f 都只提供 $1/2A_1$ 的输入。因运算放大器是作为电压跟随器来连接着的,故可设电压放大率为1,输入阻抗为∞,输出阻抗为0。

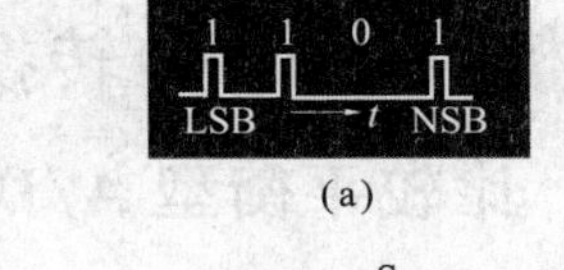

(a)

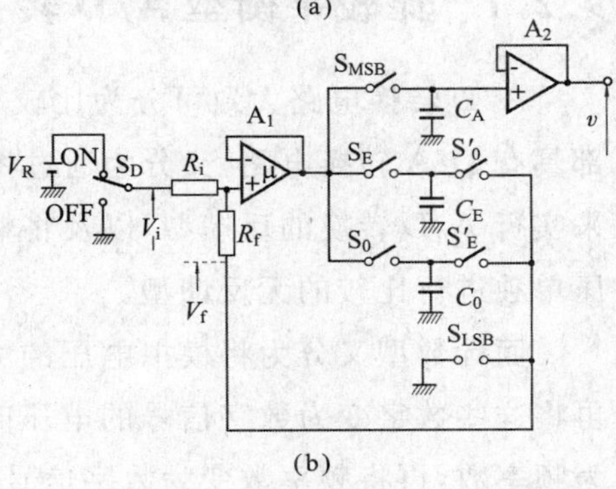

(b)

图9.6 循环型D/A转换电路

现在讨论,数字信号1011的LSB(最低位)1输入时(S_D,S_{LSB},S_0,$S_0{}'$为ON),C_0的电压V_{01}为

$$V_{01}=\frac{1}{2}(V_f+V_i)=\frac{1}{2}(0+V_R)$$

输入第2位的脉冲为1时(S_D,S_E,$S_E{}'$为ON),C_E的电压V_{E2}为

$$\begin{aligned}V_{E2}&=\frac{1}{2}(V_f+V_i)\\&=\frac{1}{2}(V_{01}+V_i)\\&=\frac{1}{2}\left[\frac{1}{2}(0+V_R)+V_R\right]\\&=\left(\frac{1}{2^2}+\frac{1}{2}\right)V_R\end{aligned}$$

输入第3位的脉冲为0时(S_D OFF,S_0,$S_0{}'$ ON),C_0的电压V_{03}为

$$\begin{aligned}V_{03}&=\frac{1}{2}(V_f+V_i)=\frac{1}{2}(V_{E2}+V_i)\\&=\frac{1}{2}\left[\left(\frac{1}{2^2}+\frac{1}{2}\right)V_R+0\right]\\&=\left(\frac{1}{2^3}+\frac{1}{2^3}+0\times\frac{1}{2^1}\right)V_R\end{aligned}$$

输入第4位的脉冲MSB是1时,(S_D,S_{MSB},S_E,$S_E{}'$为ON)C_A的电压V_{A4}为

$$\begin{aligned}V_{A4}&=\frac{1}{2}(V_f+V_i)=\frac{1}{2}(V_{03}+V_i)\\&=\frac{1}{2}\left[\left(\frac{1}{2^3}+\frac{1}{2^2}+0\times\frac{1}{2^1}\right)V_R+V_R\right]\\&=\left(1\times\frac{1}{2^4}+1\times\frac{1}{2^3}+0\times\frac{1}{2^2}+1\times\frac{1}{2^1}\right)V_R\end{aligned}$$

LSB　　　　　　　　MSB

也就是说,在输入数字量的各位上,加以$1/2^n$的位权,并将这些值叠加为模拟量,蓄积在模拟存储器C_A上。再通过运算放大器将此电压取出,就能够将按

时间序列(time serial)的数字量变换为模拟量了。

9.2 模-数(A/D)转换

9.2.1 比较平衡型 A/D 转换电路

A/D 转换电路大致可分为比较平衡型与计数型两类。比较平衡型在其内部具有 D/A 转换电路,又分为通过将其输出电压和输入的模拟电压进行比较,来实行 A/D 转换的反馈型,以及将输入模拟电压和给数字信号各位位权的电压单独进行比较的无反馈型。

而计数型又分为将模拟电压的大小变换为时间隔脉冲,将这些脉冲计数,再将这些数字变为数字信号的电压时间间隔方式以及将模拟电压的大小变换为频率数,再将频率数变为数字信号的电压频率方式。

图 9.7 所示为 4 位反馈比较平衡型(或称逐次比较型)A/D 转换电路。为了设置数字信号,接有 4 个触发器 FF0～FF3,利用环形计数器,将数字从高位 FF3 移向低位 FFO,每一个时钟周期,顺次输入 set 脉冲和 reset 脉冲。

首先将所有触发器清 0。用从环形计数器来的第 1 个脉冲设置好 FF3 后,D/A 变换电路就输出相当于数字输出信号 1000 的模拟电压 v_s。这时若 v_s 比模拟输入电压 v_0 小,比较器的输出即为 L 电平,环形计数器的输出就会阻止 FF3 的 reset 端子的输入,数字化输出就固定在 1000 上。假如在 $v_s > v_u$ 时,比较器的输出变为 H 电平,reset 端子上有脉冲输入,由此 FF3 被 reset,数字化输出就被固定在 0000 上。

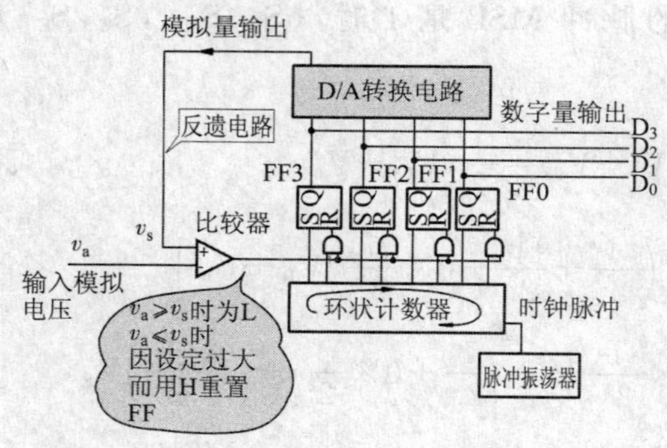

图 9.7 比较平衡型 A/D 转换电路

接着在 FF2 上输入第 2 个设置脉冲,数字化输出变为 $X100$,而与 $X100$ 相当的模拟电压 v_s 就被从 D/A 变换器上输出。但是,这里 X 的记号,是表示该位已经被设定为 1 或 0 了。从环形计数器向 FF2 发出 reset 脉冲时,若 $v_a > v_s$,则 FF2 就不会被清 0(reset),数字输出仍为 $X100$,若 $v_a \leqslant v_S$,因 FF2 被清 0,数字输出就变为 $X000$。同样对 FF0,FF1 进行类似的 set,reset,就得到了与输入的模拟电压相当的数字信号。

图 9.8 为一个无反馈型 A/D 变换电路的例子,又称其为并联型 A/D 转换电路。将 $3E$ 作为基准电压,经电阻分压后得到 $2E$,E 的电压。再将这些电压与模拟输入电压用各自的比较器进行比较,将其输出通过解码器进行解码后,就可得到数字化的输出。例如,模拟输入电压为 $2.5E$ 时,因 X_2,X_1,X_0 分别为 0,1,1,从解码器的输出端就得到数字化输出 10。

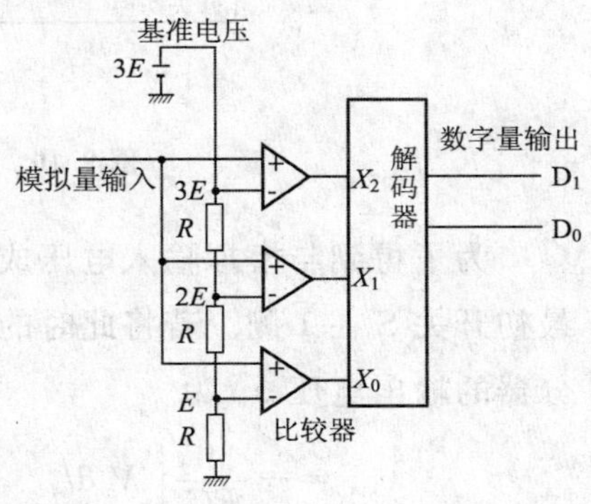

图 9.8 并联型 A/D 转换电路

用逐次比较型 A/D 转换电路,将模拟信号变换为 n 位的数字化信号时,需要进行 n 次比较,而用并联型则只需要一次比较即可,故能够进行高速变换。但是,为得到 n 位的数字信号就要有 2^n-1 个比较器,n 较大时,其价格会相当高。

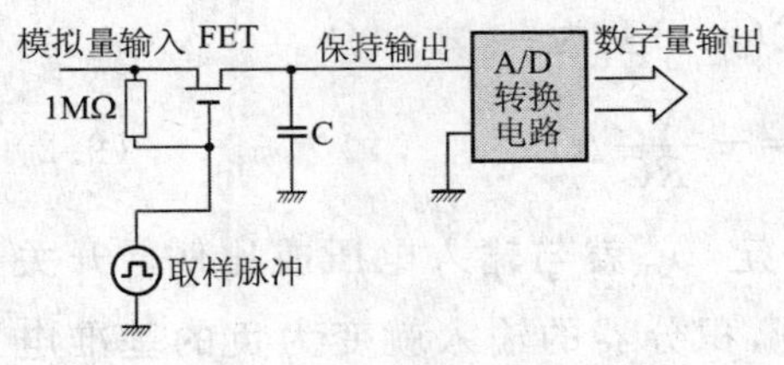

图 9.9 取样保持电路

在实际的 A/D 转换电路中,为使在变换过程中模拟电压相对不变,往往要增设有取样保持电路,它用于保存模拟波形的某个瞬间值,如图 9.9 所示。在这个电路中,使用 FET 作为开关,以便采取波形的某个瞬间值(采样),电容是当作记忆元件使用的。而取代 FET,也常常使用开关动作更接近理想状态的,称为模拟开关的元件。

9.2.2 计数型 A/D 转换电路

在将变化比较缓慢的模拟信号变换为数字信号时,可使用如图 9.10 所示的 2 重积分型 A/D 转换电路。从原理上讲,是将模拟输入电压变换为与其平均值成比例的时间间隔，再将代表它们的时钟脉冲进行计数，然后将计数器的数字作为数字信号输出。

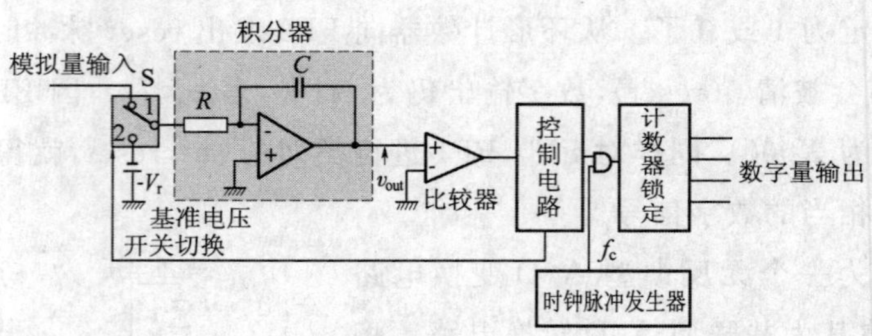

图 9.10　2 重积分型 A/D 转换电路

为了得到与模拟输入电压成正比的时间间隔，使用积分电路。图 9.10 中最初开关 S 在 1 侧。若将此时的模拟输入电压设为 v_i，如图 9.11(a)所示，则积分器的输出电压 v_{out} 为

$$v_{out} = -\frac{1}{RC}\int_0^t V_i \, dt \tag{9.1}$$

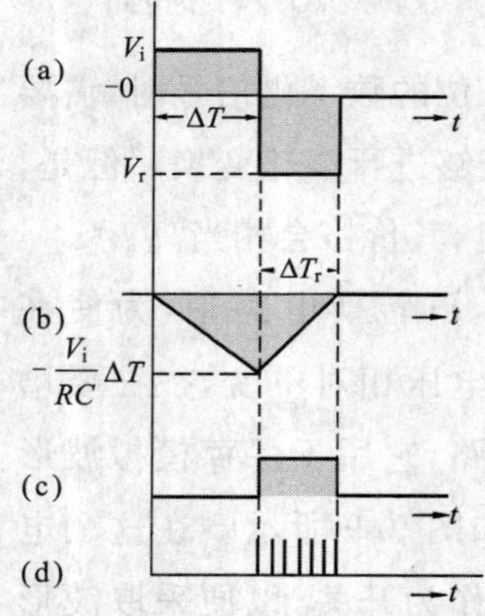

图 9.11　2 重积分型 A/D 转换电路的动作波形

如图 9.11(b)所示，随着时间 t 的增加，此时它也向负方向增加。当经过 ΔT 时间时，开关切换到 2 的方向，在这一瞬间，积分器的输出 v_{out} 的表达式就从式(9.1)变为：

$$v_{out} = -\frac{V_i}{RC}\Delta T \tag{9.2}$$

若其中 ΔT 一定，v_{out} 就与输入电压成比例。开关一切换到 2 侧，积分器的输入就变为负的基准电压$-V_r$，所以积分器的输出就如图 9.11(b)所示，开始从$(-V_i/\mathrm{RC})\Delta T$ 的值向正的方向增加。将从开关切换后，到积分器的输出电压变为 0 的这段设为 ΔT_r，则由式(9.1)可推出下列关系式成立：

$$0 = \frac{-V_i}{RC}\Delta T - \frac{1}{RC}\int_0^{\Delta T_r}(-V_r)\,dt = \frac{1}{RC}(V_r\Delta T_t - V_i\Delta T)$$

由此式可得到 ΔT_r 为

$$\Delta T_r = \frac{\Delta T}{V_r}V_r$$

若 ΔT、V_r 为一定时，ΔT_r 就与模拟输入电压 V_i 成正比。若设 f_c 为时钟脉冲的频率，只在 ΔT_r 的时间间隔内用计数器计算出时钟脉冲数来，则在这段时间间隔内用计数器记录下来的时钟脉冲数即为

$$\Delta T_r f_c = \frac{\Delta T f_c}{V_r} V_i$$

这样我们就能得到与模拟输入成比例的数字量了，计数器的值一直被锁定，直到读出结束为止。

将模拟输入电压和基准电压进行 2 次积分称为 2 重积分型。从其动作原理上讲，这种变换电路不是面向高速 A/D 转换应用的。但是，因这种电路结构简单，价格便宜，精度较高且对于周期性的干扰有很强的抵抗能力，所以常用于低速高精度的 A/D 转换中。

9.2.3 纵接型 A/D 转换电路

纵接型 A/D 转换电路如图 9.12 所示。这种 A/D 变换电路的基本电路如图中虚线框所示，它是用这种基本电路将数字信号的 bit 位按纵向连接而成。在基本电路中将模拟输入电压 V_i 和基准电压 $V_n/2$ 进行比较，当 $V_i \geqslant V_R/2$ 时，比较器的输出(数字化输出)变为 1，同时开关 S_2 闭合。接着利用差分器取出 V_i 与 $V_r/2$ 的差并将其放大 2 倍后，作为第 2 级的模拟输入。$V_i < V_R/2$ 时数字输出为 0，开关不能闭合，就将 2 倍 V_i 作为下级的模拟输入。

例如，讨论一下使数字输出为 111 时所输入的模拟电压。在第 1 级因 $V_i \geqslant V_R/2$，第 2 级的模拟输入为

$$2\left(V_i - \frac{V_R}{2}\right)$$

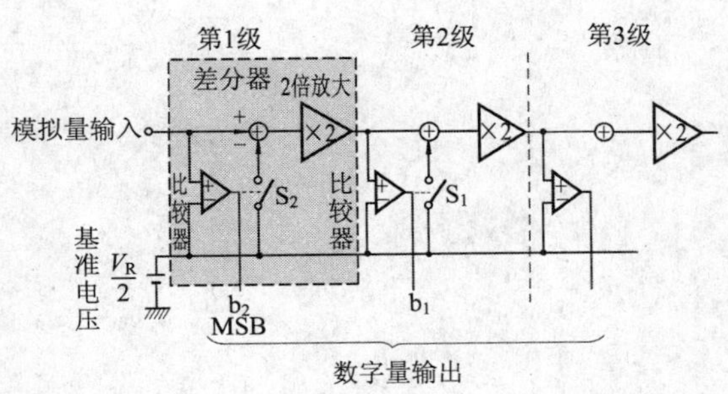

图 9.12 纵接型 A/D 转换电路

在第 2 级中，将此模拟电压与基准电压进行比较，即对下式进行计算：

$$2\left(V_{\mathrm{i}}-\frac{V_{\mathrm{R}}}{2}\right)-\frac{V_{\mathrm{R}}}{2}=2\left[\left(V_{\mathrm{i}}-\frac{V_{\mathrm{R}}}{2}\right)-\frac{V_{\mathrm{R}}}{2^{2}}\right]$$

成为将第 1 级的模拟输入与基准电压之差与 $V_{\mathrm{R}}/2^{2}$ 进行比较。

因第 3 级的比较为下式：

$$2^{2}\left[\left(V_{\mathrm{i}}-\frac{V_{\mathrm{R}}}{2}\right)-\frac{V_{\mathrm{R}}}{2^{2}}\right]-\frac{V_{\mathrm{R}}}{2}=2^{2}\left[\left(V_{\mathrm{i}}-\frac{V_{\mathrm{R}}}{2}-\frac{V_{\mathrm{R}}}{2}\right)-\frac{V_{\mathrm{R}}}{2^{3}}\right]$$

由此可推断出，在第 n 级，肯定是将第$(n-1)$级的模拟输出电压与加有 $1/2^{n}$ 位权的基准电压进行比较。

当然，在第 n 级的模拟输入比 $V_{\mathrm{R}}/2$ 小的时候，开关不会闭合，$V_{\mathrm{R}}/2$ 也不会被减小，例如，数字输出为 101 时的模拟输入的情况，易知此时第 3 级的比较如下式所示：

$$2^{2}\left[\left(V_{\mathrm{i}}-\frac{V_{\mathrm{R}}}{2}-0\right)-\frac{V_{\mathrm{R}}}{2^{3}}\right]$$

第10章

数字电路与计算机

10.1　计算机的计算方法与二进制运算

10.1.1　计算机的计算方法与程序设计

随着人类文明的进步而诞生的各种机器设备，大多是由于人们要使自己从事的单调和复杂的工作，能够正确而高速进行的强烈愿望驱使下，才被创造发明出来的。但是，将人类从事工作的方式，原封不动地让机器去执行的情况却很少，计算机也不例外。

在研究计算机的动作前，不妨先回头看一下人们使用计算器进行计算的方法。例如，讨论一下图 10.1 所示的情况，即将图中 No. 1 的内容 2 和 No. 2 的内容 4 相加，并将其结果写到 No. 4 中，计算过程如下。

① 将 No. 1 的内容 2 置入计算器（计算器的显示为 2）。

② 将 No. 2 的内容 4 加到计算器上去（计算器显示 6）。

③ 将计算器显示的 6 写入 No. 4 中。

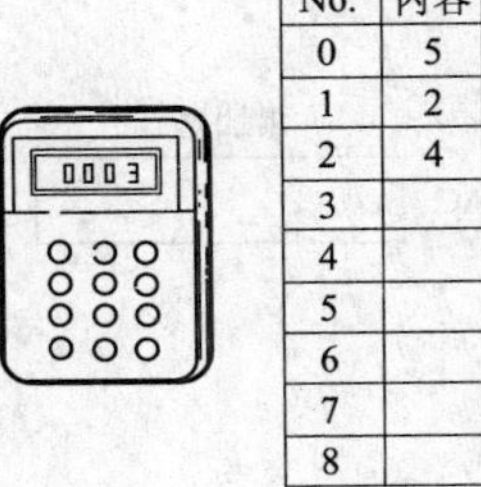

No.	内容
0	5
1	2
2	4
3	
4	
5	
6	
7	
8	

图 10.1　用计算器计算

要让计算机来进行这个计算，就必须将这个过程教给计算机，这样做的过程称为程序设计（programming）。将做事的方法传授给计算机，叫做程序输入或加载（load）。

图 10.1 所示的表格，在计算机中就是保存信息的地方称为存储器(memory)；表格中各栏的编号 No. 称为地址(address)；它在存储器中保存着 5、2、4 那样的数值(data)和计算过程即程序(program)。计算器的表示计算部分称为累加器(accumulator)，可简写为 AC。

由于计算机是数字化设备，故数据和程序必须用 1 或 0 这样的二进制数来表示(将 1 和 0 称为 bit 位)。有些计算机的存储器和累加器具有可以保存 8 位二进制数的构造，比如高 3 位是程序的主要部分，即可用于表示命令等。

例如，将某个地址的内容加到 AC 上去的命令为

0 0 1

而将 AC 的内容写入内存的命令为

0 1 1

此外，在这些表示命令的数值之后所加的内容，可以是输入地址，用于表示带有写入地址的程序。前面例子中的①②③过程可以表示如下。

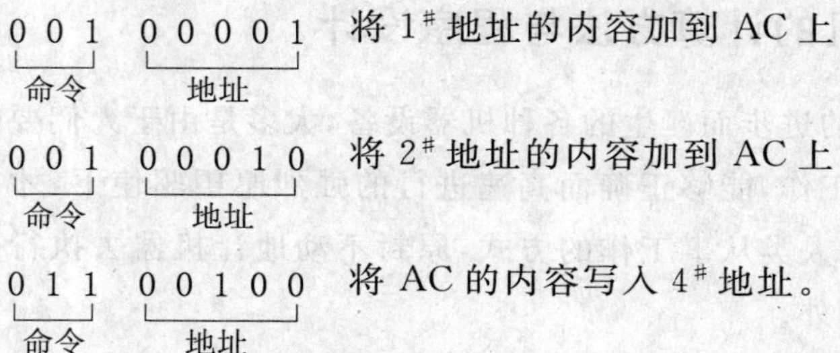

将这些程序存放在内存(memory)的 5# ～7# 地址内，计算机的内存如图 10.2 所示。

地址	内	容	
0	000	00110	数据
1	000	00010	
2	000	00100	
3			
4			
5	001	00001	指令
6	001	00010	
7	011	00100	
8			

图 10.2　内存中的数据和指令

计算机将这些指令解读后再进行计算，先给出一条“从地址 5 的命令开始执行”的指令。计算机就按地址编号顺序执行地址 5～7 内的命令，结果地址 4 的内容就变为 00000110(＝6)了。将靠解读程序进行计算的计算机，称为存储程序式计算机或叫做诺依曼式计算机。

10.1.2 二进制数的加减法

二进制数的加减法，可按十进制数的加减法类推而出，如下述那样进行。

```
    1 0 1              1 0 1
+)  0 0 1          -)  0 1 1
-----------        -----------
    1 1 0              0 1 0
   向上进位
```

可以用补码将减法运算用加法进行，求出基数 b(十进制数的基数为 10，二进制数的基数为 2)的补码，将所给出数值的各位数字从(b－1)中减去，当最低位时还需要加上 1。

例如，十进制数 6 的补码为

(10－1)－6＋1＝4

同样十进制数 126 的补码为 874，即

百位……(10－1)－1＝8

十位……(10－1)－2＝7

个位……(10－1)－6＋1＝4

而二进制数 1010 的补码是将各位数字从(2－1)中减去，到最低位时再需加上 1，故有

0101＋1＝0110

【例题 10.1】 求下列二进制数的补码。

0101，1011，0100，0110，1111。

【解答】 0101 的补码＝1111－0101＋1＝1011

1011 的补码＝1111－1011＋1＝0101

0100 的补码＝1111－0100＋1＝1100

0110 的补码＝1111－0110＋1＝1010

1111 的补码＝1111－1111＋1＝0001

从例题 10.1 可知，为了求出二进制数的 2 的补码可以采用以下两种方法。

① 在各位(二进制数中称为 bit)中将 1 和 0 互换后，在最低位上加 1。

② 从最低位开始向上数，在碰到第 1 个 1 以前的各位原样保持，而在比它高的各位将 0 和 1 互换。

这样就可以简单地求出二进制数的补码。

利用补码可以将减法用加法来代替。例如，对 101－011 做减法时，因 011 的补码为 101，故有

```
    1 0 1                          1 0 1
+)  1 0 1 …… 011的补码         -)  0 1 1
-----------                    -----------
  1 0 1 0                          0 1 0
忽略  答
```

低 3 位为答案，再给出几个例子如下所示：

```
    1 0 1 1 0 1                  1 0 1 1 0 1
-)  0 1 0 1 1 1              +)  1 0 1 0 0 1 …… 010111的补码
---------------              ---------------
    0 1 0 1 1 0                1 0 1 0 1 1 0

    0 1 0 1                      0 1 0 1
-)  0 0 1 0                  +)  1 1 1 0 …… 0010的补码
---------------              ---------------
    0 0 1 1                    1 0 0 1 1

    1 1 0                        1 1 0
-)  0 1 1                    +)  1 0 1 …… 0010的补码
---------------              ---------------
    0 1 1                      1 0 1 1
```

二进制数中常用补码来表示负数。例如，4 位数的情况有

2_{10}……0010

-2_{10}……1110

在 2 的右下角附加上小 10，表示此数为十进制数。

4 位情况下，正数与负数的关系如图 10.3 所示，它能表示的数值为－8～＋7。同样，要用 8bit(称为 1Byte 字节)所能表示的数值范围为－128～＋127。

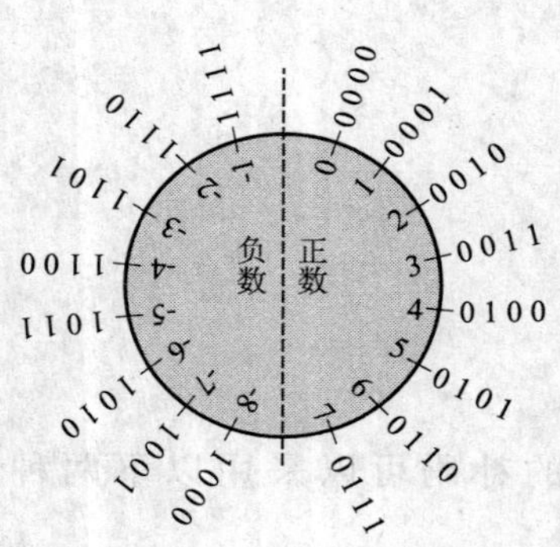

图 10.3　用 4 位表示的正负数

10.1.3　二进制数的乘除法

二进制数的乘除法，可以采用和十进制数的乘除法完全相同的方法来进行计算。例如，乘法为

```
       0 1 0 1                        0 1 0 1
    ×) 1 1 0 1                     ×) 1 1 0 1
   ------------                   ------------
       0 1 0 1         或者             0 1 0 1
   0 1 0 1 0                        0 0 0 0
  0 1 0 1                          0 1 0 1
 --------------                  0 1 0 1
 1 0 0 0 0 0 1                  --------------
                                 1 0 0 0 0 0 1
```

从高位开始计算，则

```
     0 1 0 1                       0 1 0 1
  ×) 1 1 0 1                    ×) 1 1 0 1
 ------------                  ------------
     0 1 0 1       或者              0 1 0 1
       0 1 0 1                       0 1 0 1
         0 0 1 0 1                     0 0 0 0
 ----------------                        0 1 0 1
     1 0 0 0 0 0 1                  --------------
                                     1 0 0 0 0 0 1
```

除法也可以和十进制数的情况一样进行，如下所示：

```
          1 1 0 0 ……商                 1 0 1 ……商
101 ) 1 1 1 1 0 1               10 ) 1 0 1 1
      1 0 1                          1 0
      ------------                   --------
        1 0 1                          0 1 1
        1 0 1                            1 0
      ------------                   --------
            0 0 1 ……余数                  1 ……余数
```

但是，此例中的二进制数皆为正数，没有考虑补码的情况。

10.2 计算机的构造与动作

10.2.1 计算机的构造

图 10.4 所示是以 8bit 为基本单位来讨论的计算机。图中的 MA 是内存地址寄存器，用于保存读写内存地址所用的寄存器（临时保存数据用）。PC 为程序计数器（Program Counter），用于在程序执行过程中，保存指令地址的寄存器。IR 是指令寄存器（Instruction Register），用于保存程序指令。只要指令一输入 IR，连接在 IR 上的指令解读器利用解码器来识别指令。BUS 又称总线，内存和寄存器的内容就往来于总线上。A，B 为通用寄存器，起累加器的作用。

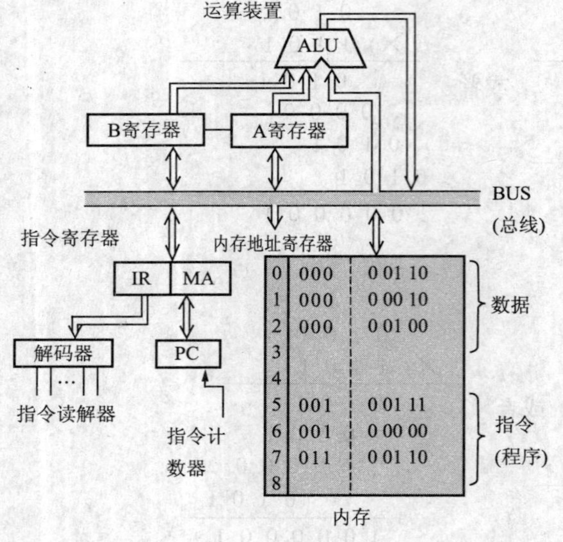

图 10.4 计算机的构成

通用寄存器 A,B 各自都是 8 位,实际上,A,B 是连接在一起当作 16 位寄存器来用。ALU 为运算设备,用于将寄存器 A 或 B 的内容与总线的内容相加或执行逻辑运算等。

作为计算机的基本操作,设计了如下一些动作。

① IR 内的指令用解码器来解释,进而用它们去控制计算机内的各种开关电路(门电路)。

② 将 MA 内表示的地址单元的内容读出到总线上,或者相反,将总线上的内容写入 MA 所指定的地址单元中。

10.2.2 用计算机进行加法运算

讨论一下将上节所述的加法运算用图 10.5 所示的计算机来进行的过程。

所用指令与上节相同,A 寄存器当累加器用。为了从地址 5 的命令开始执行,如图 10.5(a)所示,将 5 放入 PC。在此状态下一有时钟脉冲发生,就将 PC 的内容 5 移到 MA(PC 的内容仍保持不变),用下个时钟脉冲使 PC 的内容加 1。下个脉冲一到如图 10.5(b)所示,将地址 5 的内容 00100001 读出,高 3 位的 001 送入 IR,低 5 位的 00001 送入 MA。001 放入 IR,由指令解读器解释为与 A 寄存器进行加法的指令,因此就变为在计算机内部实行加法运算的构造。

下个脉冲一到,将 MA 的内容所指出的地址,即地址 1 的内容 00000010 从内存读出,并通过总线送到运算器中,与 A 寄存器的内容相加。因这时 A 的内容为 0,故相加结果变为 00000010,如图 10.5(c),将此数值从 ALU 通过总线保存到 A 寄存器。

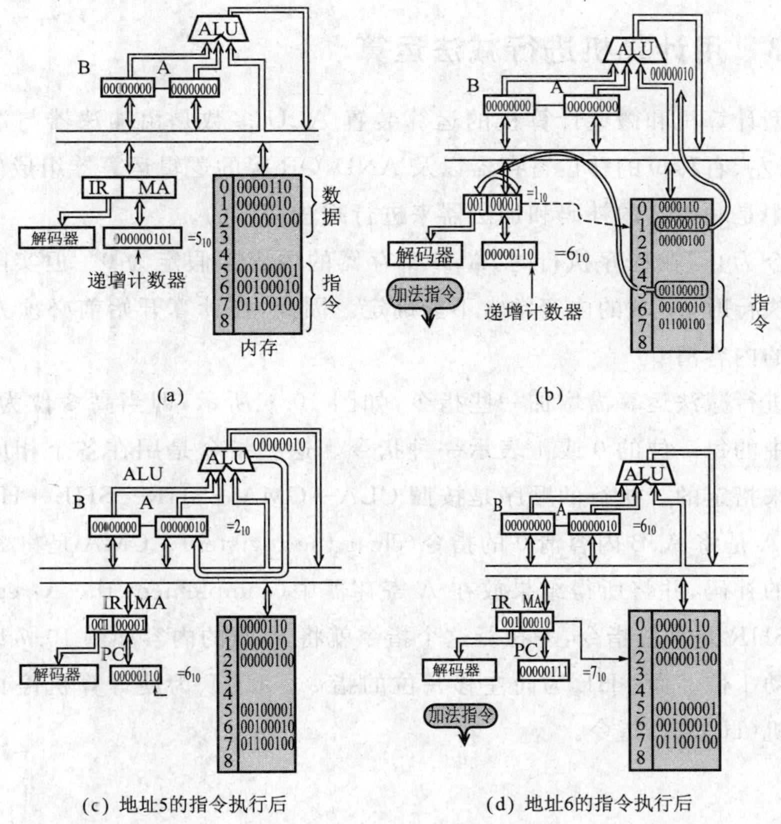

图 10.5 用计算机进行加法运算

在地址 5 的指令结束时,PC 的值为 6。因此,下个脉冲到来时,PC 的内容被移到 MA,然后 PC 再加 1。因 MA 的内容已变为 6,就将地址 6 中的指令从内存读出,高 3 位放在 IR,低 5 位送入 MA,将地址 2 的内容与累加器的内容相加,结果存放在 A 寄存器并开始执行加法指令,计算结果如图 10.5(d)所示,A 寄存器的内容变为 00000110=6。

将内存上的指令放到 IR 中去的周期称为取送周期,而将执行指令的周期称为执行周期。

用下一个脉冲将地址 7 的指令读出,高 3 位 011 放在 IR,低 5 位的 00100 放入 MA。IR 的内容经解码器解释为写入命令,下个时钟到来时,就将 A 寄存器的内容 00000110 写入用 MA 的内容 00100 所指向的地址 4。这样程序就执行完了。

10.2.3　用计算机进行减法运算

小型计算机和微型计算机的运算装置 ALU 多数是由加法器与 2 个补码器,可以左、右移位的移位寄存器以及 AND,OR 等的逻辑运算器组成的。这种计算机中是利用 2 的补码和加法器来进行减法运算的。

迄今为止,在程序执行时,A,B 寄存器的内容都假定为 0。但实际上在程序开始执行时,A,B 的内容常常不能确定。因此,在计算开始前必须先将 A,B 寄存器的内容清 0。

要进行减法运算需增加一些指令,如图 10.6 所示,即当高 3 位为 111 时,低 5 位中的每 1 位的 0 或 1 表示一种指令。这些指令是用在各个相应的指令位为 1 来指定的。执行的顺序是按照 CLA→CMA→SHR→SHL→HLT 进行的。CLA 是将 A,B 内容清 0 的指令(clear the register)。CMA 是将 A 的内容求其 2 的补码,并将所得结果放在 A 寄存器中(complement the A register)的指令。SHR 是移位指令,一执行这个指令就将 A,B 的内容如图 10.7 所示那样向右移动 1 位。而 SHL 为向左移一位的指令。HLT 为使计算机停止执行指令的停机(HALT)指令。

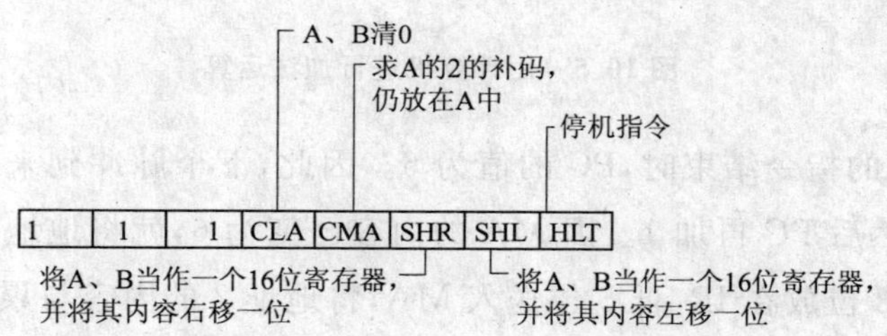

图 10.6　增加一些不访问内存的指令

图 10.7　右移位指令 SHR 的执行

例如,11101C11 的指令因在相应于 CMA,SHL,HLT 的 bit 位上为 1,故先将 A 的内容求出其 2 的补码,再将 A,B 的内容左移,然后停机。这时的状态如图 10.8 所示。

	B寄存器	A寄存器
寄存器原来的内容	01011001	10101110
CMA执行后	01011001	01010010
SHL执行后	10110010	10100100
HLT执行后	10110010	10100100

图 10.8　CMA,SHL,HLT 指令执行后的寄存器

图 10.9(a)所示为从内存的地址 3 的内容中,减去地址 4 的内容,将结果存在地址 6 的计算要求,其对应程序如下所述:

①	1 1 1	1 0 0 0 0	A、B 清 0
②	0 0 1	0 0 1 0 0	将地址 4 的内容加到 A 上
③	1 1 1	0 1 0 0 0	求 A 的内容的 2 的补码

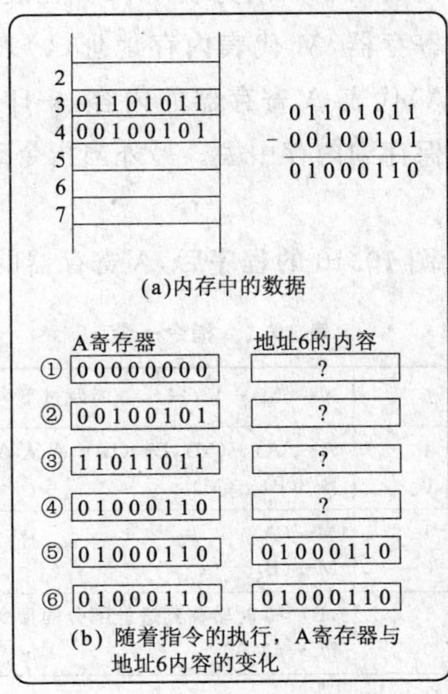

图 10.9　减法的执行

④　0 0 1 ┆ 0 0 0 1 1　　将地址 3 的内容加到 A 上
⑤　0 1 1 ┆ 0 0 1 1 0　　将 A 的内容存到地址 6 中
⑥　1 1 1 ┆ 0 0 0 0 1　　停机

随着程序的执行，A 寄存器和地址 6 的内容也相应改变，见图 10.9(b)。

10.2.4　其他更多的指令和转移指令

为进行更复杂的计算需增加以下的指令。

- 000：将用低 5 位表示的地址的内容只加 1，结果为 0 时，执行下一条以后的那条指令(Jump 转移指令)。
- 010：将用低 5 位表示的地址的内容加到 B 寄存器上(加法指令)。
- 100：将 B 的内容存放到低 5 位指向的地址中(保存指令 Store)。
- 101：B 的内容为正(大于 0)时，按低 5 位指示的地址中的指令开始执行程序(条件转移指令)。
- 110：无论 A、B 寄存器的内容是什么，无条件地从低 5 位地址中的指令开始执行(无条件转移指令)。

将到现在为止所定义的指令归纳为表 10.1。在表中 PC、A、B 分别表示指令计数器、A 寄存器、B 寄存器，M 代表内存地址，()表示其中的内容。例如，(M)表示内存的内容，(A)代表 A 寄存器的内容，←印记表示保存到，因此，M←(A)表示将 A 的内容保存到内存中去。另外当指令码为 001 时，即为将从 A 来的进位加到 B 上。

【例题 10.2】　执行图 10.10 的程序后，A 寄存器的内容是什么？

表 10.1　指令一览

skip	0 0 0	N←(M)＋1，(M)＝0 时跳过下一条指令
加　法	0 0 1 0 1 0	A←(A)＋(M)，B←(B)＋A 从 A 寄存器来的进位 B←(B)＋(M)
保　存	0 1 1 1 0 0	M←(A) M←(B)
转　移	1 0 1 1 1 0	(B)＞0 时转移到进址部分的指令，否则执行下一条指令 PC←(MA)
其　他	1 1 1	1 ┆ 1 ┆ 1 ┆ CLA ┆ CMA ┆ SHR ┆ SHL ┆ HLT

【解答】 将图中的程序指令解读如下。

地址 0:将 A、B 寄存器清 0。

地址 1:将地址 6 的内容加到 A 上。

地址 2:将地址 8 的内容加 1 后若为 0,跳过一条指令去执行。

地址 3:从地址 1 的指令开始执行。

地址 4:结束计算,停机。

先从地址 0 的指令开始执行,将 A、B 清 0 后,再执行地址 1 的指令,则 A 的内容为 3。执行地址 2 的指令后,地址 8 的内容变为 11111111,因不是 0 接着执行地址 3 的指令,即转移到地址 1 的指令执行后,A 的内容变为 6,再次执行地址 2 的指令后,地址 8 的内容变为 11111111＋1＝00000000,于是跳过地址 3 执行地址 4 的指令。一执行地址 4 的指令计算机就停止,故图 10.10 的程序执行的结果为 A 寄存器的内容为 6。

从地址0开始执行

0	111	10000
1	001	00110
2	000	01000
3	110	00001
4	111	00001
5		
6	00000011	
7		
8	11111110	
9		

图 10.10 程序例子

转移指令是改变程序执行顺序的指令。这个指令在计算机中是怎么处理的呢？如图 10.11 所示,在地址 7 中存放着 11000010,它表示"转移到地址 2 执行"的指令。现在,若地址 6 的指令被执行完了,指令计数器 PC 的值为 7,MA 的值为 6。在此状态下,时钟脉冲一到来,PC 的内容移到 MA,MA 的内容变为 7,内存中地址 7 的内容被读出。读出的指令经过总线将其中的指令部分 110 放入 IR,将地址部分 00010 放入 MA,IR 中的指令码经解码器解释出来,若为转移指令,就将 MA 的内容移到 PC 中,PC 为 0010(＝2_{10})时,转移指令执行结束。

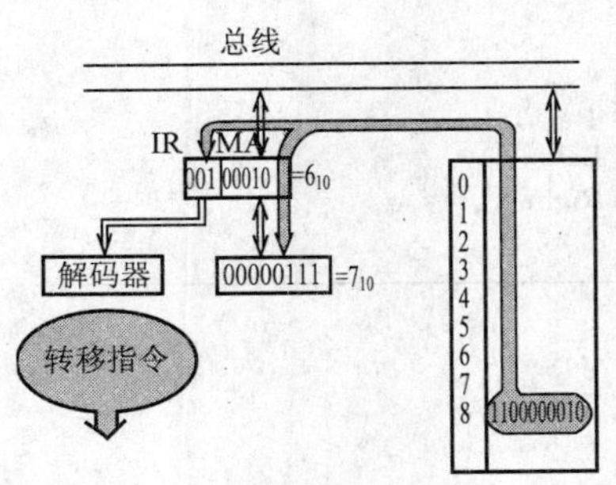

图 10.11 转移指令的执行

下个时钟脉冲到达时,PC 的值移到 MA,因 MA 的内容变为 00010,地址 2 的内容指令被读出,地址 2 的指令开始实行。也就是说执行指令的顺序从地址 7 的指令被变更为地址 2 的指令。

10.3　用计算机进行乘除运算

10.3.1　计算机指令与汇编语言

用像 010,001 那样 0 和 1 的组合符号串表示的程序称为计算机语言程序。用计算机语言写的程序没有太短的,都比较长且很难看懂。如果用表示这些指令意义的适当文字来书写指令就比较直观易懂。例如,将加法指令用英语 Add to A register 的略写 ADA 来表示,则"将地址 3 的内容加到 A 寄存器上"这个计算机操作就可以写为

```
ADA    00011
```

另外,地址部分也可以用具有某种直观意义的单词略写来表示,就更容易明白了。例如,地址 3 的内容是数据(data)时,将地址 3 称为 DATA 地址(称其为符号地址),这样上述指令就可以写为:

```
ADA    DATA
```

这条语句的意思是,将 DATA 地址的内容加到 A 寄存器上。这样来表示指令或指令称为符号语言或汇编语言。用汇编语言书写的程序,在计算机中经过汇编程序可直接翻译成机器语言后执行。

所以在表 10.1 中所定义的指令可以用表 10.2 的符号表示。

表 10.2　机器指令和汇编指令

机器指令	汇编指令	意　义
0 0 0	ISZ	Increment and Skip if Zero
0 0 1	ADA	Add to A Register
0 1 0	ADB	Add to B Register
0 1 1	STA	Store A Register
1 0 0	STB	Store B Register
1 0 1	JPB	Jump on Positive B Register
1 1 0	JMP	Jump
1 1 1	CLA	Clear the Registers
	CMA	Complement the A Register
	SHL	Shift the A,B Registers Left
	SHR	Shift the A,B Registers Right
	HLT	Halt
模拟指令	ORG	表示程序的起点
	EQU	给内存地址命名
	DC	定义常数区
	DS	定义内存单元地址区
	END	编译结束

表中的 ORG 称为程序起始点，它是为了让汇编翻译程序知道用户程序从哪点开始的。即指示翻译工作的指令，并非计算机实际执行的指令，又称模拟指令。EQU，DC，DS，END 也是模拟指令。

```
DATA1    EQU    3
```

上式是说明地址 3 的名字叫 DATA1。DC 可以像在下式中那样使用。

```
DC    F    '4'
```

它表示此处就是常数 4 所在的地址，F 表示其后出现的数为十进制数的整数，F 若为 B 所替代说明其后出现的数字为二进制数，为 C 时说明其后为文字字符。DS 像下式那样使用。

```
DS    2
```

它表示在该处要确保留出两个内存单元用于保存数据，也是指示编译程序用的模拟指令，END 指明翻译结束。

【例题 10.3】 将 10.2.3 的用计算机进行减法的程序改为汇编语言书写，从地址 10 开始存放的程序。

【解答】 用 DATA1，DATA2 代表地址 3 与地址 4，KOTAE 代表地址 6，其汇编程序如下所示。

```
ORG  10
CLA
ADA  DATA2
CMA
ADA  DATA1
STA  KOTAE
HLT
```

10.3.2 乘 法

迄今为止讨论的都是以 8 位为中心的计算机，为了对乘法的讲述重点更容易理解，本节的讨论以 4 位为中心进行，但是所用计算机指令还是用 8 位的。

图 10.12(a)所示的是一个进行乘法运算的例子。用计算机进行乘法和笔算乘法相同，但笔算时将各位计算结果放在最后，一起进行加法，而用计算机进行乘法时，在每位乘法后立刻用加法求出其部分积，仅这一点稍有不同。

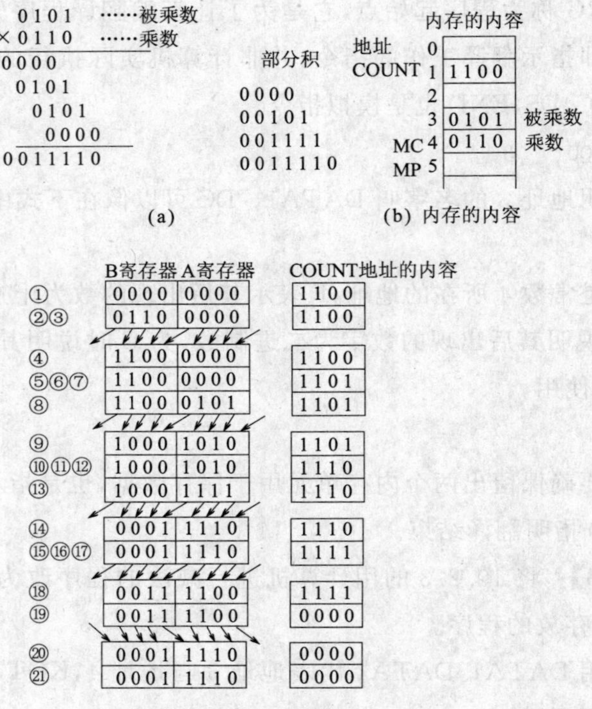

图 10.12　计算机乘法

计算机乘法，先了解乘数的最高位 bit 是 1，还是 0。若为 1 则将被乘数加到部分积上，若为 0 则加上 0 后将结果左移 1 位。将此操作过程运用到乘数的下一位上，直到所有乘数都被重复执行该操作为止。

为编写进行乘法的程序，先设乘数、被乘数都是 4 位，所能表示的数值为 1000～0111(－8～＋7)。如图 10.12(b)所示的内存内容，被乘数放在地址 3，乘数放在地址 4，地址 1 中放加有负号(minus)的乘数位数的数值－4(＝1100)。地址 1,3,4 各自表示 COUNT、MC、MP。

首先，将 A,B 寄存器清 0，乘数放在 B 中。

```
CLA          A,B 清 0        ①
ADB    MP    乘数放在 B 中    ↓
                             ②
```

对 B 中存放的乘数的最高位进行检查，若为 1(即为负数)，就将被乘数加到 A 上。其次，将乘数以及部分积左移 1 位，此操作重复 4 次。给存放数据的单元起个名字，给存储着程序指令的地址命名，如 LOOP，NXT，SK，BR 等等，

该程序如下所示。

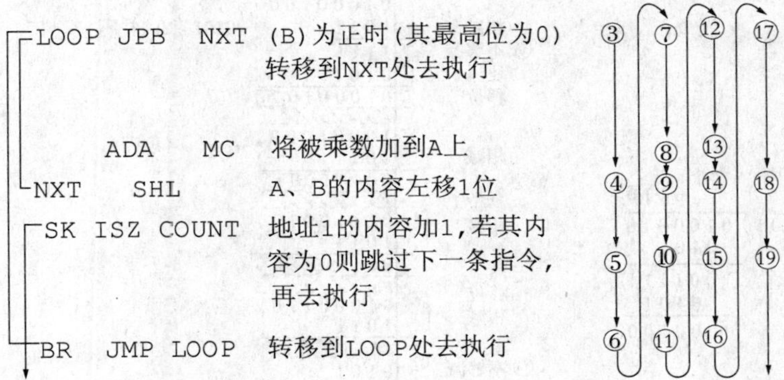

在程序的右端写着的数字是程序执行的顺序。在各条指令执行后,A,B寄存器以及地址1的内容如图10.12(c)所示。即B寄存器的内容被挤出去,答案放在B,A中。

将从LOOP到BR地址的指令反复执行4次后,COUNT地址中的内容变为0,则根据SK内的指令跳过BR去执行BR的下一条指令。程序执行到此,A,B及地址1的内容见图10.12(c)的顺序⑲所示,但A,B寄存器的答案向左移过头了1位,因此,为得到正确的答案必须再向右移1位后停机,再加两条指令:

```
      SHR  将A、B内容右移1位   ⑳
OWARI HLT  停机               ㉑
```

由于是对4位数进行计算,故由LOOP到BR的指令反复执行4次,若对8位二进制数进行计算,这部分就被反复执行8次。

10.3.3 除 法

除法与乘法相同,为简化说明,除数设为4位表示的正数,商也在用4位能表示的正数范围内,为此被除数必须为用7位表示的正数,另外为使商是正数,被除数的高4位必须比除数小。

图10.13(a)所表示的除法是采用追加还原法进行的,所谓追加还原法如图10.13(b)所示,从被除数的高位将除数减去,结果为负时说明不够减了,故商为0且需将除数再追加回去还原,结果为正时,原样保留结果且商为1。接着对下一位被除数进行同样的计算,直到最低位都重复这样的处理。

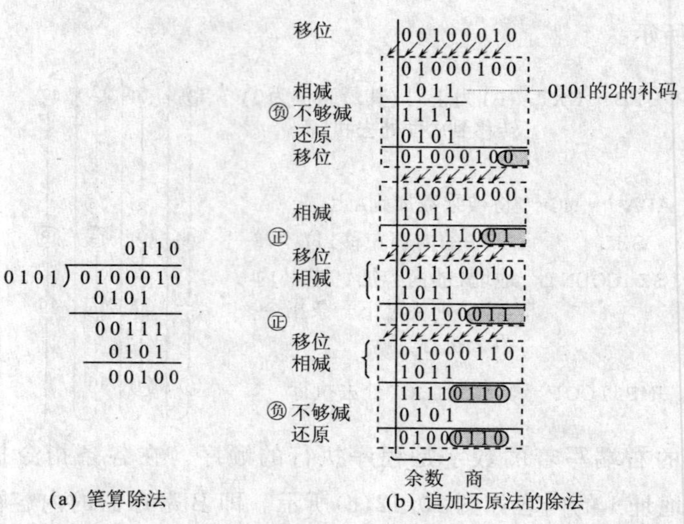

(a) 笔算除法　　(b) 追加还原法的除法

图 10.13　除　法

例如,图 10.13(b)中所示,最初的计算是从高 4 位的 0100 中减去 0101(由于是用 2 的补码的减法,故执行将 0101 的 2 的补码 1011 相加),因差为负数故需将除数 0101 追加回去还原。这说明从 0100 中减去 0101 是不够减的,跟笔算时的情况一样,这时商数应为 0。在接下去的第二遍计算中,从 1000 减去 0101 差为正数,商就为 1。将这样求到的商数放在被除数左移空出来的最低位的位置上,最后,被除数的高 4 位表示余数,低 4 位表示商数。

在编写程序时,如表 10.3 所示,对除数、被除数和各种常数分配好相应的内存单元,其程序如下所示:

```
CLA              A、B 清 0
ADB   HIJOH }
              } 将被除数放入 A、B
ADA   HIJOL }
```

表 10.3　内存中的常数

地　址	内　容
JOSU	0 1 0 1　除数
HIJOH	0 0 1 0　被除数
HIJOL	0 0 1 0　被除数
COUNT	1 0 1 1　−4
K1	0 0 0 1　1
M1	1 1 1 1　−1
CJOSU	1 0 1 1　−(除数)

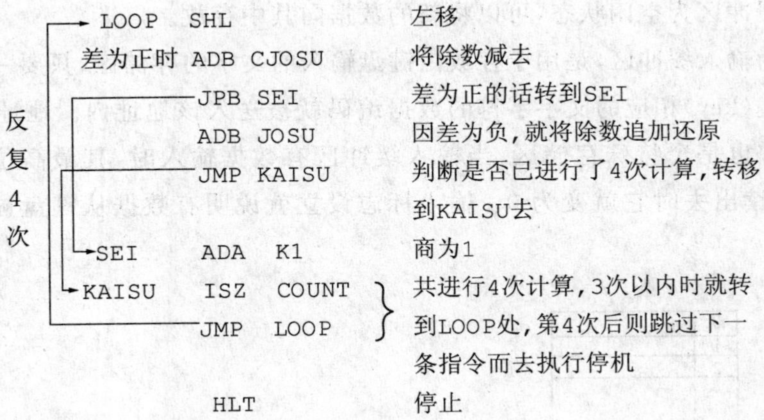

【例题 10.4】 如表 10.4 所示,地址 AH 和 AL 中的内容为 00100110,BH 和 BL 的内容为 01000011,将两者的内容相加,其和存于地址 CH,CL 中。请编写出该程序来。

【解答】

```
CLA
ADB  AH
ADA  AL
ADB  BH
ADA  BL
STB  CH
STA  CL
HLT
```

表 10.4　倍长运算

地　址	内　容
AH	0 0 1 1
AL	0 1 1 0
BH	0 1 0 0
BL	0 0 1 1
CH	0 0 0 0
CL	0 0 0 0

用 4 位 bit 能表示的数值为 −8～+7,用 8 位 bit 进行计算能表示的数值范围为 −128～+127,这样的运算称为倍长运算。

10.4　计算机的输入输出

10.4.1　计算机的输入输出构造

计算机的输入输出构造如图 10.14 所示,地址 28 叫做输出缓冲区的特殊存储器,其中存放着表示文字的数据,它们可以自动地被送到显示器上显示出来。地址 27 是称为输出标志(flag)的特殊存储器,该地址的最高位,当数据被存在地址 28 的输出缓冲区时设为 0,而当数据已被送到显示器上显示时设定为 1,如图 10.14(b)所示。高位为 1 称为标志设立,为 0 称为标志撤销。标志设立时，说明输出缓冲区为空闲状态，可以将新的数据向其中存放。

地址 30 为输入缓冲区，是用于存放由键盘输入的文字的存储区，只要一按下键盘，与该键(key)相应的文字字符的数据编码就被送入该地址内。地址 29 为输入标志，它也是个特殊存储区，当输入缓冲区有数据输入时，其最高位为 1，当其数据被读出去时它就变为 0。输入标志设立就说明有数据从键盘被输入缓冲区。

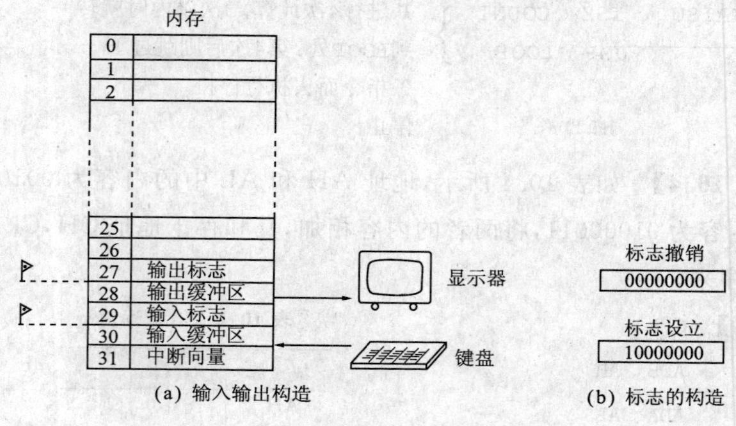

图 10.14　计算机的输入输出构造

10.4.2　文字输出程序

文字输出就是当输出标志设立时，将数据存放在输出缓冲区中。因此将字符 B 输出的程序即如下所示。

```
        ORG   0
OUTFLG  EQU  27              地址27命名为OUTFLG
OUTBUF  EQU  28              地址28命名为OUTBUF
        CLA                  A、B寄存器清0
BSYWT   ADB  OUTFLG          设立输出标志
          JPB  BSYWT         输出标志设立了吗?若没有设
                             立就转到BSYWT去执行
         ADA     DATA        将B放到A中
         STA     OUTBUF      输出B
         HLT
DATA     DC      C'B'
                 END
```

输出标志设立时，其最高位为1，也就是其值为负。因此，本程序中要不断地读取该标志，并判断是否标志已设立，直到地址 OUTFLG 的内容变成负的为止，才说明输出缓冲区已空闲，可以输出新内容了。

将这种等待方式称为 busy-waiting（忙等）。

10.4.3 文字输入程序

文字的输入就是当输入标志设立时，能够读入输入缓冲区的数据。由键盘读入1个字符，并将其保存在内存称为 DATA 地址单元中的程序如下所示。

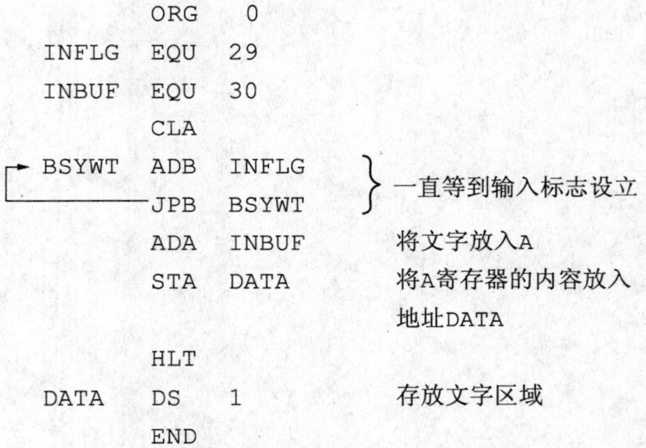

```
        ORG    0
INFLG   EQU   29
INBUF   EQU   30
        CLA
BSYWT   ADB   INFLG   } 一直等到输入标志设立
        JPB   BSYWT   }
        ADA   INBUF         将文字放入A
        STA   DATA          将A寄存器的内容放入
                            地址DATA
        HLT
DATA    DS    1             存放文字区域
        END
```

【例题 10.5】 编写一个将8个从键盘输入的文字输出的程序。

【解答】

```
ORG  0
OUTFLG      EQU  27
OUTBUF      EQU  28
INFLG       EQU  29
INBUF       EQU  30
            CLA
BSYWT       ADB  INFLG
            JPB  BSYWT
            ADA  INBUF     将文字放入 A
            STA  DATA      将 A 寄存器的内容存入地址 DATA
LOOP        CLA
BSYWTW      ADB  OUTFLG    设立输出标志
```

```
        JPB   BSYWTW   输出标志设立了吗?
        ADA   DATA     将文字放到A中
        STA   OUTBUF   输出文字
        ISZ   COUNT    COUNT内容加1后,若其为0
                       则跳过下一条命令
        JMP   LOOP
        HLT
DATA    DS    1
COUNT   DC    F′-8′     定义′-8′的存储单元
        END
```

第11章

数字电路的可靠性

为了确保可靠性,在设计和制造由各种集成电路芯片和半导体元件组成的数字电路时,每个生产厂家都要认真进行可靠性设计,在进行制造工程的全面质量管理的同时,也要进行各种各样的可靠性测试。而设备生产厂商还要进行采购半导体元件的认定试验、入库试验等。另外,即使在组装生产的过程中也要实施工程化管理,努力保证由集成电路和半导体元件以及各种电子零部件构成的数字电路所组成的电子设备的整体可靠性。即使对于组装完成的产品,还要进行确认功能的各种功能测试和可靠性考验,然后才能出厂。

本章讲述一些保证可靠性的方法,包括半导体的可靠性、数字电路的可靠性设计、电子设备的可靠性试验方法等。

11.1 衡量可靠性的尺度

故障率与时间的关系大致可分为下述三个时期,即产品出厂前后的初期故障期;产品稳定工作的偶发故障期;经过耐用年数后的磨损故障期。它们可以表现为图 11.1 所示的浴盆形曲线,即故障率曲线。

① 初期故障期。这个时期的故障率会随着时间的推移而急速地减少。该时期的故障率由下式决定,其单位为 ppm(百万分之一)。

故障率＝不合格数/(总数×工作时间×10^6)

② 偶发故障期。这个时期的故障率比较稳定,可视为一常数。该时期的故障率由下式决定,其单位为 fit(十亿分之一)。

故障率＝不合格数/（总数×工作时间×10^9）

③ 磨损故障期。此时期的故障率会随时间的推移而增大。

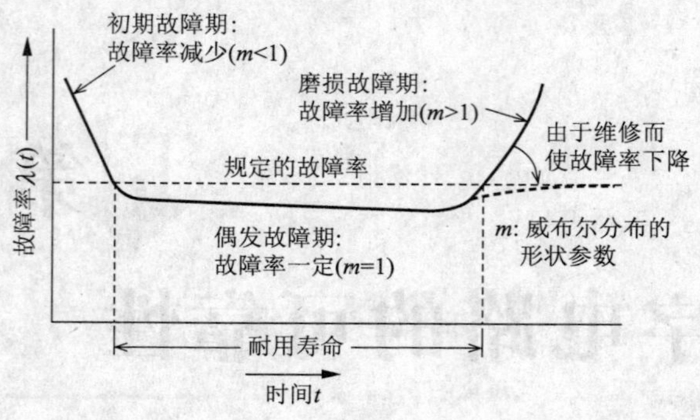

图 11.1　浴盆形故障率曲线

11.2　半导体器件的故障模式

半导体器件的主要故障模式是电气故障，比如误动作、性能恶化、被电气破坏等等。当然也有机械故障、化学故障、软故障，或者这些因素综合在一起形成的故障。图 11.2 所示是从 IC 芯片封装的断面结构来显示出的各种故障模式。下面简要介绍几种主要的故障模式。

1. 表面退化

在晶体管中，当有超过 pn 结的电荷密度以上的外来电荷聚集在 pn 结的表面上时，就会使 pn 结的电气特性恶化。会在表面产生一层保护氧化膜（SiO_2）。在 MOS 型的 DRAM 中，当在邻近漏极的表面产生过热载流子时，也会使栅氧化膜表面特性退化，使阈值电压和跨导恶化。因此，在进行微细化设计时，要特别注意不要使其产生强电场并改善处理过程。

2. IC 芯片的布线故障

在 IC 芯片的铝布线故障中，主要有以下几种。

① 迁移（migration）。当有大电流流过铝布线时，会产生铝粒子的移动，从而引起电迁移现象。若引起迁移现象，就会在阴极产生空洞（void），而在阳极产生晶须（whisker）。空洞会使电阻增大甚至断线。而晶须则有引起短路的可能性。

② 铝腐蚀断线。若有水分或杂质离子侵入引线的管脚间，就产生了沾污，

从而腐蚀铝电极甚至引起断线。

③ IC 芯片多层布线的缺陷。由于追求内层布线的细微化，也会使布线电阻增大甚至断线。另外，因层间存在感应体的缺陷，也会使漏电流增大或者产生短路。

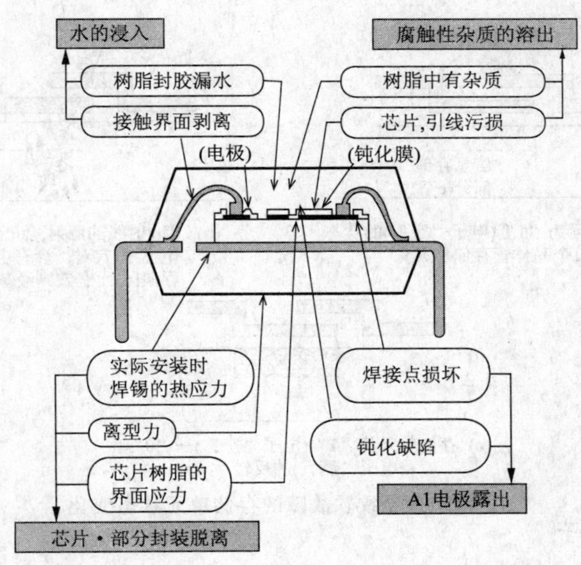

图 11.2 由 IC 芯片封装的截面显示出的故障模式

3. 焊接故障

焊接引起的主要故障有如下几种。

① 金属间化合物。在进行焊接作业时，由于局部高温，在焊接线与 IC 芯片焊点间会生成金属间化合物，从而降低结合的强度并使结合部分的电阻增大。

② 线夹(wire clip)。当对塑料封装的 IC 进行长时间的温度试验时，焊接线的细颈部会产生破断现象。而若在加热焊接的前端形成球状，则会使结晶粒增大，或因有杂质混入而变得脆弱。

4. 封装故障

封装气密性不良是产生气密性恶化故障的主要原因，从而会引发电气性能的恶化以及铝电极腐蚀等故障。

5. 软故障

当从封装材料中所含的微量放射元素(如铀 U、钍 Th 等)发射出的 α 射线照射进硅材料之中时，就会产生新的电子-空穴对。在 DRAM 芯片中，电子-空穴对集中在存储单元。当有负电位施加于硅基片上时，空穴就流失了，仅剩下电子残留在信息储存区域，这时就会产生存储状态从 1 到 0 的反转，导致软故障。图 11.3 表示出了软故障时存储单元状态的变化情况。

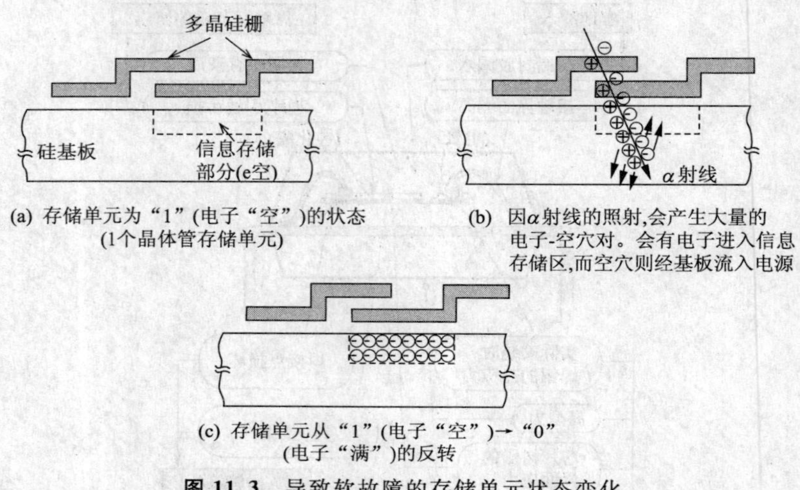

(a) 存储单元为“1”(电子“空”)的状态（1个晶体管存储单元）

(b) 因α射线的照射，会产生大量的电子-空穴对。会有电子进入信息存储区，而空穴则经基板流入电源

(c) 存储单元从“1”(电子“空”)→“0”(电子“满”)的反转

图 11.3　导致软故障的存储单元状态变化

6. 热载流子

在有强电场的地方，电场可将电子加速为热载流子。它们去冲撞晶格，就会产生电子-空穴对，从而使阈值电压 V_{th} 与跨导 g_m 的性能恶化。为了抑制热载流子的产生，就应当采用不会造成强电场作用环境的器件结构。

7. 静电破坏

人体本身容易带有静电。尤其是当湿度在 40% 以下时，它就容易变成数千伏以上的高电压。图 11.4 所示为人体带电的测定方法与人体带电的实测例子。这种放电电荷一旦流入 IC 芯片就会变成大电流，从而产生静电破坏。因此，在许多接口 IC 芯片产品的输入电路中，均加有可耐受 15 000V 静电压冲击的保护电路。

8. 闩锁(latch up)

闩锁是 CMOS IC 芯片固有的现象。当电源产生波动或有噪声、冲击电压侵入时，寄生晶体管会使所构成的开关电路变为导通状态，即使互补的 p 沟道与 n 沟道晶体管同时处于导通状态，这就会引起闩锁(latch up)现象，在电源与地线间流过很大的电流，从而引起 IC 的损坏。只要有一端的电源不被切断，就

不能制止这种现象。

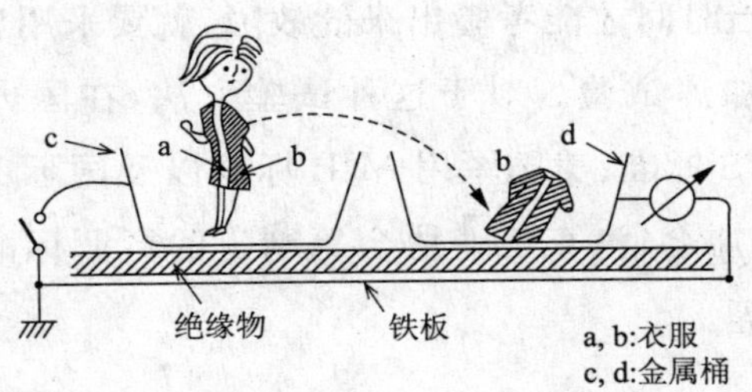

铁板与铁桶间的静电容量　50pF

绝缘电阻　$1.5\times10^{12}\Omega$

在金属桶 c 中的实验者的身上，穿着 a 类内衣，外面套着 b 类外衣。当开始动作时，金属桶 c 接地线。然后把金属桶的接地线断开，实验者脱掉 b 类外衣并立即投入金属桶 d。立即同时测量出这时金属桶 d 的电位。这就能测定人体的带电量。

人体带电实测例

	条　　件	最大电压	周围条件
①	a 衬衫　绵 100%	＋4900V	周围温度：20℃
	b 衬衫　合成纤维	－13000V	
②	a 衬衫　合成纤维	－3500V	
	b 衬衫　绵 100%	＋7200V	
③	a 皮肤	－410V	相对温度：40℃
	b 衬衫　绵 100%	＋980V	
④	a 皮肤	＋3200V	
	b 衬衫　合成纤维	－7000V	

图 11.4　人体带电测定方法

11.3　可靠性试验

可靠性试验是指检查测试件在满足电压、电流等规定的标准值前提下能否正常工作的试验方法，见表11.1，以及在一定温度和湿度等环境条件下施加额

表 11.1　环境以及耐久性试验项目

① 焊接耐热性试验(SMD 以外)	⑫ 连接强度试验
② 焊接耐热性试验(SMD)	⑬ 盐雾试验
③ 焊接牢固性试验	⑭ 耐溶剂性试验
④ 热冲击试验	⑮ 高温存贮试验
⑤ 温度循环周期试验	⑯ 低温存贮试验
⑥ 湿度周期循环试验	⑰ 耐湿性试验
⑦ 气密性试验	⑱ 蒸气加压试验
⑧ 冲击试验	⑲ 静电破坏试验
⑨ 恒定加速度试验	⑳ 连续工作试验
⑩ 振动试验	㉑ 断续工作试验
⑪ 端子强度试验	㉒ 软故障试验

注：SMD：Surface Mount Device。

定的或上、下极限值的电压、电流、动作功能等电气考验条件的测试方法，见表11.2。对于需经相当时间才能考验出来的故障，就要采用比有关故障因素标准更严酷的条件进行加速试验。对于这种试验方法，在国内外已建立了许多标准，主要有日本的JIS标准、美国军用MIL标准以及国际IEC标准，见表11.3。另外，电子机械工业协会，汽车工业协会等制定的行业标准或部门标准以及厂家自定的试验标准等。

表 11.2　加速寿命试验的分类

实验方法	特　征	加速试验	加速原因	主要故障类型
恒定应力试验	研究应力试验后，对半导体器件的影响	高温放置（低温放置）	温度	表面退化
		工作寿命	半导体结温，电压	表面退化
		高温高湿放置	温度，湿度	腐蚀，耐压退化
		高温高湿偏压	温度，湿度，电压	腐蚀，端子间搭桥
周期性应力试验	研究反复进行考验后，对半导体器件的影响	温度循环（热冲击）	温度差，性能测试	断线，短路
		功率循环	温度差，性能测试	断线，热阻退化
		温湿度循环	温度差，湿度差	断线，短路，腐蚀
步进应力试验	在用上、下限条件考验时，对半导体设备的影响	工作寿命	半导体结温，电压	元件退化
		高温逆偏压	半导体结温，电压	元件退化
		冲击电压破坏	电气量，电压	静电破坏，元件退化
		耐焊接热	温度，时间	芯片裂纹，元件退化

表 11.3　代表性的可靠性试验标准

EIAJ (Electronic Industries Association of Japan)标准
　　EIAJ ED-4701：半导体设备的环境以及耐久性试验方法
JIS (Japanese Industrial Standard)标准
　　JIS C 7021：个别半导体设备的环境试验方法以及耐久性试验方法
　　JIS C 7022：半导体集成电路的环境试验方法以及耐久性试验方法
IEC (International Electrotechnical Commission)标准
　　Publication 68：环境试验法
　　Publication 749：半导体设备的机械的试验方法以及环境试验方法
MIL (美国 Military Standard)标准
　　MIL-STD-202 F：电子零部件、电气零部件试验法
　　MIL-STD-750 C：个别半导体设备试验方法
　　MIL-STD-883 D：微电子学的试验方法

11.4 数字电路的可靠性设计

保证数字电路可靠性的主要因素有元器件的选定与确认、保管、电路的性能冗余设计、确保噪声容限的设计、制造时的质量管理、通电试验、噪声试验、出厂检查等等，必须以各个工程步骤来确保可靠性。

1. 电子元器件的合格认定和保管

厂家必须在对元器件实施可靠性试验确认合格后，方可购入认定的元器件。对购入的元器件要在规定的温度、湿度条件下妥善保管使用。

2. 性能冗余设计(derating)

电子元器件的可靠性，受使用时的电压、电流、温度、湿度等条件的影响。对于在军用等特殊环境下使用的产品，其额定使用的电压、电流、温度等，要有更宽裕的性能冗余设计，才能确保其可靠性。

例如，功率晶体管，就必须将其工作范围设计在图 11.5 所示的安全工作区域中。

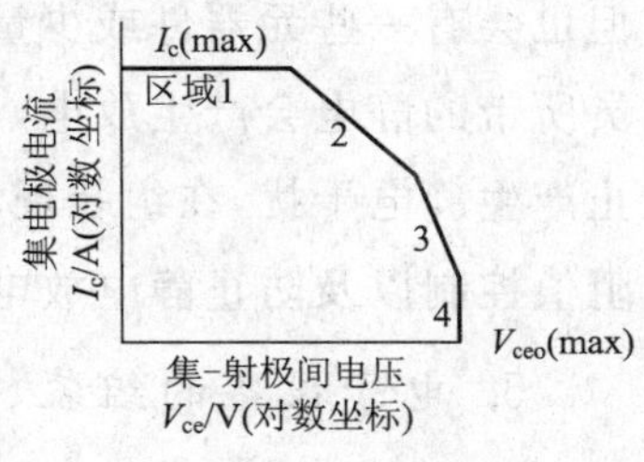

图 11.5 安全工作区域

区域 1 是由集电极电流 I_c(max)所限定的区域。

区域 2 是由集电极电流 I_c 与集-射间电压 V_{ce} 的乘积，即消耗功率 P_c 所限定的区域。

区域 3 是由电压变高和因元件中的缺陷以及在不均匀的结合部引起电流集中产生的二次压降所限定的区域。

区域 4 是由集-射极间电压 V_{ce} 的最大值 V_{ce}(max)所限定的区域。

图 11.6 示出了 CMDS IC 的冗余特性。

3. 印制电路板的组装与清洗

① 元器件的安装与焊接。为了确保焊接的可靠性，必须确认元器件的焊锡的熔黏性、焊锡的温度控制、印制电路板的挠曲度等。

② 电子元器件的耐洗净性。对于组装完成的印制电路板应当进行清洗，以便去除背面的污垢等。由于采用了许多新型洗涤剂，故需事先确认所用洗净剂不会给元器件带来不利的影响。

4. 印制电路板组装现场的静电控制

一般把大量元器件组装到印制电路板上的操作是由机械手等自动完成的。

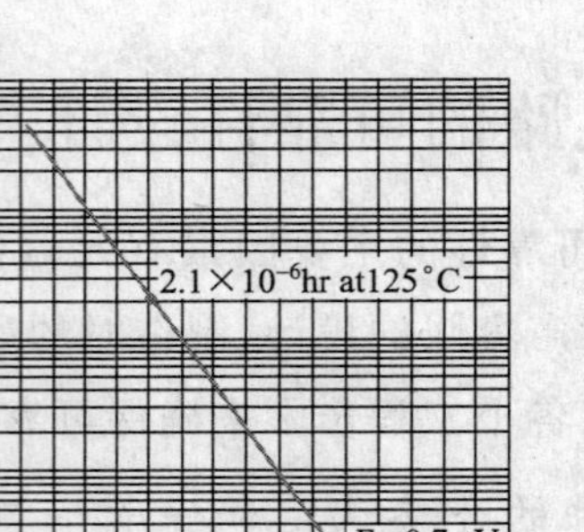

图 11.6　CMOS IC 性能的冗余特性(由此性能冗余特性曲线确定的工作温度 T_a,就能够预测出故障率的期望值)

但也会有一些元器件或少量生产时,需要由工人用手工安装。由于安装操作人员所带的静电会产生放电,从而会使电子元器件性能退化甚至被损坏,故为防止产生静电干扰,在组装现场应当进行湿度控制、为防止带电的作业环境的电阻值控制以及防止静电放电的工作间的电位差控制等。

5. 电子设备的组装、检查

在着手组装印制电路板时,有一些与电气无关的项目,比如,印制电路板的受力标准、元件器件的跳线相连等的管理,对提高可靠性也是很重要的。完成组装的设备需通电确认其是否能正常工作。还应在高温状态下进行长时间通电考验。进行必要的噪声干扰试验,把干扰脉冲施加在电源线上,测定噪声容限。在电波暗室中,测量由设备所产生的电磁干扰(EMI)或者利用一定频率的电磁波干扰施加于组装好的设备,以测定其抗干扰性(immunity)等。

第12章

数字电路的应用及制作

12.1　运算电路

12.1.1　半加器电路

1 位的二进制数的加法运算如下：

$$\begin{array}{r}0\\+\ 0\\\hline 0\end{array}\qquad\begin{array}{r}0\\+\ 1\\\hline 1\end{array}\qquad\begin{array}{r}1\\+\ 0\\\hline 1\end{array}\qquad\begin{array}{r}1\\+\ 1\\\hline 1\ 0\end{array}$$

在此注意到，要想得出 1+1 的结果必须有两个数位，需要有和(sum)和进位(carry)这样的两个数位，进行加法运算的半加器电路如图 12.1 所示。

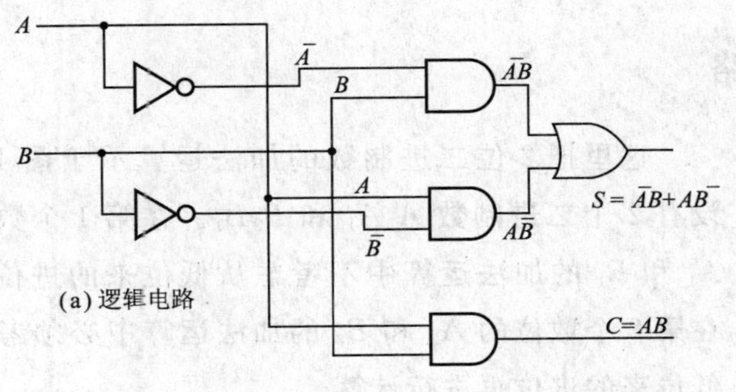

加	数	进位	和
A	*B*	*C*	*S*
0	0	0	0
0	1	0	1
1	0	0	1
1	1	1	0

(b) 真值表

图 12.1　半加器

对于两个一位数 A 和 B 的二进制加法，就进位 C 与和 S 整理的真值表如图 12.1(b)所示。以该表的加数 A，B 为输入，以进位 C 与和 S 为输出的电路叫做半加器。在此，试求其逻辑电路。从真值表可知 S 变为“1”的条件是：

$$S=\overline{A}B+A\,\overline{B}$$

而 C 变成“1”的条件是：

$$C=AB$$

这两个式子用图形表示的逻辑电路如图 12.1(a)所示。另外，如果仅使用 NAND 门来组成这一电路，则如图 12.2 所示，且门电路数目也可省去一个。并且，输入输出关系可用下式表示：

$$S=\overline{\overline{A\cdot\overline{AB}}\cdot\overline{B\cdot\overline{AB}}}=\overline{A}B+A\,\overline{B}$$

$$C=AB$$

这样的电路是进行计算的电路中的最基本的电路。

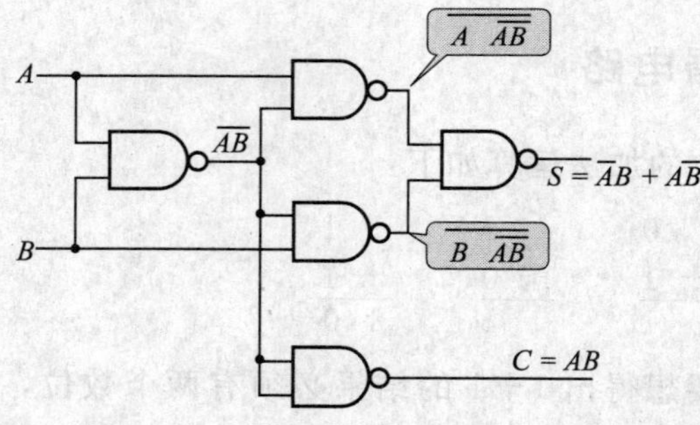

图 12.2　用 NAND 组成的半加器电路

12.1.2　全加器电路

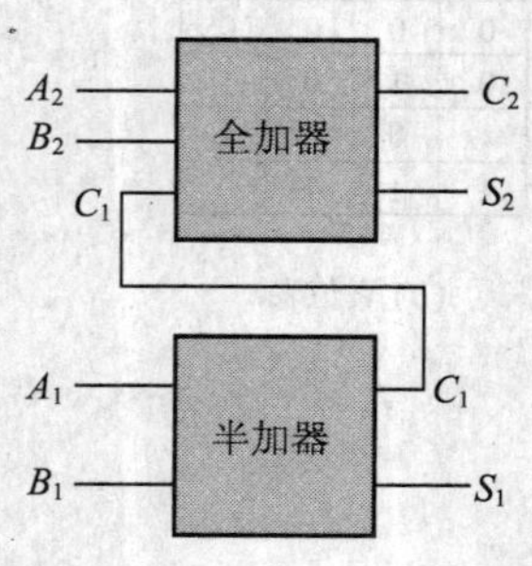

图 12.3　2 位并行加法器

这里把 2 位二进制数的加法运算示于图 12.3。设有 2 个二进制数 A_2A_1 和 B_2B_1。在第 1 个数位的 A_1 和 B_1 的加法运算中不考虑从低位来的进位。但在第 2 个数位的 A_2 和 B_2 的加法运算中必须考虑从低位来的进位再进行计算。

相加数 A_2、B_2 和从低位来的进位 C_1 的加法运算及运算结果所产生的和 S_2 与进位 C_2 之间的关系如图 12.4(b)所示的真值表。通过选择该表的和 S_2 与进位 C_2 为“1”的条件，可得下述逻辑式：

$$S_2 = \overline{A_2}\,\overline{B_2}C_1 + \overline{A_2}B_2\overline{C_1} + A_2\overline{B_2}\,\overline{C_1} + A_2B_2C_1$$

$$C_2 = \overline{A_2}B_2C_1 + A_2\overline{B_2}C_1 + A_2B_2\overline{C_1} + A_2B_2C_1$$

$$= B_2C_1 + A_2C_1 + A_2B_2$$

根据上述关系绘制出全加器的逻辑电路如图 12.4(a)所示。

此外，这些式子，通过归纳整理，若令

$$S_h = \overline{A_2}B_2 + A_2\overline{B_2}\text{（半加器的和）}$$

则，

$$S_2 = \overline{S_h}C_1 + S_h\overline{C_1}$$

$$C_2 = S_hC_1 + A_2B_2$$

其结果是全加器可由 2 个半加器和 1 个 OR 电路来组成。

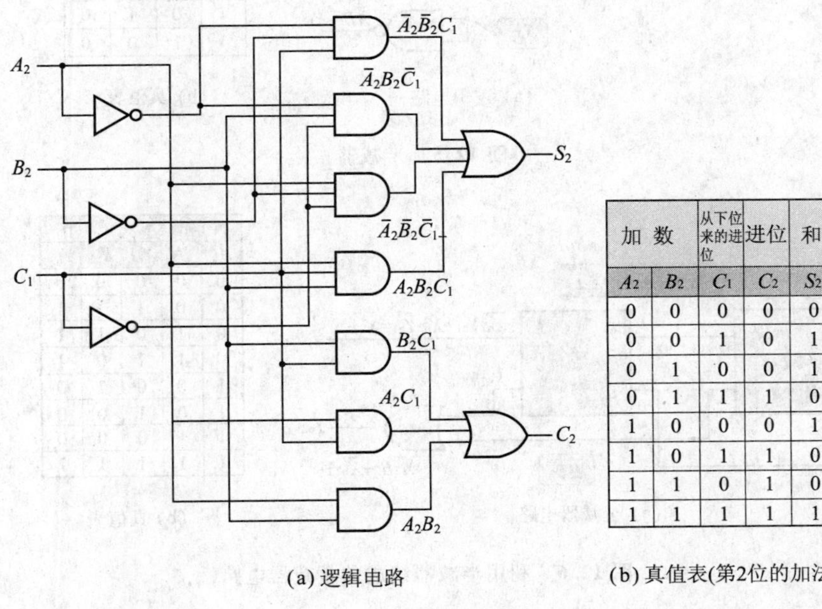

加数		从下位来的进位	进位	和
A_2	B_2	C_1	C_2	S_2
0	0	0	0	0
0	0	1	0	1
0	1	0	0	1
0	1	1	1	0
1	0	0	0	1
1	0	1	1	0
1	1	0	1	0
1	1	1	1	1

(a) 逻辑电路　　(b) 真值表(第2位的加法)

图 12.4　全加器

12.1.3　减法器电路

1 位的二进制数 A,B 的算术减法运算如图 12.5(b)的真值表所示。

在 $A<B$ 的时候，由于要产生向高位的“借位”，故借位位 Y_b 变为“1”。接

着，设在 $A \geqslant B$ 的时候的差为 X_s，则 X_s 和 Y_b 用下式来求：

$$X_s = \overline{A}B + A\,\overline{B} + \overline{\overline{\overline{A}B} \cdot \overline{AB}}$$

$$Y_b = \overline{A}B$$

用 NAND 门电路来组成这一关系时，变成图 12.5(a)所示的电路。

在二进制数的 2 位以上的减法运算中，对于最低位(LSB)的数位以外的计算，在输入中必须考虑低位的借位。现在，假定第 1 个数位的借位为 Y_b，第 2 数位的被减数为 A_2，减数为 B_2，则减法运算的真值表如图 12.6(b)所示。X_{s2} 表示第 2 个数位的差($A_2 - B_2 - Y_{b1}$)，Y_{b2} 表示第 2 个数位的“借位”。

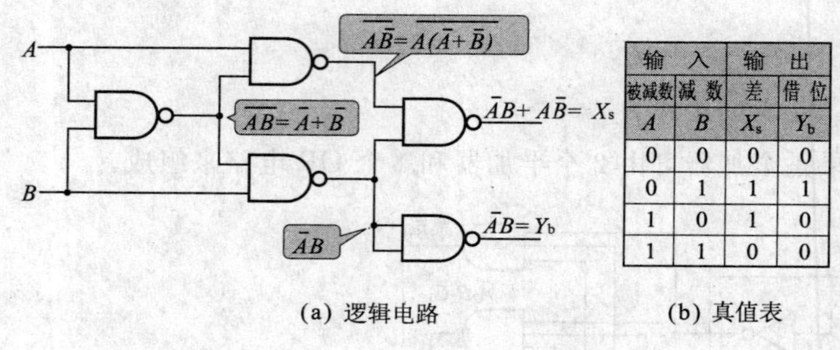

(a) 逻辑电路

输　入		输　出	
被减数	减 数	差	借 位
A	B	X_s	Y_b
0	0	0	0
0	1	1	1
1	0	1	0
1	1	0	0

(b) 真值表

图 12.5　半减器

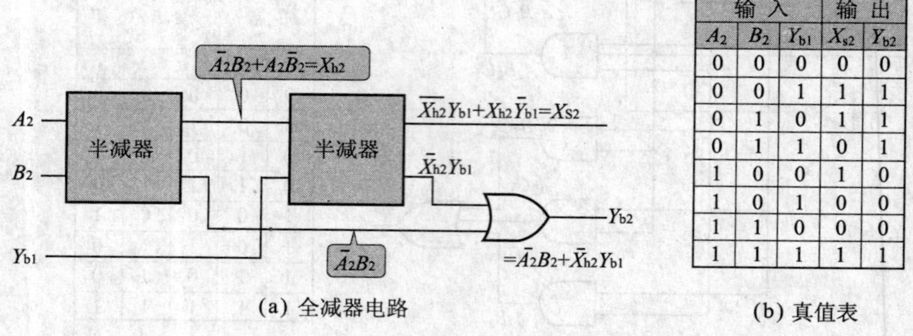

(a) 全减器电路

输　入			输　出	
A_2	B_2	Y_{b1}	X_{s2}	Y_{b2}
0	0	0	0	0
0	0	1	1	1
0	1	0	1	1
0	1	1	0	1
1	0	0	1	0
1	0	1	0	0
1	1	0	0	0
1	1	1	1	1

(b) 真值表

图 12.6　利用半减器组成的全减器电路

这一减法运算通过设 A_2，B_2 的半减运算输出 $\overline{A_2}B_2 + A_2\,\overline{B_2}$ 为 X_{b2}，并利用这一假定，结果 X_{s2} 和 Y_{b2} 将变为

$$X_{s2} = \overline{A_2\,B_2}Y_{b1} + \overline{A_2}B_2\,\overline{Y_{b1}} + A_2\,\overline{B_2}\,\overline{Y_{b1}} + A_2B_2Y_{b1}$$

$$= \overline{X_{h2}}Y_{b1} + X_{h2}\overline{Y_{b1}}$$

$$Y_{b2} = \overline{A_2}\,\overline{B_2}Y_{b1} + \overline{A_2}B_2\,\overline{Y_{b1}} + A_2B_2Y_{b1} + A_2B_2Y_{b1}$$

$$=\overline{A_2}B_2+\overline{X_{h2}}Y_{b1}$$

所以,可以如图 12.6(a)那样地用两个半减器来组成二进制数的 2 位以上的减法运算。

12.1.4 串行加法运算电路

二进制数第 2 位以上的加法运算若不用全加器则不能加上来自低位的进位。对于串行加法运算器,可用图 12.7 那样的全加器组合与图 12.8 中所示的一位移位寄存器(延迟电路)构成。

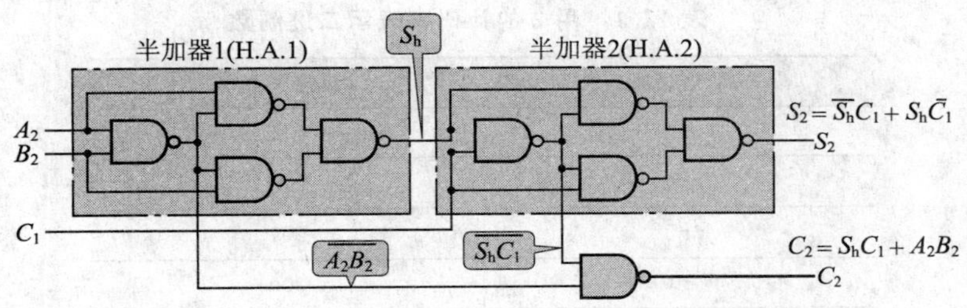

图 12.7 第 2 位的全加器电路图

在图 12.8 的串行加法运算器中,把二进制数 A_2A_1 置于 A 寄存器中,把 B_2B_1 置于 B 寄存器中。在其他的寄存器中,如先加上复位输入,则每当时钟脉冲 CP 到来时各个寄存器的值就要移位,A_1 和 B_1 就像图 12.7 的 H.A.1 那样地相加并产生$\overline{A_2B_2}$和 S_h。在 H.A.2 中,最初 S_h 与为“0”的 C_1 进行加法运算,产生$\overline{S_hC_1}$与和 S_2。该和被存于 A 寄存器中,进位信号 C_2 则被存于延迟电路的寄存器中。

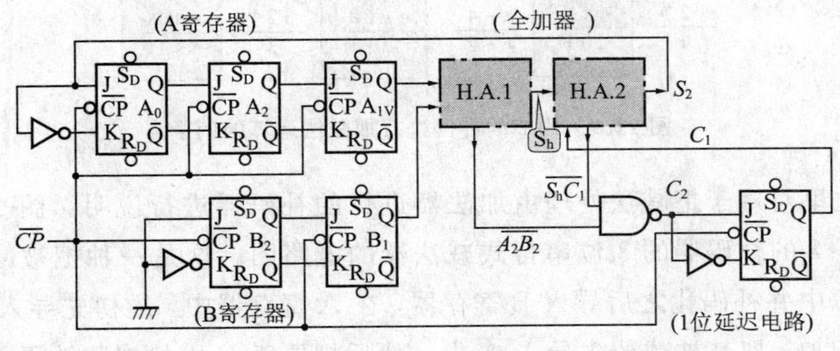

图 12.8 二进制 2 位串联式加法电路

当第 2 个时钟脉冲 CP 到来时，各寄存器的内容再次仅移到 1 位，A_2，B_2 用 H. A. 1 进行加法运算。接着把来自低位的进位 C_1 也加进去，存在 A 寄存器中去。这个 A 寄存器叫做累加器，用于保持运算结果。

12.1.5　串行减法运算电路

二进制数有各种各样的表示方法。在表 12.1 中示出用 2 的补码来表示二进制数的例子。把二进制数的“0”和“1”交换过之后的值是 1 的补码，给 1 的补码加 1 之后的值也可以看作 2 的补码。

表 12.1　用 2 的补码来表示二进制数

十进制数	3 位二进制数
+3	011
+2	010
+1	001
+0	000
−1	111
−2	110
−3	101
−4	100

若利用 2 的补码，则如图 12.9 所示，加减数都可用加法运算来处理。在例子中虽然只考虑了 3 位的二进制数的运算，但即便是位数增多也可以同样处理。

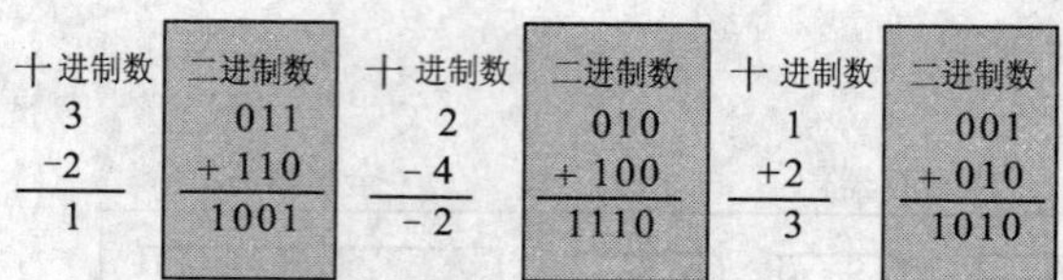

图 12.9　用 2 的补码进行加减法运算的例子

在这里对用于把减法处理由加法器进行的补码器进行说明。图 12.10 是组装进了 2 的补码器的 3 位串行式减法器的电路图。这是一种把被减数置于寄存器 C 中并补码化之后导入 B 寄存器，在 A 寄存器中，最初先导入“0”，通过和 B 相加，把其被减数先导入 A 中。然后把置于 C 中的减数补码化后导入 B，把 A 与 B 的和存于 A 中的电路。

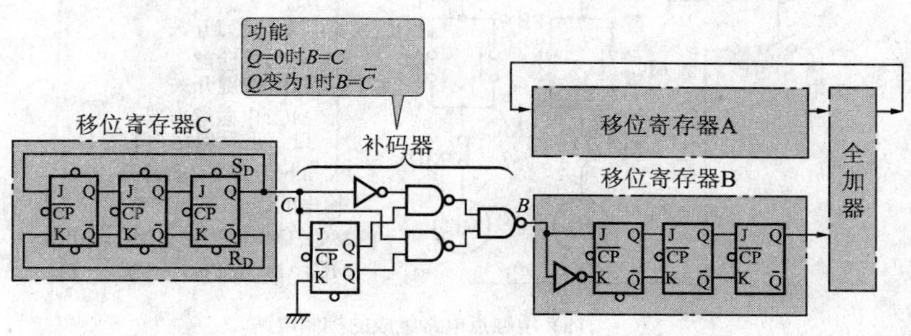

图 12.10 3位串行式减法器电路

在补码器中，如果C寄存器的值LSB为“0”，则在 $J=K=0$，$Q=0$ 这一条件下由时钟脉冲 CP 把“0”送入 B，接着当“1”到来时，Q 变为 $Q=1$，B变为“0”，其次当“0”到来时，Q 仍保持 $Q=1$ 则输出为“1”，比如，010变为110即“2”变成为“-2”，把已补码化了的数送入B寄存器处理。

12.2 用于控制的数字电路

12.2.1 正反转控制电路

不论是家庭还是工厂，在人们的生活中进行正反向运行的事例有很多。这里以对电动机正反转进行控制的电路为例分析其工作原理。

图12.11(a)所示的由触点电路组成的控制电路是由在第3章已经介绍过的两个停止优先FF电路并联组合构成的。对该电路而言，若按触点开关 PB_f，电动机则正转，若按 PB_r 则反转，如按 PB_b 则停转。

但是，当按下 PB_f 或 PB_r，MC_{fa} 或 MC_{ra} 已经进入自保持状态且在一个方向上运转时，由于电路已断开，故不可能改变运转方向。因此，在想切换运转方向时，必须用 PB_b 使之停转之后才能进行切换。

MC_f 和 MC_r 的动作条件已在图12.11(a)中用逻辑表示出，图12.11(b)则将其转换成了逻辑电路。在触点电路中，继电器和其触点之间的动作关系用符号表示了出来，虽然 $MC_f=MC_{fa}=MC_{fb}$ 在触点图中没有表示出来，但在逻辑电路中却表示出来，它们利用了信号反馈。

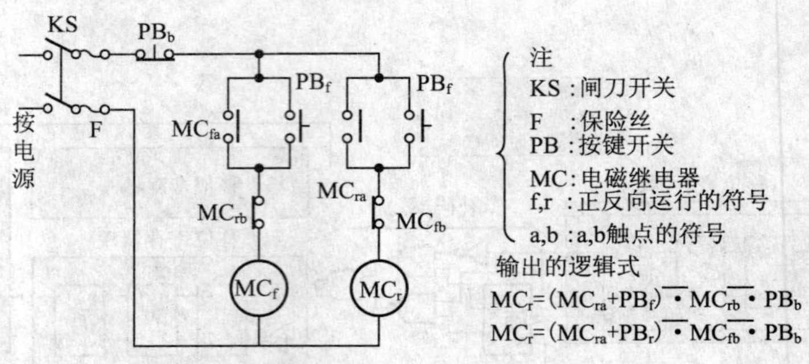

(a) 用触点电路组成的控制电路

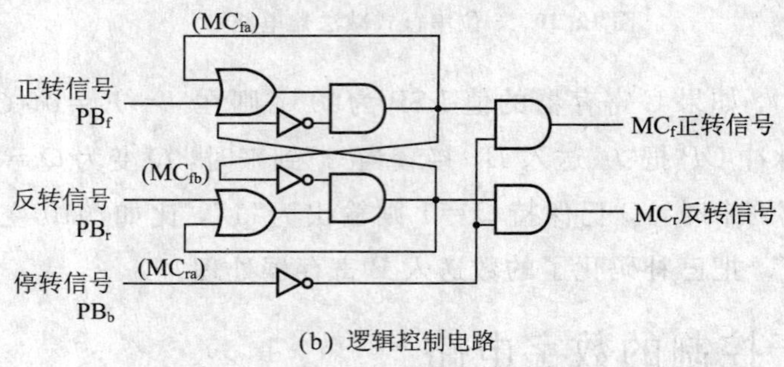

(b) 逻辑控制电路

图 12.11　正反转的控制电路

12.2.2　电动机的正反转电路

现研究一下在接收到上述的正反转信号 MC_f 和 MC_r 之后，能使单相感应电动机(1ϕIM)和三相感应电动机(3ϕIM)进行正反转的动力电路。

图 12.12 是单相电容电动机(感应电动机)的动力电路。当闸刀开关 KS 闭合(ON)接通电源时，电磁继电器的主接触器 MC_{fa} 或 MC_{ra} 动作，触点闭合，于是在主线圈①-②和辅助线圈③-④间加上了电压，主线圈的磁场和辅助线圈的磁场之和形成了使单相电动机转动的磁场，受该磁场的吸引转子转动。这样一来，在 MC_{ra} 中在已接线(图中用粗实线表示)的情况下进行正转，而在 MC_{ra} 的动作中③和④的接线进行调换，故磁场的旋转方向变反，转子反向转动。

在三相感应电动机(3ϕIM)中，当如图 12.13 所示接线时，就可以进行正反向运转。对于三相感应电动机根据在供电电源的 RST 相中任 2 相进行互换的办法，可以使旋转磁场的方向反向。在图中，当 MC_f 的主触点 MC_{fa} 工作时（粗实线）进行正转，MC_r 工作时，其主触点闭合换成为 ST 相，进行反转。

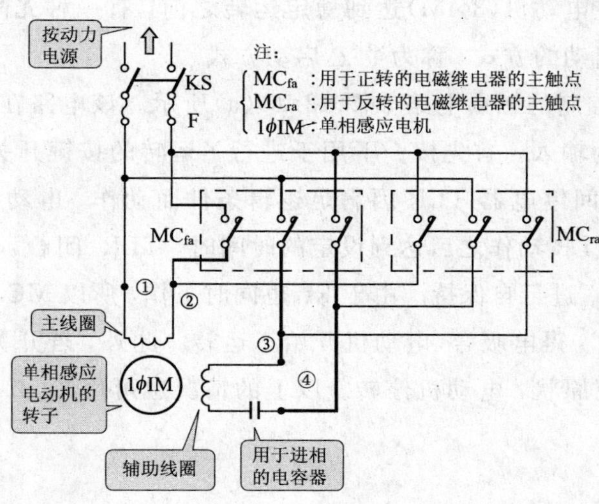

图 12.12　单相感应电动机的正反转动力电路

但是，要想用上述图 12.12 所示的逻辑控制电路的输出来控制这种动力电路，必须增大能量以及放大部分的开关容量。

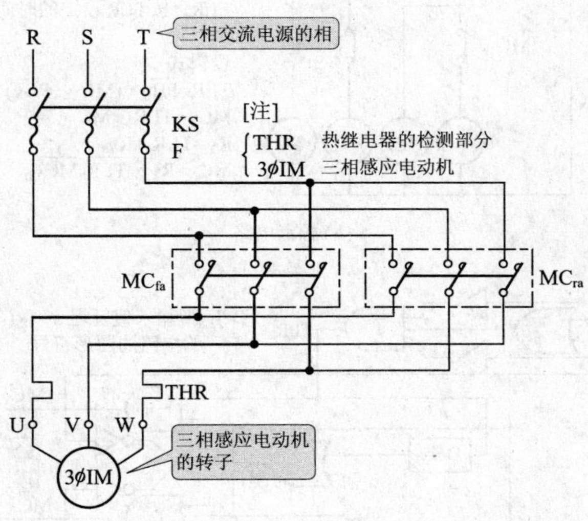

图 12.13　三相感应电动机的正反转动力电路

12.2.3　启动控制电路

在三相感应电动机(3ϕIM)达到稳定运转之前，有一种先降低电压，降低启动电流进行启动的方式，称为Y-△启动方式。

进行Y-△控制的触点电路如图 12.14(a)所示。该电路在 KS 为接通时，PB_b 和 PB_Y 作为输入。首先按一下用于进行Y运转的按键开关 PB_Y。电磁继电器 MC_Y 和时间继电器 TLR 因满足逻辑条件而动作，电动机开始Y运转。当时间继电器 TLR 动作之后达到设定的时间时，TLR_a 闭合，辅助继电器 R_Y 动作，且通过 R_{Ya} 进行自保持。由于 R_{Yb} 也同时工作，所以 MC_Y 和 TLR 失电，Y启动结束；$MC_\triangle$ 得电吸合，电动机开始△运转。此外，若开关 PB_b 断开，则所有继电器恢复原状，电动机停转。以上的情况也可用图 12.15 所示的时间图进行说明。

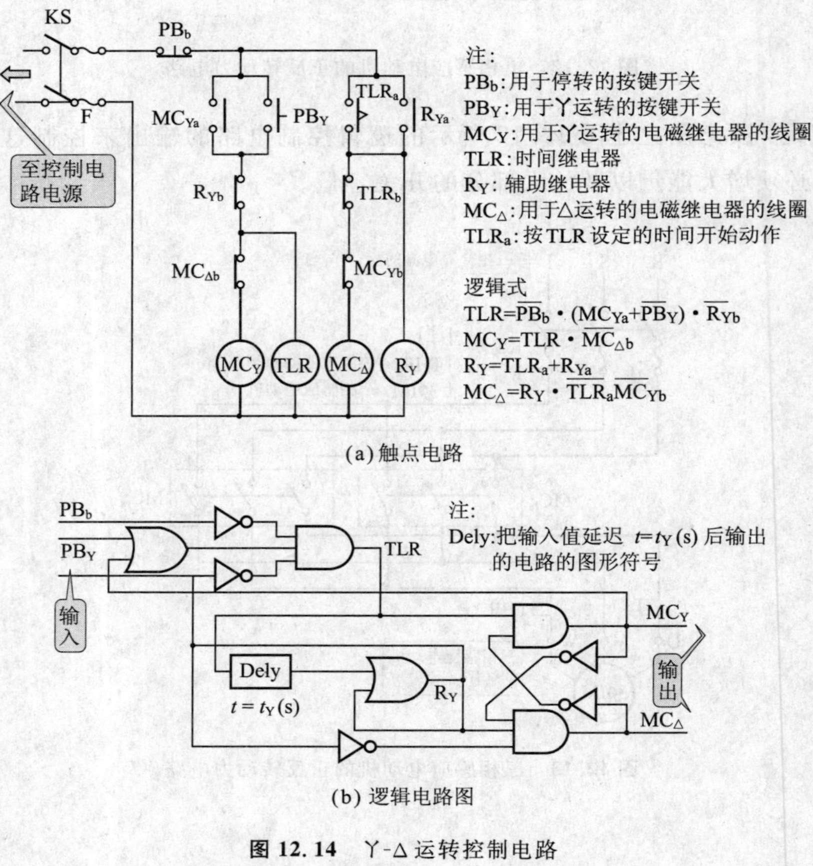

(a) 触点电路

(b) 逻辑电路图

图 12.14　Y-Δ 运转控制电路

该触点电路可以根据图 12.14(b)所示逻辑电路图进行 IC 化。

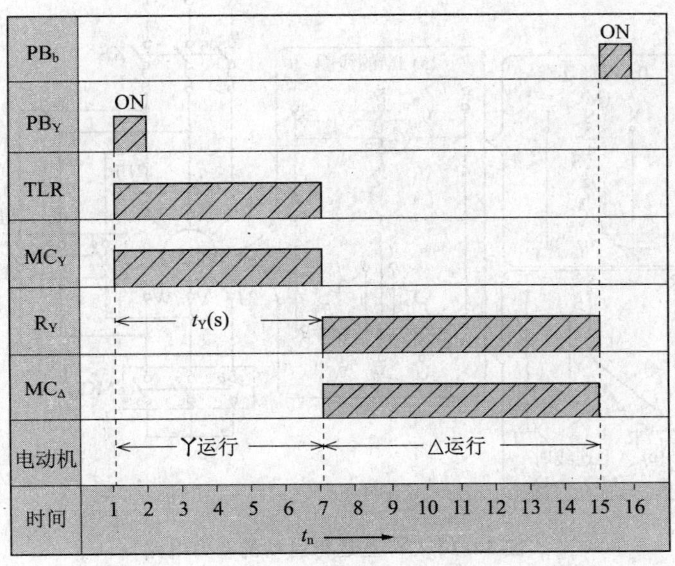

图 12.15 Y-△运行的控制电路的时间图

12.2.4 三相电动机的Y-△运转电路

上述介绍了在感应电动机的启动中有准备时间的控制电路。在此，作为一个例子，以图 12.15 为基础介绍Y-△启动运转的动力电路。

三相感应电动机从空间上说具有如图 12.16(a)所示的三组相距 120°的线圈。当给这些线圈加以三相交流电时，就形成使之旋转的磁场，产生了旋转力。在稳定运转时，在线间加有电压 $V_{11} \sim V_{13}$(例如,200V)。但若在启动时加上这么高的电压，则会产生高达额定电流(稳定运转时的电流)几十倍的大电流，使电动机受到损伤，导致热继电器 THR 动作。若在开始时使之为Y形连接，如图 12.16(b)所示，并把加在线圈上的电压降至 $V_L/\sqrt{3}$(例如，约 115V)，则可以把启动电流降至额定电流 5～6 倍，使得电动机能够非常平滑地运转。因此，要按图 12.16(b)那样，使 MC_{Ya}先动作形成Y形连接；再按图 12.16(c)所示，使 $MC_{\triangle a}$动作进行△连接，电动机的运转时间与图 12.17 所示一致。

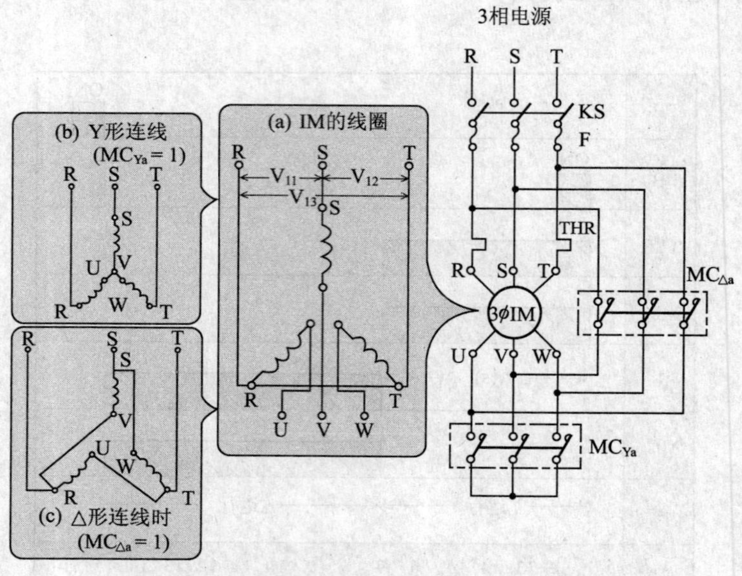

图 12.16　Y-△运行启动的动力电路

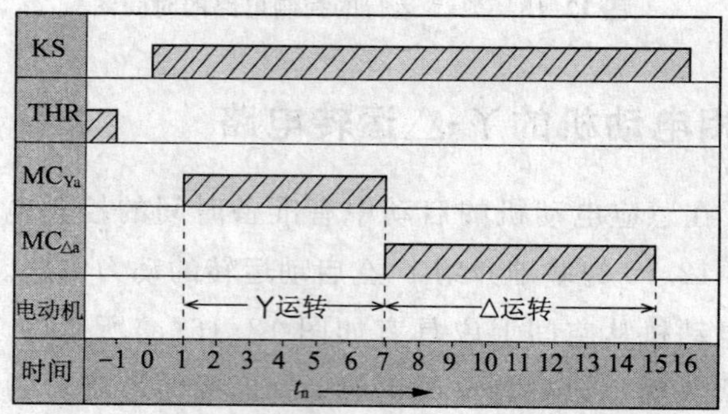

图 12.17　Y-△启动的动力电路的时间图

12.2.5　人行横道的信号机电路

在人行横道上，为了安全起见，可以看见许多地方都装上了信号机。

图 12.18 示出了信号机的控制电路。该电路使用了电磁继电器 $R_1 \sim R_3$ 和时间继电器 $TL_1 \sim TL_3$ 来指示仅一个方向允许通行，其动作状态如图 12.19 所示。现把图 12.18 和图 12.19 结合起来分析信号机的工作情况。

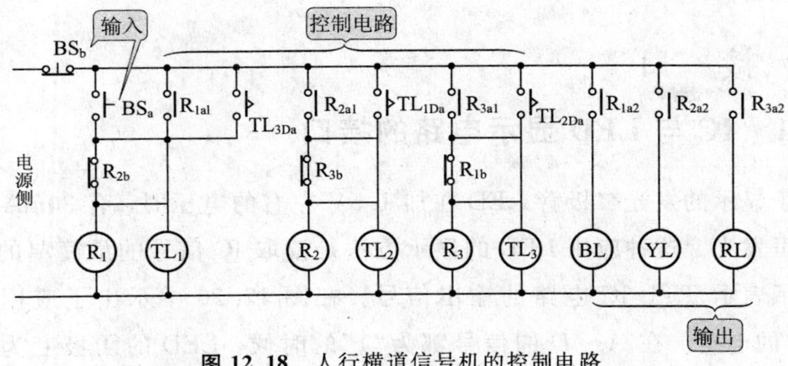

图 12.18　人行横道信号机的控制电路

通过在按下 PB_b 之后再按 BS_a，直到再一次按 BS_b 这一期间电路的动作分析来说明该控制电路的工作情况。

按下 BS_a，则R_1或TL_1 中流有电流流过，其触点 R_{1a1}，R_{1a2}，R_{1b}动作并用 R_{1a1} 进行自保持。用 R_{1a2} 使绿灯ⒷⓁ亮，表示可以通行，R_{1b}开路，使得Ⓡ₃，ⓉⓁ₃不动作。这样一来，一直到 TL_1 的延迟触点 TL_{1Da}动作为止的这一设定时间 t_b 之间绿灯继续亮着。在 t_b 之后，反复进行使黄灯在 t_y 期间亮灯，接下来红灯在 t_r 期间亮灯的动作。当再按动 BS_b 使整个电路回复初始状态，该电路停止工作。

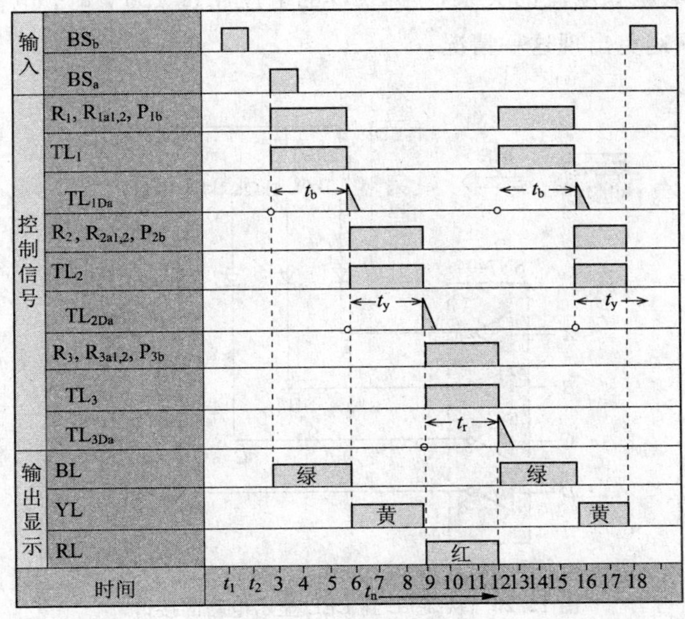

图 12.19　人行横道信号机的时间图

12.3　接　口

12.3.1　IC 与 LED 显示电路的接口

用于显示的发光二极管 LED 在加 1.5V 左右的电压时，有 30mA 左右的电流即可发光。这种应用 LED 的显示方法是读取 IC 信号的最简单的方法之一。为了表示 TTL-IC 电路的输出信号。在图 12.20 中示出了应用反相器 SN7404 的电路。在 $A \sim D$ 的信号都为"1"的时候，LED 的阴极变为低电位"0"。阳极加有 5V 电压，故由于其电位差，有电流 I 流动，LED 点亮。这时的反相器 SN7404 已成为 TTL-IC 电路和 LED 显示电路之间的接口(interface)。所谓接口就是如上述这样的一种电路，它在两个(或者多个)电路或者系统中间，从一个电路或系统接收信号并把它传给另一个电路或系统，通过它把两个电路或系统连接起来。CMOS-IC 电路和 LED 显示电路之间的接口电路如图 12.21 所示，这是在使 LED 的阴极为"0"时 LED 点亮条件下使用的电路。电阻 R 的作用则如图 12.22 所示，是用于防止产生过电流，这是考虑由电源电压 V 和 LED 的额定电流 I 所决定的 LED 的电学特性而接入的。图 12.22 示出了 LED 的正向电压和电流的关系，当 LED 的电压超过 1.5V 时，电流将急剧增加，所以必须避免出现这一情况。

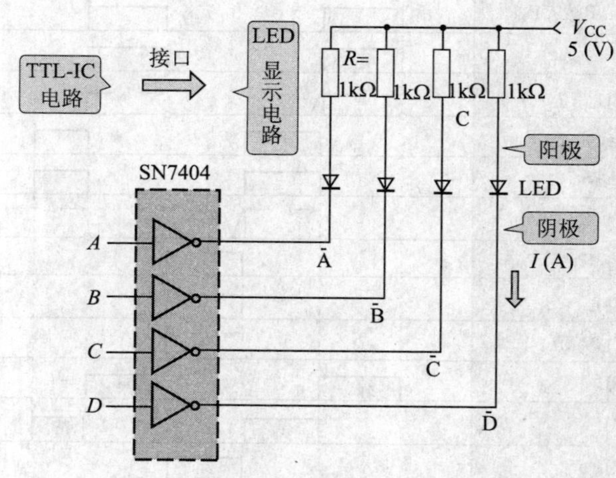

图 12.20　从 TTL 到 LED 显示电路的接口

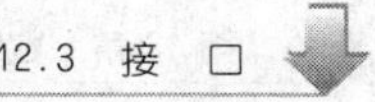

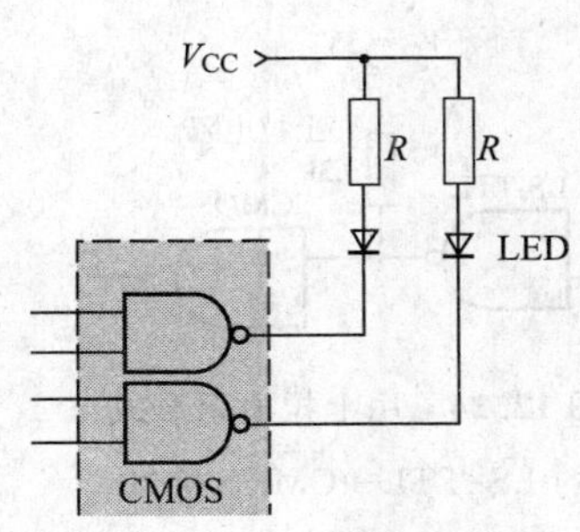

图 12.21 从 CMOS 到 LED 显示电路的接口

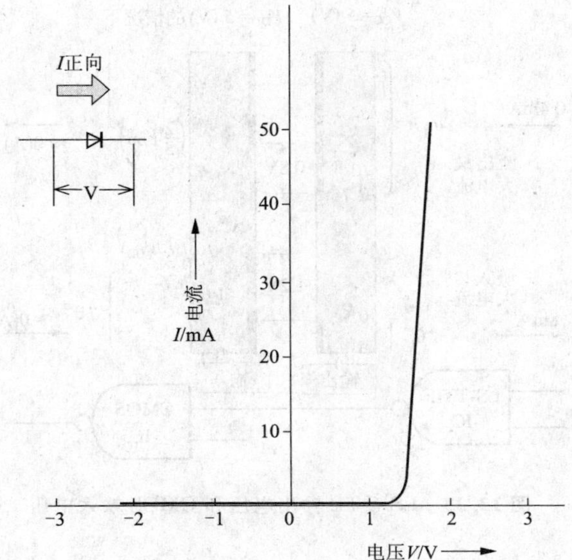

图 12.22 LED 的电学特性

12.3.2 TTL 与 CMOS 的接口

TTL-IC 和 CMOS-IC 的作用在逻辑上是相同的，但由于电学特性多少有些不同，故在直接连接时常常会产生误动作。因而在这样的两个电路的交界处，能对电压电平进行适当变换并使电流容量匹配的电路也叫做接口电路。

现在把 CMOS-IC 的电源 V_{DD} 也做成与低功耗肖特基(Low Power Schottky,LS)型 TTL-IC 的电源 $V_{CC}=5V$ 相等。即 $V_{DD}=5V$。两种 IC 的逻辑电平电压值示于图12.23。LS-TTL 把“0”看作 0～0.5V，CMOS-IC 把 0～1.7V 看作“0”，不会出现什么问题。但是，对于“1”，LS-TTL 以2.7～5V 的输出为“1”，在 CMOS 中，只把 3.5～5V 的值视为是“1”，和 LS-TTL 之间有 0.8V 的差，故存在着产生误动作的危险。于是必须接入图 12.24 所示的上拉电阻，以使电压升高约 0.8V。

此外，在电源电压为 $5V \leqslant V_{DD} \leqslant 16V$ 使用 CMOS 的情况下，如图12.25所示。CMOS 与开集电极的 TTL 必须一起用电阻 R 上拉。

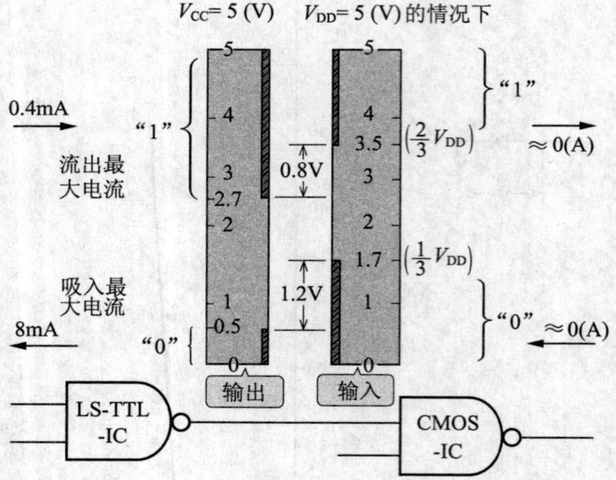

图 12.23　LS-TTL 输出电压和 CMOS 输入电压

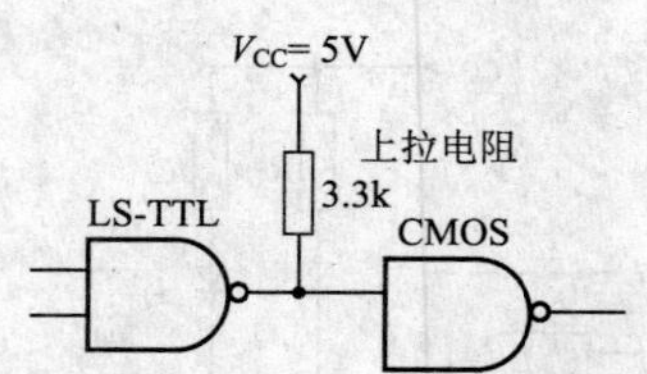

图 12.24　用上拉电阻形成的 LS-TTL→CMOS 接口

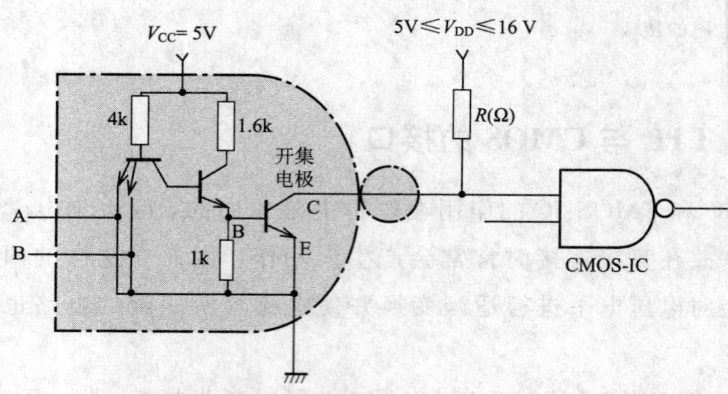

图 12.25　开集电极 TTL－CMOS 接口电路

12.3.3　CMOS 与 TTL 的接口

现分析由 LS-TTL IC 接受来自 CMOS IC 的信号时的接口。

在图 12.26 中，示出了 CMOS IC 的电压、电流和 LS-TTL 的电压、电流的对应例子。对于输出为"1"的情况，CMOS 的输出范围为 4.6～5V，TTL 把 2.7～5V 看作"1"故不会出现什么问题。

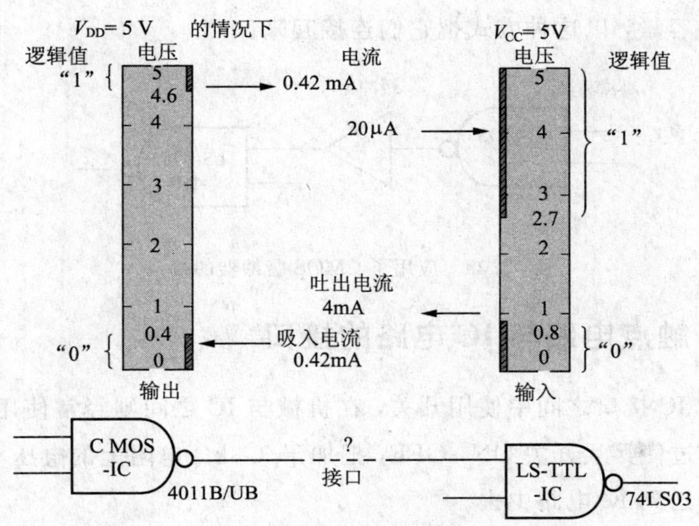

图 12.26 CMOS 的输出和 LS-TTL 的输入条件

就电流而言，由于 CMOS 可流出 0.42mA 电流，TTL 则流入 20μA 就行，故电流也有富余。

对于输出为"0"的情况，CMOS 的输出范围为 0～0.4V，由于 TTL 把 0～0.8V 看作"0"，故也没什么问题。但是，对于电流 CMOS 只能吸入 0.42mA 的电流，而 TTL 必须吐出 4mA 的电流，故这两个电路不能直接连起来使用，如图 12.27 所示。

因此，一般说来，如图 12.28 所示，要在 CMOS 的后边加一缓冲器来增加

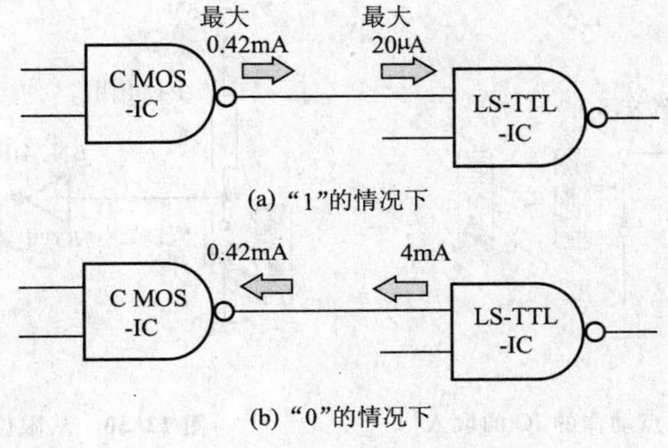

图 12.27 连接电流

吸入电流的容量，以这种方式把它们连接起来。

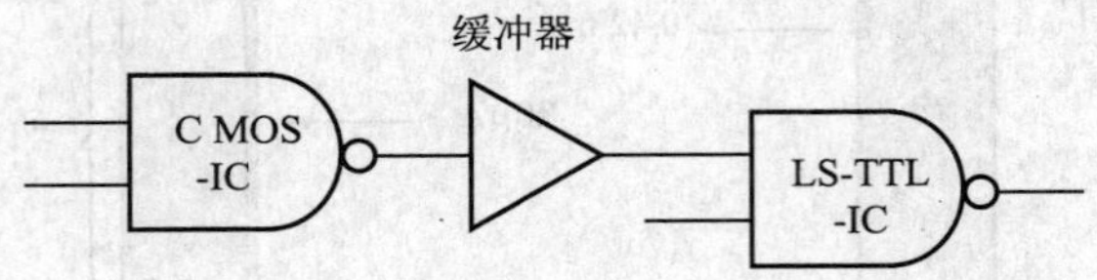

图 12.28　应用了 CMOS 缓冲器的接口

12.3.4　触点电路与 IC 电路的接口

在人与 IC 接口之间中使用开关，在机械与 IC 之间则经常使用限位开关。图 12.29 通过使乒乓开关 ON，OFF，把加于 3.3kΩ 电阻上的电压 5V 或者 0V 作为输出传送到 IC 电路中去。

图 12.30 借以 NOT 电路把限位开关的 ON，OFF 输入送往 IC 电路。若限位开关为 OFF，则借以 1kΩ 的上拉电阻，总有电流流入 NOT 电路，所以输出变为"0"。此外，当开关变为 ON 时，由于 0V 加到 NOT 电路上，故输出变为"1"。

就如这两个输入电路所示，在把(机械)触点的信号送往 IC 电路的情况下，将产生叫做"振颤"(chattering)的这么一种在非常短的时间内重复进行 ON、OFF 的现象，常常会使 IC 电路产生误动作。于是，因为电路的不同，有时不能忽视它的影响，故如同图 12.31 所示，使用 $\overline{R}\cdot\overline{S}$-FF 电路，或者像图 12.32 那样使用施密特触发反相器来防止震颤现象。

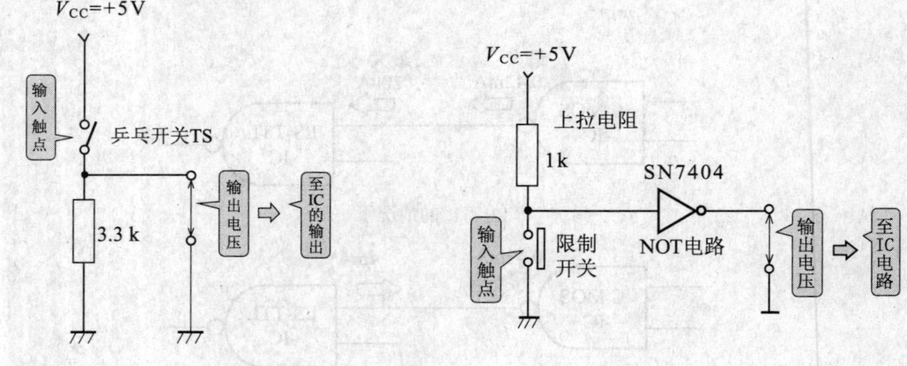

图 12.29　向触点动作的 IC 的取入　　图 12.30　从限位开关到 IC

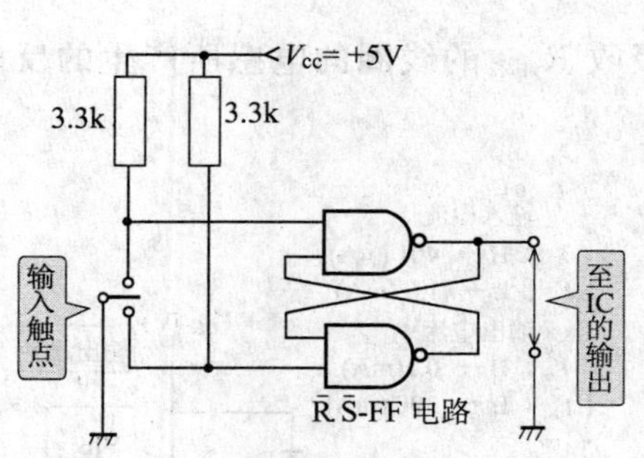

图 12.31　从开关至 IC 的接口

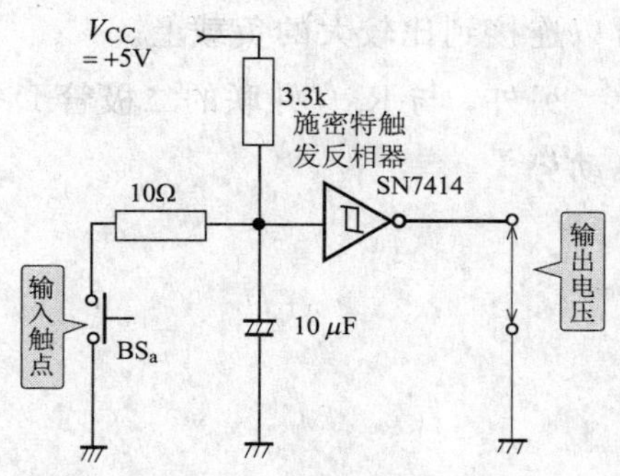

图 12.32　在按钮开关输入至 IC 的接口中应用施密特触发反相器

12.3.5　IC 与继电器电路的接口

这里我们来分析用 TTL 或 CMOS IC 驱动继电器的电路。

因为不能用 IC 的输出电流直接驱动继电器，故如图 12.33 所示。要把晶体管 Tr 和电阻 R_1、R_2 作为接口。当输入 A，B 变成为“1”时，图中的 $\overline{A}$，$\overline{B}$ 处就变为“0”，由于 $Tr_{1,2}$ 不动作，故继电器的线圈 $R_{y1,2}$ 中无电流流动，继电器不动作。

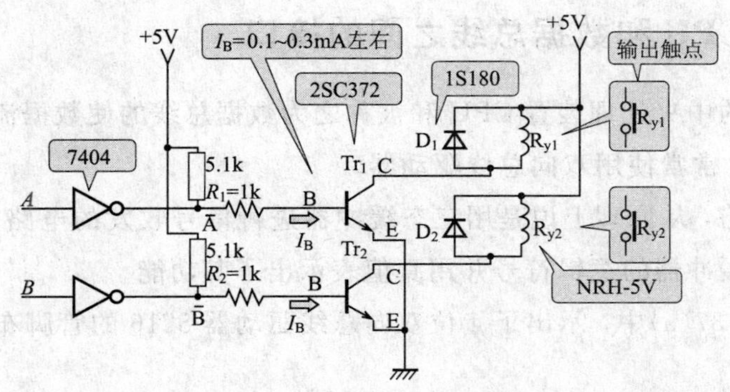

图 12.33　从 IC 至继电器电路的接口

图 12.34 示出了使用开集电极 TTL 的情况，当 A，B 变为“0”时，$\overline{A}$、$\overline{B}$ 点处出现 5V 电压，使 $Tr_{1,2}$ 动作，其集电极电流使继电器 $R_{y1,2}$ 动作。

图 12.35 使用 2 个并行 AND 驱动器电路的 SN75451B 来使继电器 R_{y1}，$R_{y1,2}$ 动作。由于在 1 个芯片内组装进了 2 个 NAND 和晶体管电路，可从 TTL-IC 的电平一直升高到 I_{OL}（输出为“0”时的电流）为 300mA 的容量电平，所以也

可以连接到比较大的负载上。

另外，与 $R_{y1,2}$ 并联的二极管 $D_{1,2}$ 可吸收 $R_{y1,2}$ 的线圈的电感所产生的反向电动势。

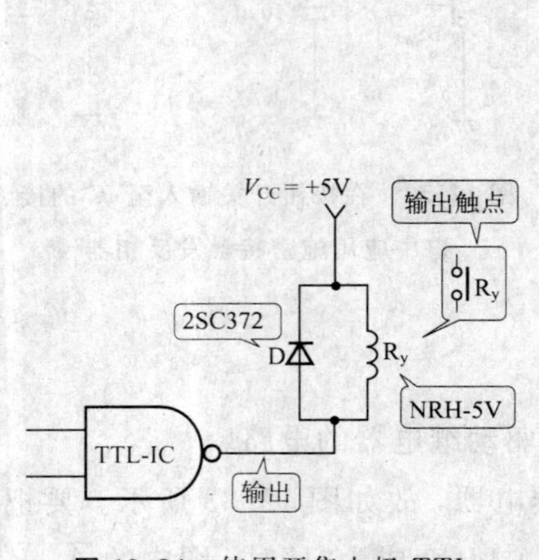

图 12.34　使用开集电极 TTL 的继电器的驱动电路

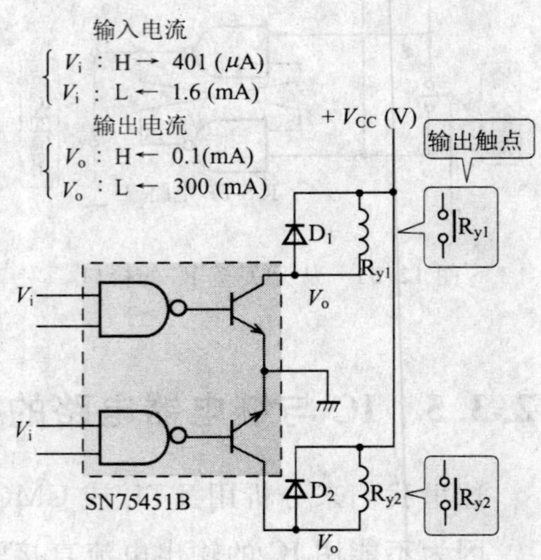

图 12.35　应用 2 个并行 AND 驱动器的继电器驱动电路

12.3.6　CPU 和数据总线之间的接口

计算机的中央处理装置 CPU 和被称之为数据总线的使数据流动的母线之间的交界处，常常使用双向总线驱动器。

这种电路，从原理上说是用三态缓冲器进行信号收发的电路。在图12.36中示出三态缓冲器的逻辑符号并用真值表示出了其功能。

在图 12.37(a)中，示出了 4 位双向总线驱动器 8216 的管脚布局及其逻辑

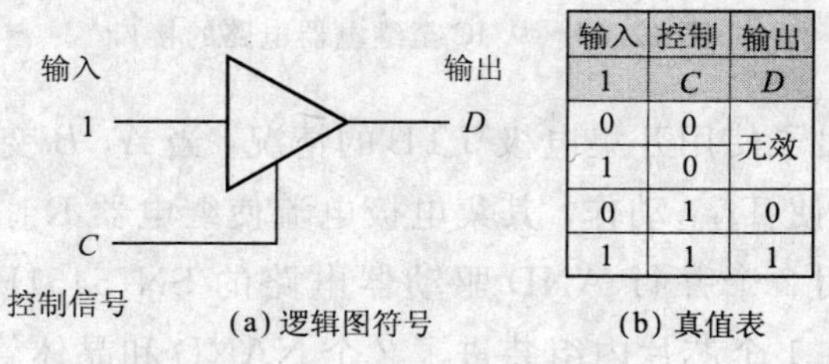

输入	控制	输出
1	*C*	*D*
0	0	无效
1	0	
0	1	0
1	1	1

(a) 逻辑图符号　　(b) 真值表

图 12.36　三态缓冲器

图。数据输入端 DI_0～DI_3 和数据输出端 DO_0～DO_3 通常与 CPU8080A 等的数据端相连，并在与 DB_0～DB_3 的数据总线端之间进行数据收发。这些信号受数据输入允许(使能)信号和片选信号 DIEN 的控制，信号流也可从 DI 向 DB，或从 DB 向 DO 切换，就像图 12.37(c)的真值表中已填入为高阻状态那样，可以在两电路之间断开来。

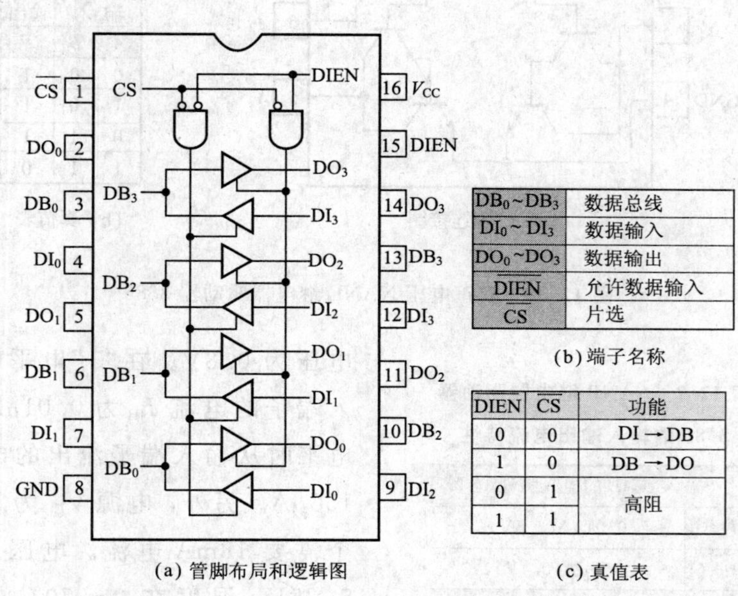

(a) 管脚布局和逻辑图

DB_0~DB_3	数据总线
DI_0~DI_3	数据输入
DO_0~DO_3	数据输出
$\overline{DIEN}$	允许数据输入
$\overline{CS}$	片选

(b) 端子名称

$\overline{DIEN}$	$\overline{CS}$	功能
0	0	DI → DB
1	0	DB → DO
0	1	高阻
1	1	

(c) 真值表

图 12.37 4 位双向总线驱动器 8216

12.3.7 接口 IC

在数字电路中，通常在输出为高电位时电流流到负载上，输出为低电位时，则从负载一侧吸入电流。前者的电流叫做源电流，后者叫做吸收电流。

在 TTL 中，一般说这种源电流为 400μA，而吸收电流为 16mA 以下。

但是，最近人们开始制造并使用吸收电流非常大的 IC。图 12.38 示出的 3686IC 是电话线路等场合使用的继电器驱动电路。这种 IC 的吸收电流最大可达 300mA。这一电流值是输出已变成“0”电平的时候流进来的电流 I_{OL}，这时的输出电压为 1V。此外，见表12.2，在0.85V 的时候，电流达 100mA。该电路中，可把输入电压识别为“1”的最小电压为 2.0V，可识别为“0”的最大

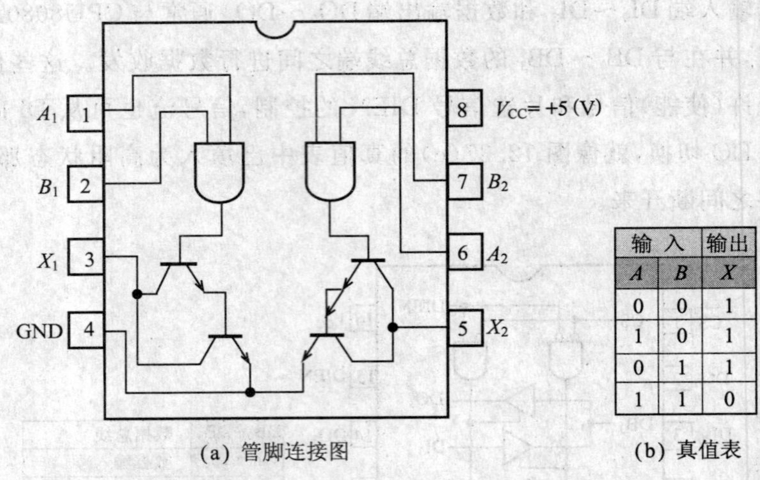

输 入		输出
A	*B*	*X*
0	0	1
1	0	1
0	1	1
1	1	0

(a) 管脚连接图　　(b) 真值表

图 12.38　双正电压 NAND 继电器驱动器 3686

表 12.2　NAND 继电器驱动器 3686 的输入输出电流特性

输入 *A*，*B* 的电流特性	
I_{IL}	0.01μA(5.5V)
I_{IL}	150μA(0.4V)
输出 X 的电流特性	
I_{OL}	100mA(0.85V)
	300mA(1.0V)

电压为 0.8V。在“1”电平时流进输入端子的电流 I_{IH} 为 0.01μA，在“0”电平时从输入端子流出的电流 I_{IL} 为 150μA。另外，电源 V_{CC} 为 5V，每一个需要 18mA 电流。电压从 4.75～5.25V，温度在 0～70℃ 的范围内可用。

上述电流特性汇总见表 12.2。

还有，这里所举出的 IC 只不过是被称之为接口 IC 的一个例子，今后将会制造并使用更多种类的接口 IC。

【例题 12.1】　参看图 12.22 所示 LED 特性，试说明与 LED 串联接入的电阻 *R* 应是满足何种条件的电阻？

【解答】　把 LED 的电压看作 1.5V，流过的电流看作 30mA，加上串联电阻 *R*(Ω) 的压降，使用 5V 的电源，则

$$\frac{5-1.5}{30\times10^{-3}}\approx116(\Omega)$$

12.4 信号变换电路

12.4.1 十进制→BCD 编码器

人们通常用十进数来进行计算处理，然而数字设备却用由"0"和"1"组合起来的二进制数或代码进行判断处理。编码器(encoder)的作用就是把对象物变换成机械能识别的代码。

在此，我们分析表 12.3 所示的把十进制数变换成 BCD(也叫 8421 码)的电路。如把输出从 A 到 D 变为"1"的条件用逻辑式表达出来则如图12.39(a)所示，图中右边的数字表示所对应的开关的状态(逻辑值为"1")。按照式中所示逻辑关系，我们可用 4 个 OR 电路组成图(b)所示的电路。

图 12.40(a)示出了另一种用 NAND 和 NOT 电路组成的十进制→BCD 变换编码器的逻辑电路，输出的逻辑式如图 12.41(b)所示。

如果在这里使用德·摩根定理，可知将得出与上述图 12.40(a)相等的结果。但是，由于 NAND1 的第 4 号输入将变为 $\overline{7}\cdot\overline{9}$ 的值。故决定用同一个输入端子(作为线或)来输入。

表 12.3 十进制→BCD 编码器的真值表

10 进制输入	BCD 输出			
	D	*C*	*B*	*A*
0	0	0	0	0
1	0	0	0	1
2	0	0	1	0
3	0	0	1	1
4	0	1	0	0
5	0	1	0	1
6	0	1	1	0
7	0	1	1	1
8	1	0	0	0
9	1	0	0	1

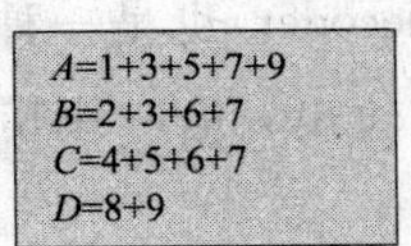

(a) BCD输出的逻辑式

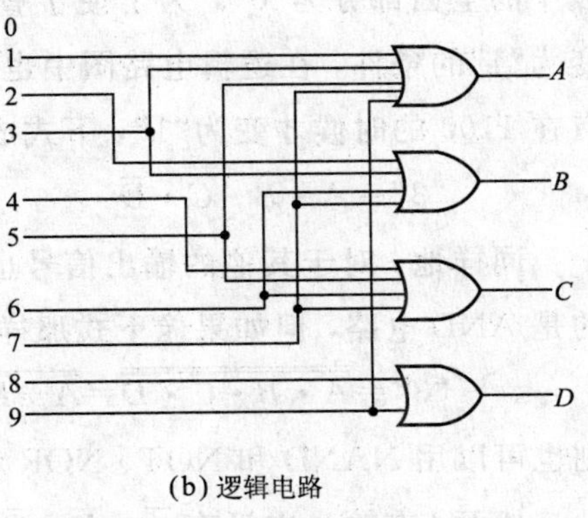

(b) 逻辑电路

图 12.39 编码器(十进制码→BCD 码)

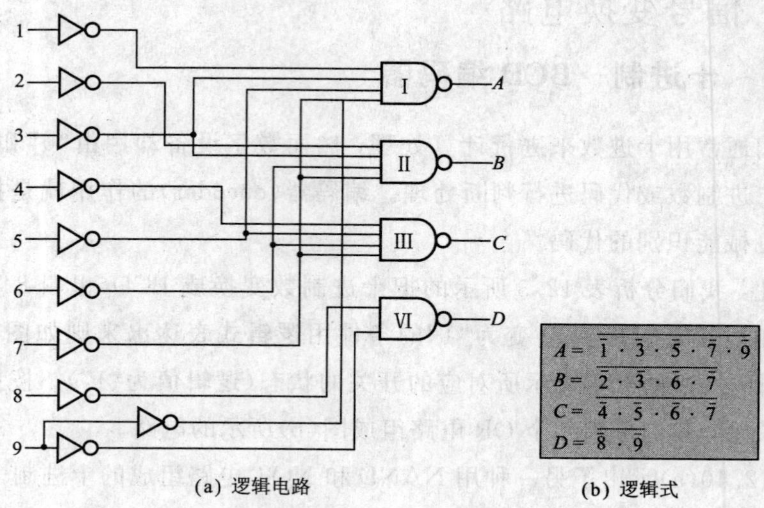

(a) 逻辑电路　　　　(b) 逻辑式

图 12.40　使用 NAND 电路组成的编码器(十进制码→BCD 码)

12.4.2　BCD→十进制解码器

解码器(decoder)也是一种变换器，其作用是把已经编码的信号转换成十进制数信号输出，是一种其作用正好与编码器相反的电路，如图 12.41(a)所示。

列一个 BCD 信号与十进制数输出相对应的真值表则如图 12.41(b)所示。表中的空白部分为“0”，为了便于查看图中省略了这个“0”。各个十进制信号变为“1”的条件，在逻辑电路图中也已示出，但在“3”的情况下，$ABCD$输入只有在 1100 的时候才变为“1”，下式成立：

$$“3”=A\cdot B\cdot\overline{C}\cdot\overline{D}$$

同样地，对于其他的输出信号也可求解，读者可自己求证。该电路主要用的是 AND 电路，但如果像下式那样进行变形：

$$“3”=\overline{\overline{A\cdot B\cdot\overline{C}\cdot\overline{D}}}=\overline{\overline{A}+\overline{B}+C+D}$$

则也可以用 NAND 和 NOT、NOR 和 NOT 电路组成。

然而，在输入中没有 $\overline{A}\cdot B\cdot\overline{C}\cdot D=$“10”的组合。于是，若利用这种输入，可像下式那样地化简：

$$“2”=\overline{A}\cdot B\cdot\overline{C}\cdot\overline{D}+\overline{A}\cdot B\cdot\overline{C}\cdot D=\overline{A}\cdot B\cdot\overline{C}$$

这里所用的组合信号在输入中不存在(禁止输入)。如这样地巧妙地利用的话，则可以组成最无浪费的电路。

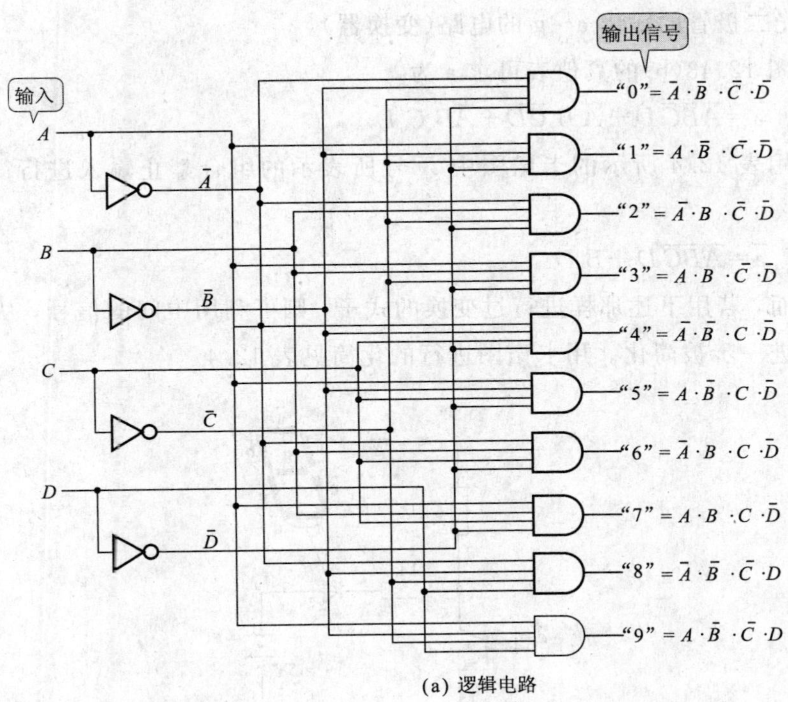

(a) 逻辑电路

BCD 输入				十进制信号输出出力									
D	*C*	*B*	*A*	0	1	2	3	4	5	6	7	8	9
0	0	0	0	1									
0	0	0	1		1								
0	0	1	0			1							
0	0	1	1				1						
0	1	0	0					1					
0	1	0	1						1				
0	1	1	0							1			
0	1	1	1								1		
1	0	0	0									1	
1	0	0	1										1

(b) 真值表

图 12.41 编码器的逻辑电路(BCD 码→十进制码)

12.4.3　把 BCD 变换为 7 段十进制显示的变换器

在用十进制数表示 BCD 的输出的情况下，大多应用 7 段十进制显示二极管。本节中我们说明一种从 BCD 输入进行变换而得到用于驱动图 12.42 所示 7 段发光二极管的输出 $\overline{a}$～$\overline{g}$ 的电路(变换器)。

由图 12.43(b)的真值表可求 $\overline{a}$ 为

$$\overline{a}=\overline{A}\,\overline{B}\,\overline{C}D+\overline{A}B\overline{C}\,\overline{D}+\overline{A}BC\overline{D}$$

若用表 12.4 所示的卡诺图中 X 号所表示的组合禁止输入进行简化，则变为

$$\overline{a}=\overline{A}\,\overline{B}\,\overline{C}D+B\overline{D}$$

然而，若用下述那样进行过变换的式子，则可利用中间的信号，从结果上说电路进一步被简化。用卡诺图进行的化简见表 12.4。

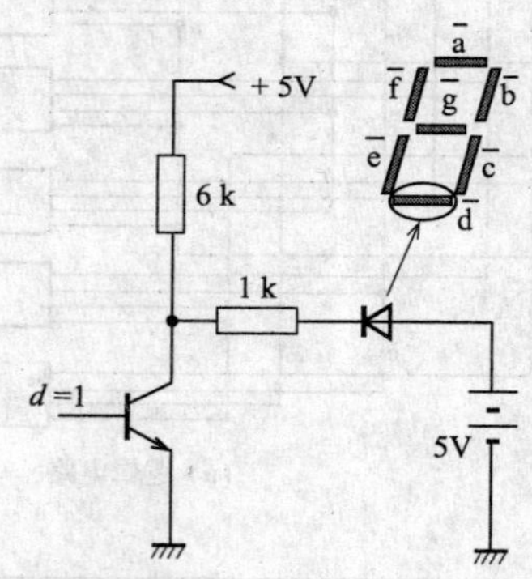

图 12.42　发光二极管器件驱动方法

表12.4　用卡诺图进行的简化

($\overline{a}\to\overline{a}'$ 的情况)

CD \ AB	00	01	11	10
00		1	×	
01	①		×	
11			×	×
10		1	×	×

$\overline{A}\,\overline{B}\,\overline{C}D$（指向 01 行 00 列的①）

$B\overline{D}$（指向 00 行、10 行的 01、11 列）

$$\overline{a}=B\,\overline{CD}+BC\,\overline{D}+\overline{ABCD}$$

如果用这种思考方法进行变换并应用已求到的式子，则可以构成图12.43(a)所示的电路。

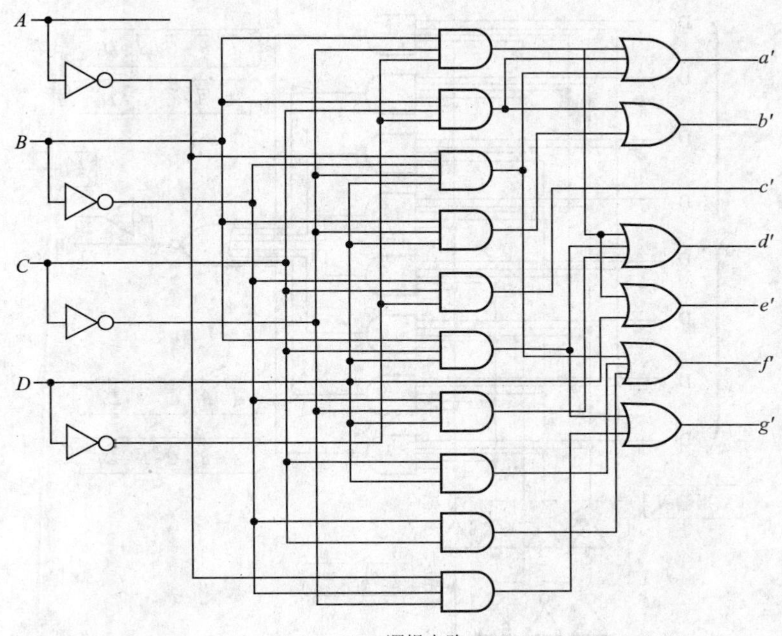

(a) 逻辑电路

十进制	输入BCD				7段数字代码输出						
	A	*B*	*C*	*D*	*a*	*b*	*c*	*d*	*e*	*f*	*g*
0	0	0	0	0	0	0	0	0	0	0	1
1	0	0	0	1	1	0	0	1	1	1	1
2	0	0	1	0	0	0	1	0	0	1	0
3	0	0	1	1	0	0	0	0	1	1	0
4	0	1	0	0	1	0	0	1	1	0	0
5	0	1	0	1	0	1	0	0	1	0	0
6	0	1	1	0	1	1	0	0	0	0	0
7	0	1	1	1	0	0	0	1	1	1	1
8	1	0	0	0	0	0	0	0	0	0	0
9	1	0	0	1	0	0	0	1	1	0	0

(b) 真值表

图 12.43 从 BCD 变换为十进制显示的变换器

12.4.4 数据选择器

图 12.44(a)所示电路可以用 3 位的解码器选择输入数据。这种电路被称

之为数据选择器或称为多路开关。它可以用 ABC 的输入选择(DATA SELECT)信号的组合，把加到 $D_0 \sim D_7$ 这八个端子上的输入数据(DATA INPUT)取出至输出 Y 或者 W 上来。

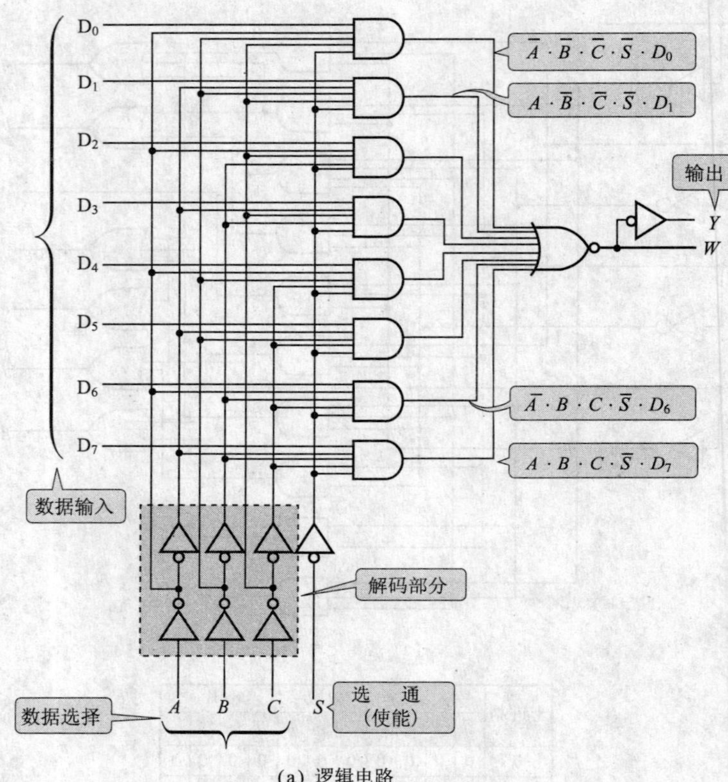

(a) 逻辑电路

输　入				输　出	
选　择			选通	Y	W
C	B	A	S		
X	X	X	1	0	1
0	0	0	0	D0	$\overline{D0}$
0	0	1	0	D1	$\overline{D1}$
0	1	0	0	D2	$\overline{D2}$
0	1	1	0	D3	$\overline{D3}$
1	0	0	0	D4	$\overline{D4}$
1	0	1	0	D5	$\overline{D5}$
1	1	0	0	D6	$\overline{D6}$
1	1	1	0	D7	$\overline{D7}$

(b) 真值表

图 12.44　74151A 8 选 1 数据选择器

现在假定选通信号 STROBE=S 为“0”，则在 $A=B=C=0$ 的条件下，在输出 Y 上：

$$Y=\overline{A}\cdot\overline{B}\cdot\overline{C}\cdot\overline{S}\cdot D_0=D_0$$

和其他的输入数据无关，只有 D_0 的信号从 AND 门电路通过 NOR 门电路，通过反相器输出到 Y 上来。

此外，在 $A=1$，$B=C=S=0$ 的情况下，Y 变为

$$Y=A\cdot\overline{B}\cdot\overline{C}\cdot\overline{S}\cdot D_1=D_1$$

仅仅输出 D_1 的信息。依此类推，如图 12.44(b)所示，用选择输入的组合可以依次选择输出 Y,W。

就像这种电路那样，把在 8 个数据输入之中，用解码器选择任何一个输出的数据选择器叫做 8 选 1 多路开关，如果选择输入为 2 的话，则叫做 4 选 1 多路开关。若应用这种电路，则通过时分方式，可用一条信号线传送多路数据，也可以把这种数据选择电路看作把并行信号变换成串行信号的变换电路。

12.4.5 多路分离器

把信号从一条信号线的数据分配到多个数据线上去的电路叫做多路分离器，它的作用与多路开关相反。

图 12.45(a)是多路分离器的一个例子，它是一个用三个选择输入把输入信号分配到 8 条输出线上去的“3 到 8”多路分离器的电路(74138IC)。若用逻辑式来表达最上边的 NAND 的输出 Y_0，则 Y_0 将变为

$$Y_0=\overline{\overline{A}\cdot\overline{B}\cdot\overline{C}\cdot E_n}$$

在使能信号 $E_n=1$ 的时候，用 $A=B=C=0$，仅选中 Y_0，变为“0”。其他的输入与输出的关系汇总于图 12.45(b)的真值表中。即用选择输入(SELECT INPUT)A,B,C 的值，在解码器部分中选择输出端子，把使能端子的信号分配到 Y_0 到 Y_7 的 8 端子的输出上去。但是，使能信号将变为

$$\overline{E_n}=\overline{G_1\cdot\overline{G_{2A}}\cdot\overline{G_{2B}}}=\overline{G_1}+(G_{2A}+G_{2B})$$

$$E_n=\overline{\overline{G_1}+G_2^*}=G_1\cdot\overline{G_2^*}$$

在 $G_1=1$ 且 $G_2^*=0$ 的时候，E_n 变为 $E_n=1$，由选择输入像图 12.45(b)那样决定输出的“0”。另外，表中的空白部分都是为“1”的地方，在此我们省略了。

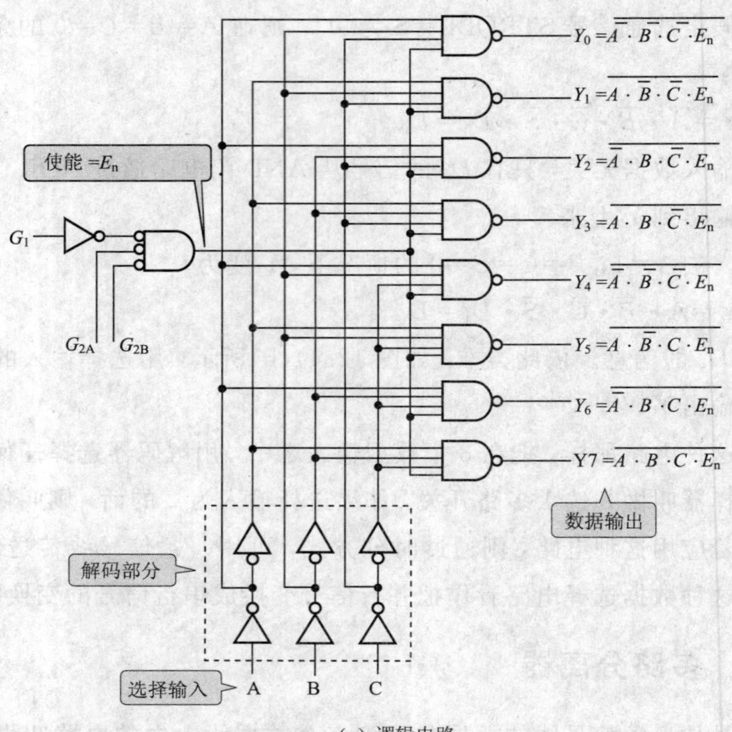

(a) 逻辑电路

输 入					输 出							
使 能		选 择										
G_1	G_2^*	C	B	A	Y_0	Y_1	Y_2	Y_3	Y_4	Y_5	Y_6	Y_7
X	1	X	X	X	1	1	1	1	1	1	1	1
0	X	X	X	X	1	1	1	1	1	1	1	1
1	0	0	0	0	0							
1	0	0	0	1	1	0						
1	0	0	1	0	1		0					
1	0	0	1	1	1			0				
1	0	1	0	0	1				0			
1	0	1	0	1	1					0		
1	0	1	1	0	1						0	
1	0	1	1	1	1							0

(b) 真值表

图 12.45 74138 3 到 8 多路分解器

【例题 12.2】 试证明图 12.45(b)的真值表表示出的是图 12.45(a)的动作。

【解答】 在输入$(A, B, C)=(1, 1, 1)$时，

$$Y_7=\overline{A\cdot B\cdot C\cdot E_n}=\overline{1\cdot 1\cdot 1\cdot E_n}=\overline{E_n}$$

$$Y_6=\overline{\overline{A}\cdot B\cdot C\cdot E_n}=\overline{\overline{1}\cdot 1\cdot 1\cdot E_n}=\overline{0}=1$$

$Y_5\sim Y_0$ 的输出变为“1”，在上述输入时，仅在输出 Y_7 中输出反相后的形式的输入。由于可以同样地进行证明，故不予赘述。

12.5　石英式数字钟表的制作

12.5.1　概　述

图 12.46 所示的方框图中，很明确电子钟表是以计数器为中心的，其显示部分如图 12.47 所示。计数器相当于机械式钟表的齿轮，内部是由触发器组成。但是，如果这个计数器和解码器等一切电路均用晶体管来制作，将有很大

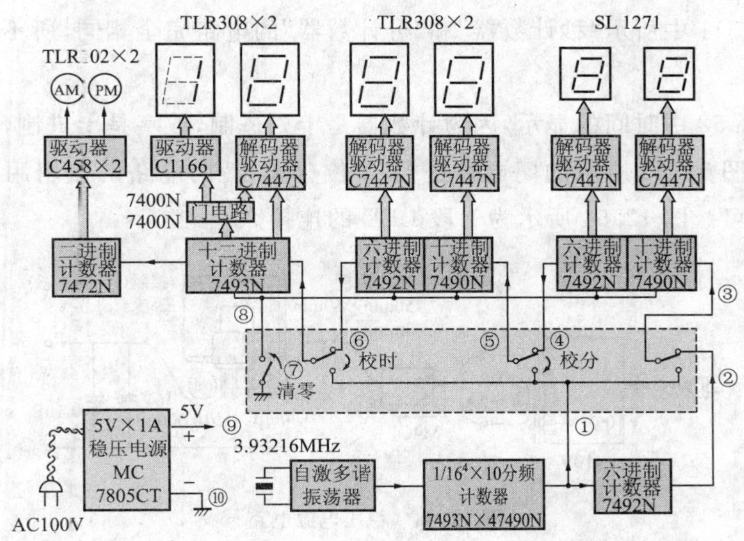

图 12.46　TTL 的 IC 组成石英钟表的方框图

图 12.47　显示部分

的工作量。而现在市场上所出售的计数器用 TTL 型 IC,1 个在 7 元以下,所以本实验使用这些零件来制作石英钟表。

印制电路板使用有孔基板(140mm×95mm),根据方框图分别制作电路。电路根据方框图制作时,电路的工作即使不合格,各部分可以单独试验,所以很方便。

12.5.2　电路的各个部分

TTL 型的 IC,在使用电压变动范围大时,不能保证它正确工作,所以稳压电源是必要的。这里使用 MC7805CT,得到 5V 的稳压电源其稳压电源电路,如图 12.48 所示。图 12.49 给出了其产生时基的振荡、分频电路图。

图 12.50 中,在自激多谐振荡器不振荡时,试调整一下 1kΩ 和 2kΩ 的阻值。

图 12.51 中所示"秒计数器"和"分计数器"的电路完全相同,所不同的仅是七段 LED。

图 12.52 中时间的显示,因为计数器是十二进制,数字是十进制,所以有必要通过如图 12.53 所示的门电路进行"2 位分离"。门电路的作用用真值表确认一下即可。图 12.54 所示为七段 LED 的连接。

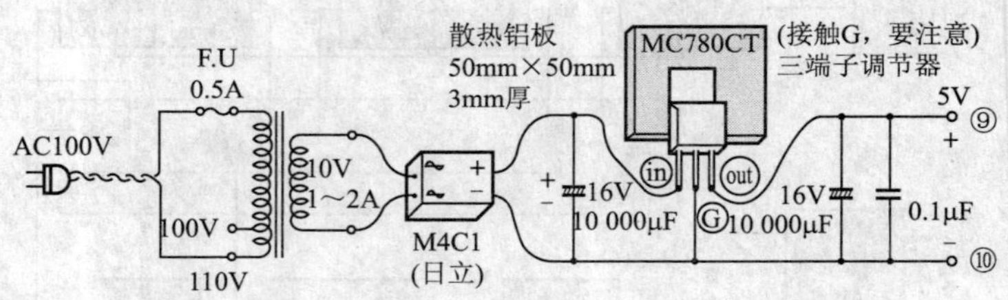

图 12.48　稳压电源电路

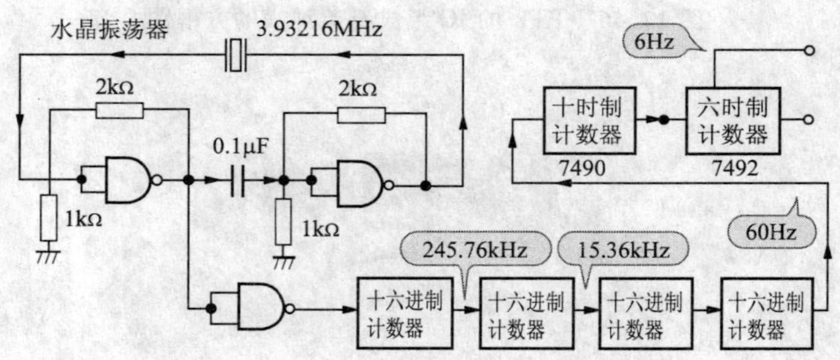

图 12.49　产生时基的振荡、分频电路图

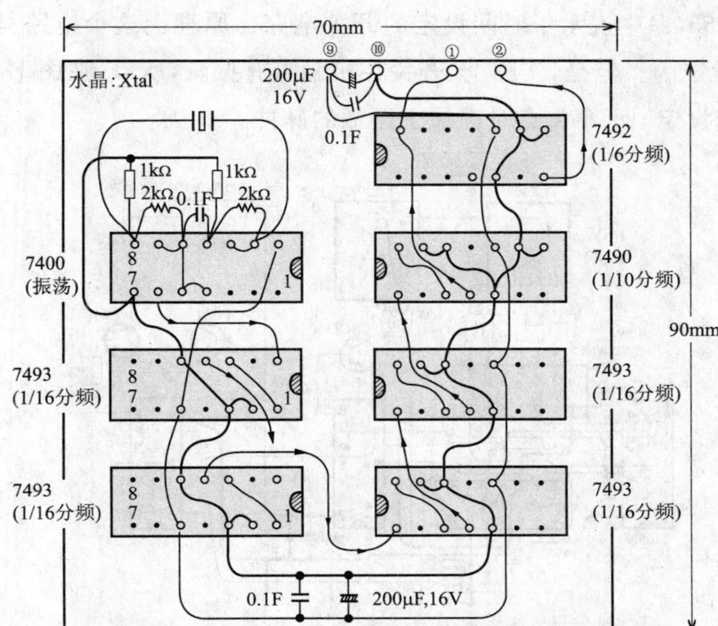

自激多谐振荡器和分频电路的底视图,是图 12.49 的实际图。

图 12.50 产生时基的振荡、分频电路

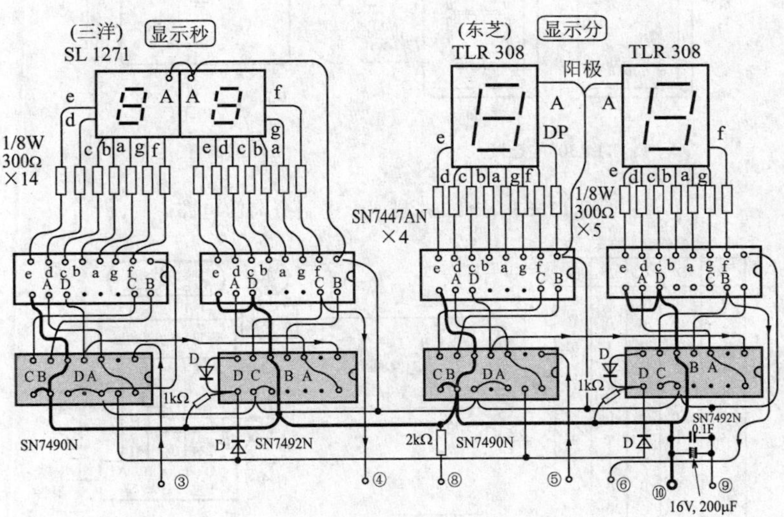

图 12.51 秒及分的计数器和显示电路(反面图)

图 12.55(a)中表示了时间设定的开关电路。原理上这个电路是可以快速进行时间设定的。但是，实际上，开关在接触点有振颤，所以，在图 12.55(a)中，B 点为快速设定，回到 A 点时再加上振颤的脉冲。

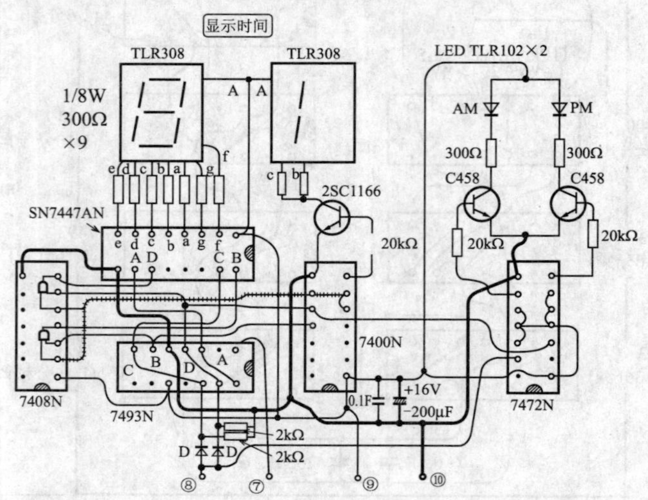

图 12.52　时间及 AM/PM 计数器和显示电路

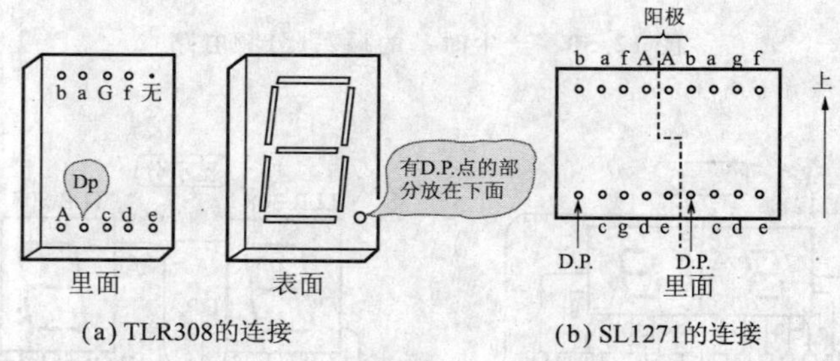

图 12.53　十二进制→十进制分离门电路

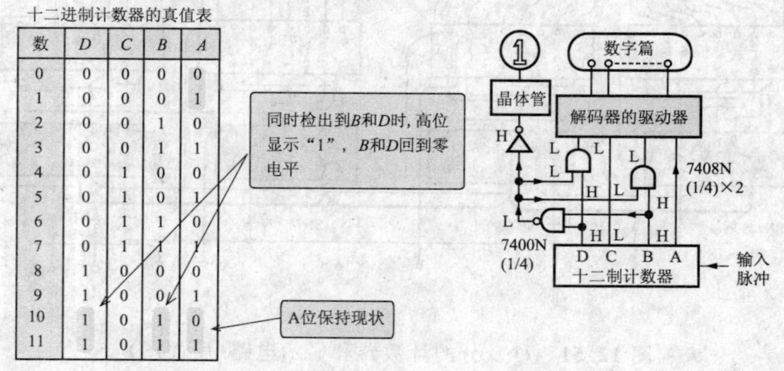
十二进制计数器的真值表

数	*D*	*C*	*B*	*A*
0	0	0	0	0
1	0	0	0	1
2	0	0	1	0
3	0	0	1	1
4	0	1	0	0
5	0	1	0	1
6	0	1	1	0
7	0	1	1	1
8	1	0	0	0
9	1	0	0	1
10	1	0	1	0
11	1	0	1	1

图 12.54　七段 LED 的连接图

这里，作为实际使用的电路，可以使用图 12.55(b)中所示的门电路，再组合一个振颤的吸收电路，如图 12.55(c)所示。图中使用的门电路 IC，在每一个模块中组装了 4 个电路。因此，用 7400N 和 7408N 各 2 个，7402N1 个时，就可以制成 3 个 3 组调节电路。开关板的配置图如图 12.56 所示，所使用的零件列表见表 12.5。

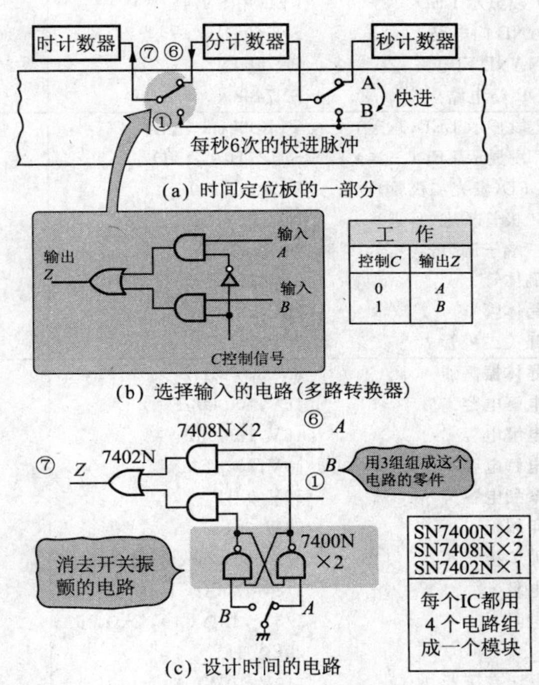

图 12.55 开关板

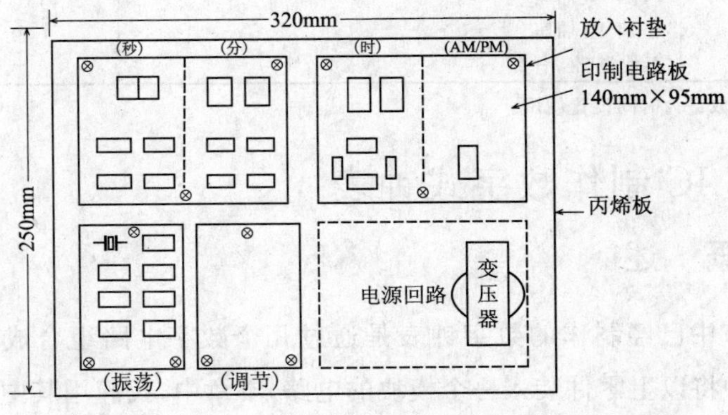

图 12.56 配置图(内视图)

表 12.5　使用零件表

分　类	零件的种类，零件名		数　量	单　价
计数器 IC	十六进制计数器	SN7493N	5	80
	十二进制计数器	SN7492N	3	80
	十进制计数器	SN7490N	4	80
	二进制计数器	SN7472N	1	70
解码器	7 段显示 LED	LED 用 SN7447AN	5	120
驱动器	AND 门电路	SN7408N	1(+2)	50
	NAND 门电路	SN7400N	2(+2)	40
门电路 IC	OR 门电路	SN7402N	(+1)	
LED 半导体	7 段显示 LED(东芝)	TLR308(A 公用)	4	450
	7 段显示 LED(三洋)	SL1271(A 公用)	1	300
	LED(发光二极管)	TLR102-110	2	40
	二极管桥堆(日立)	M4C1	1	250
	三端子调节器	MC7805CT	1	200
	晶体管	2SC1166	1	50
	晶体管	2SC458	2	40
	开关二极管	1C2075	8	50
其他	晶体振荡器	3.93216MHZ	1	400
	电解电容	16V,10 000μF	1	500
	电解电容	16V,1 000μF	1	200
	电解电容	16V,200μF	4	80
	聚酯电容	50V,0.1F	6	40
	印制板	93W	3	580
	丙烯板	320mm×250mm×3mm	1	500
	电阻	1/8W,300Ω	40	20
	电阻	1/8W,1kΩ(4),2kΩ(5),20kΩ(3)	12	20
	电源变压器	110V,10V,1A	1	600
	FU·FU 支架	0.5A	1	150
	14 脚 IC 插座		21	80
	16 脚 IC 插座		5	80
	其他省略			

注:(　　)的数量为时间设置使用。

12.6　用 IC 制作数字式钟表

12.6.1　概　述

在上一节中已经制作的数字钟表是通过几个数字电路组合成的。然而，在市场上有多种将以上零件装入一个模块的电路，本章中，我们用其中的 MSM5509 来制作钟表，如图 12.58 所示。这种钟表将所有必要的电路装入一个 IC 中，因此对各部分的工作无法检验，但在实用上已广泛使用。图 12.57 是使用 MSM5509

的数字钟表的电路。使用的晶体振荡器的频率为 4.194304MHz,在$1/2^{22}$次分频之后,得到 1 秒的脉冲。在 12 小时制显示时,也可以表示出 AM 和 PM。

电源部分连接到 AC 4～6V,在可能的情况下,希望如上节中说明的电源要稳定。这时,用图 12.48 的相同电路即可,而三端子调节器换成 MA78M06。另外电源变压器用 10V,0.3A 的规格就够了。图 12.59 所示为制作例子。

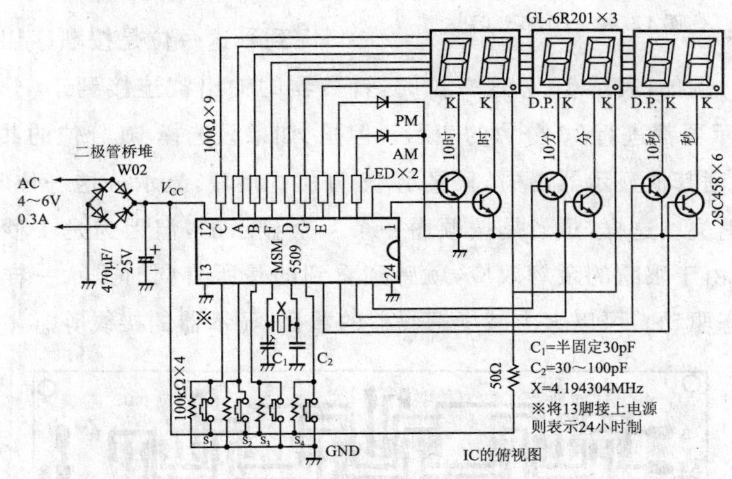

图 12.57 电路图

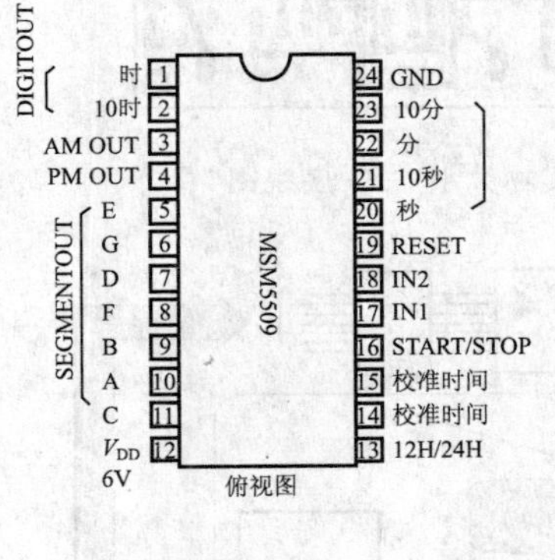

图 12.58 MSM5509

图 12.59 制作例子

12.6.2 显示电路

图 12.60 所示是显示时使用的 GL-6R201。这里由 2 个七段荧光器显示器 LED 组成。

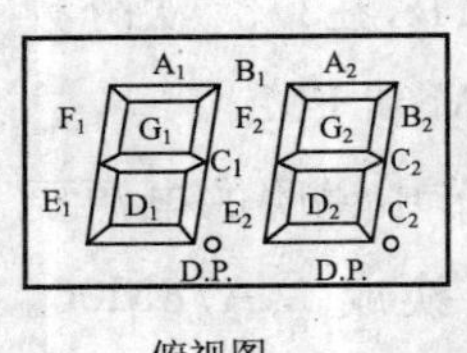

俯视图

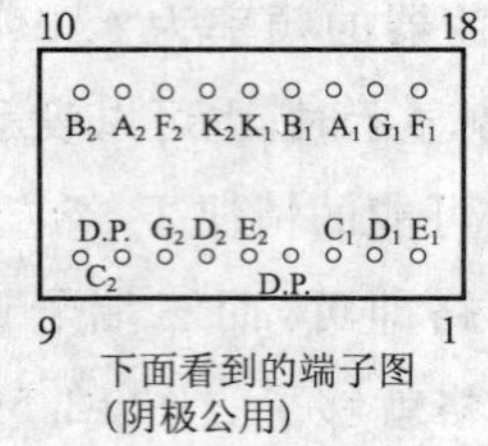

下面看到的端子图
（阴极公用）

图 12.60　GL-6R201

图 12.61 是显示器的印制电路板的图形。显示器的七段均并联连接。这样，各显示部分似乎要混淆起来。事实上，如图12.62中所示，在 IC 内部，10 时这一位到秒这一位是按顺序切换计数器和显示器。例如，表示 10 分这一位时，计数器的输出被连接到 10 分位上。这样，6 个显示器都进行 10 分位的表示。但是，如果只选择 10 分位的共同的阴极让它接地，则其他显示器消失，只显示 10 分位。接着，显示分这一位时，其他的显示器就消失。这样，虽然是按顺序一个一个显示的，但因为是 1 秒中几千次重复进行，由于眼睛的余辉效应，就感到看到的是所有同时显示一样。这种分法称为动态驱动。可以大大减少解码器的数目、显示器的接线等。

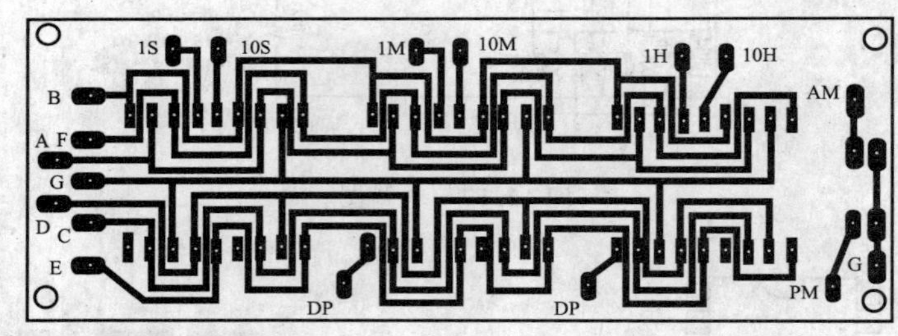

图 12.61　显示器的图形，例子（实物大小）——底视图

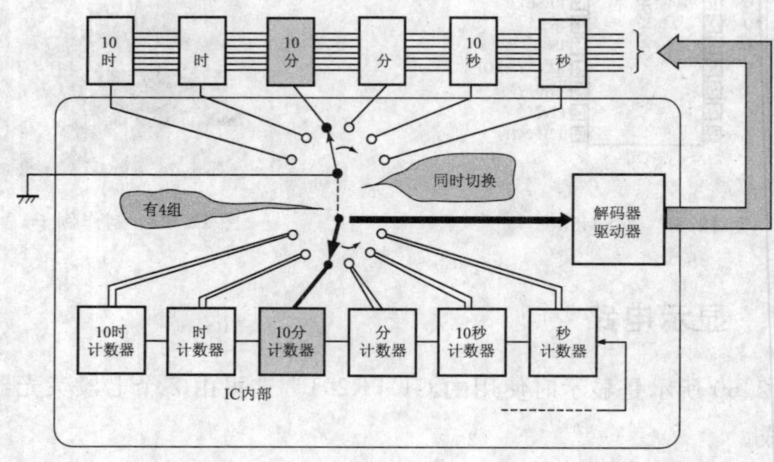

图 12.62　显示器的动态驱动

12.6.3 制作上的注意点

不要直接用焊接方法制作 IC,而用插件式。同时通电时不要插、拔 IC。图 12.63 是印制板连线图的例子。

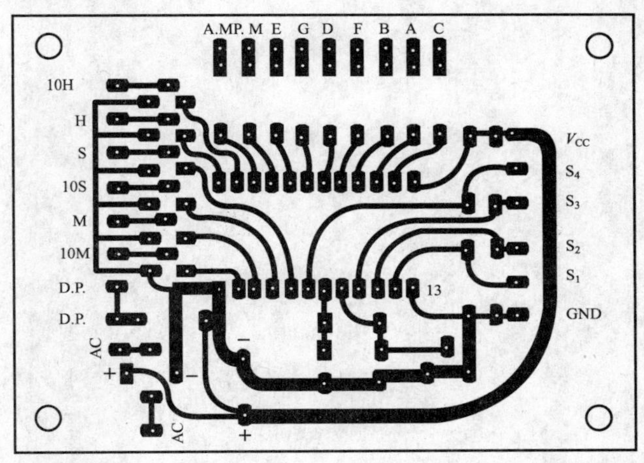

图 12.63 印制板的连线图例(实物大小)——从反面看的图形

12.6.4 调 整

因为是晶体振荡器,所以用 C_1 可以稍稍调整一下时钟的快慢。C_1 调大变慢,校对时间用 S_1~S_4,如表 12.6 所示。

表 12.6 校对时间

开 关	动 作
S_1	分单位快进
S_2	10 分单位快进
S_1 与 S_2 同时	时单位快进
S_3	停止
S_4	显示为“0”

科学出版社

科龙图书读者意见反馈表

书　　名______________________________

谢谢您关注本书！您的建议和意见将成为我们进一步提高工作的重要参考。我社承诺对读者信息给予保密，只用于图书质量改进和向读者快递新书信息工作。对于已经购买我社图书并回执本"科龙图书读者意见反馈表"的读者，我们将为您建立服务档案，并给予直接从我社邮购图书 95 折免邮费的优惠，同时将定期给您发送我社的出版资讯或目录。如果您发现本书的内容有个别错误或纰漏，烦请另附勘误表。

个人资料

姓　　名：____________ 年　　龄：____________ 联系电话：____________

专　　业：____________ 学　　历：____________ 所从事行业：____________

通信地址：______________________________ 邮　　编：____________

E-mail：______________________________

本书评价

◆ 您对本书的各方面感觉如何？

	非常好	好	一　般	差	备　注
书　　名					
封面设计					
版式设计					
图书内容					
作者水平					
图书定价					

◆ 您对本书中最不满意的章节是：__________，最满意的章节是：__________。

◆ 期望和要求______________________________。

购书状况

◆ 您获得图书信息的途径一般为(可多选)

广告宣传□　图书馆□　书店□　熟人介绍□　网络□　报刊书评□　其他__________

◆ 您购书的途径有(可多选)

书店□　网络书店□　从出版社邮购□　其他__________

◆ 您购本书的主要原因有(可多选)

学习参考□　教材□　其他__________

◆ 影响您购买一本图书的因素有(可多选)

图书内容□　作者□　书名□　熟人推荐□　图书排行榜□　打折促销□　图书设计与制作□　出版社□　其他__________

回执地址：北京市朝阳区华严北里 11 号楼 3 层

科学出版社东方科龙图文有限公司电工电子编辑部(收)

邮编：100029